军事装备试验理论与实践探索

洛　刚　著

国防工业出版社

·北京·

图书在版编目(CIP)数据

军事装备试验理论与实践探索/洛刚著. —北京:国防工业
出版社,2016.5
　ISBN 978-7-118-10481-3

Ⅰ.①军… Ⅱ.①洛… Ⅲ.①武器试验－研究　Ⅳ.①TJ01

中国版本图书馆 CIP 数据核字(2016)第 174727 号

※

*国防工业出版社*出版发行
(北京市海淀区紫竹院南路23号　邮政编码100048)
三河市众誉天成印务有限公司印刷
新华书店经售
*
开本 710×1000　1/16　印张 15.25 字数 299 千字
2016 年 5 月第 1 版第 1 次印刷　印数 1—2000 册　定价 78.00 元

(本书如有印装错误,我社负责调换)

国防书店:(010)88540777　　　发行邮购:(010)88540776
发行传真:(010)88540755　　　发行业务:(010)88540717

序

武器装备是战斗力的重要组成部分,特别是以信息技术为主要标志的现代武器装备,将目标探测、指挥通信、火力打击、战场评估等连接一体,从而使得作战能力大幅提升。与此同时,我军长期以来形成的以武器装备单体性能指标考核为主要内容的试验鉴定模式,与部队作战要求,特别是体系对抗条件下的作战使用要求反映出诸多不适应。随着我军信息化装备建设的快速发展,大批基于信息系统的武器装备将陆续进入国家靶场进行试验鉴定,为了科学高效地完成这些新型武器装备试验鉴定任务,并尽快形成战斗力,创新试验鉴定模式,探索适应我军装备建设与部队作战使用要求的试验鉴定模式,已经成为当前武器装备试验鉴定迫切需要解决的重大现实问题。

传统的试验鉴定模式,重点关注的是单体武器装备的性能与质量,而对武器装备系统作战效能、作战适用性等方面的内容考核不够。究其原因,主要是以往我军的装备大多以仿制产品生产为主,这些产品通常都经过战争或作战使用检验,我们所进行试验鉴定,主要是考核仿制产品的性能与质量。如今我军装备建设进入了自主研发阶段,这要求我们不仅要关注自主研发的武器装备性能与质量,同时还要关注作战效能与作战适用性,这样才能有效保证武器装备既性能优良,又好用、管用,这也是武器装备试验鉴定科学性与全面性的要求。

装备学院洛刚同志撰写的《军事装备试验理论与实践探索》这部书稿,是一部关于装备试验鉴定专著。作者结合自己多年试验鉴定与教学工作实践,从装备试验指挥管理、装备作战试验、装备试验技术与方法、装备试验体系建设以及装备试验人才培养等方面,对装备试验鉴定问题进行了较为系统的研究。目前正值军事装备试验学理论体系建立初期,作者归纳总结多年研究成果与读者交流探讨,对于军事装备试验学理论体系的建立与完善,是一种有益的探索。值得一提的是,作者较早地关注了有关装备试验体系建设、装备作战试验鉴定以及装备试验人才培养等问题,并提出了一系列富有前瞻性的观点与见解。

我与洛刚同志同期毕业分配到试验基地从事武器装备定型试验鉴定工作,当时尽管不在一个单位,因为专业相同,经常一起参加有关会议,商讨有关试验问题,因而彼此较熟悉,并建立了友谊。我到总装机关主抓装备试验鉴定及学科建设后,他多次参加机关组织的有关专题会议,参与了装备学院装备试验系和军事装备试验学学科建设方案论证及建设工作,做了许多卓有成效的工作。这部文集,反映了作者对装备试验鉴定问题的深入思考与认识。尽管该书在理论的系统性方面还有待进一步梳理和完善,但从本书的框架中可以清晰地看出作者的研究脉络。文中提出的一些创见性意见建议,对目前我军装备试验鉴定和学科建设具有较高的参考价值。

张学宇

2016 年 1 月

前　言

伴随军事装备的产生和发展,与之紧密相关的试验鉴定活动相继开展,并随着人们对试验鉴定认识的深化而不断完善。试验鉴定是为满足军事装备科研、生产和使用需要,按照规定的程序和条件,对军事装备进行验证、检验和考核的活动,包括对军事装备的技术方案、关键技术、性能、使用效果等的试验。由此可见,试验鉴定活动贯穿于军事装备全寿命周期过程,军事装备的立项论证、研制生产、贮存保管、训练使用等环节中,试验鉴定活动都以不同形式的存在,试验鉴定结果,不仅是验证、检验和考核军事装备的重要依据,而且是军事装备全寿命管理决策的重要依据,因而在国防和军队建设中发挥着越来越重要的作用。正因如此,军事装备试验鉴定受到世界各军事强国的高度重视,并以军政手段规定了其在国防和军队建设中的职能和地位。

试验是指为了察看某事的结果或某物的性能而从事某种活动,属于人们对未知事物所进行的一种探索,这种探索性活动通常前人没有做过,需要通过“试”或“用”来达到对事物本质属性或结果的认识。军事装备试验鉴定是人们探索军事装备属性或其结果的一种目的性较强的实践活动,其主要任务是对被试装备提出准确的试验结果,得出正确的试验结论,为军事装备的定型工作、部队使用、承研承制单位验证设计思想和检验生产工艺提供科学依据。这一活动主要是由实践到理论的回归与升华过程,通常包括三个阶段:一是观察阶段,即通过施加条件与控制,获得被试武器装备工作表象信息;二是归纳演绎阶段,即通过对所获信息的分析与处理,得到被试装备的本质属性;三是分析判断阶段,即通过比较和判断,得出被试装备是否符合研制任务书与作战使用要求的结论。军事武器装备试验鉴定活动至少包含三个属性:一是目的性,试验鉴定的目的是考核军事装备的质量和性能,为军事装备全寿命管理决策提供科学依据;二是对象性,试验鉴定的对象是人工制造的军事装备,而不是自然界存在的客体;三是动态性,军事装备试验鉴定活动是一种动态的变化行为过程,随着人们认识能力的提高和科学技术的进步,军事装备试验鉴定理论与技术方法也将不断变化和发展。

从系统的观点看待军事装备试验鉴定体系以及试验鉴定活动,军事装备试验鉴定体系应该是一个以组织体系为核心、以资源体系为支撑、以技术体系为手段而构成的复杂系统之系统。军事装备从研制、生产,到使用和保障,都需要通过一系列的试验鉴定,从而达到对不同条件和要求进行确认与验证目的。尽管不同阶段的要求与侧重有所不同,但试验鉴定活动始终贯穿军事装备寿命周期的全过程。为此,军事装备试验鉴定体系为实现其功能,需要不断完善,包括指挥管理体系、靶场资源体系、试验技术方法体系、试验人才体系等。可见,军事装备试验鉴定系统及其试验鉴定活动是一项复杂的系统工程,需要运用系统理论和系统工程方法来解决。

多年来,作者一直从事军事装备试验鉴定工作与教学工作,早期主要从事常规武器试验鉴定的实践工作,比较关注试验鉴定的技术与方法问题。对装备试验鉴定认识的逐步深入,系统地考虑装备试验鉴定的理论问题,主要是 2011 年作为专家组成员,参与学院装备试验系建设与军事装备试验学学科建设论证工作之后。论证过程中的一系列问题,引发了作者对军事装备试验鉴定基本问题的认识与思考,对军事装备试验鉴定理论以及现实问题的研究与认识也逐渐系统化。特别是近年来有机会参与总部有关军事装备试验鉴定专题研究,对军事装备试验体系建设、军事装备试验鉴定指挥管理、军事装备作战试验等问题的认识也不断深入。

作者对从事教学工作以来发表的论文和研究成果进行了梳理,并从中筛选出部分内容汇编成册,希望能够为教学和研究工作提供参考,也为军事装备试验鉴定实践提供借鉴。本书按照装备试验体系建设、装备试验技术与方法、装备试验指挥管理、装备作战试验、装备试验人才培养、装备建设的逻辑顺序进行编纂,力图反映作者对军事装备试验鉴定理论体系认识过程,也便于读者阅读和理解。限于作者水平,书中一些观点与研究成果仅为一家之言,不当之处还请读者谅解并恳请批评指正。

宋泽斌教授对本书框架及结构提出了宝贵的修改意见,康丽华副教授对本书做了大量编辑工作。此外,许多专家对作者之前发表的论文曾进行了认真的审阅和修改。在此一并表示真诚的谢意。

作 者
2016 年 1 月

目 录

第一篇 装备试验指挥管理

第二篇 装备作战试验

第三篇 装备试验技术与方法

第四篇 装备试验体系建设

第五篇　装备试验人才培养

第六篇　装备建设

第一篇　装备试验指挥管理

关于推进我军装备一体化试验的思考

1 问题的提出

装备试验鉴定是一项复杂的系统工程,涉及装备全寿命周期的各个阶段,装备采办及试验鉴定的不同层面,研制部门、试验部门和作战部门以及其他有关部门的复杂利益关系。目前,我军装备全寿命周期各阶段的试验鉴定活动还处于相对独立、分段管理的模式,由于缺少统筹管理与顶层设计,各阶段的试验鉴定相互独立,信息不共享,有限的试验资源难以充分系统的利用,导致试验鉴定在一定程度上存在相互脱节和重复试验。

能否建立一种一体化的试验机制,对装备全寿命周期各阶段的试验鉴定进行统筹考虑,通过顶层设计,使各阶段试验鉴定有机结合、相互衔接,在满足各阶段试验鉴定任务与目标的条件下,使试验信息与试验资源得到高效利用,保证武器装备评价的连续性、充分性与全面性,实现试验鉴定目的由完成装备定型、使其尽快装备部队,向全过程参与装备研制、全方位考核装备性能、全寿命跟踪装备使用转变。这就是装备一体化试验鉴定理念。

2 一体化试验的由来与发展

20 世纪 90 年代,随着苏联解体、冷战结束和美国国防政策调整,美国国防部开始大幅削减编制和人员,在"基地调整与关闭"政策下,美军装备试验能力严重下滑,导致很大比例的装备由于试验不充分而存在风险,并在海湾战争中得到了显现。为此,美国国防科学委员会特别小组重点对试验与鉴定状况进行了全面审查,在审查报告中提出了三个主要问题:一是研制部门与试验部门之间仍存在互不信任;二是承包商试验、研制试验和作战试验之间存在一定程度的重复;三是独立地评价试验数据具有重要意义。特别小组审查结论推进了一体化试验的进程。实际上,美国国防部于 1996 年就提出了一体化试验的概念,为适应武器系统采办发展要求、更好地发挥试验资源的潜力,达到节约试验与鉴定经费、缩短研制周期、降低风险、提高试验与鉴定效率的目的,于 2003 年开始正式推行一体化试验。

随着时间的推移,一体化试验的概念逐渐清晰,对一体化试验的认识也不断深化。2012 年版本的《试验与鉴定管理指南》对装备一体化试验的定义是:一体化试验即所有利益相关方,尤指研制试验与鉴定组织(包括承包商和政府)和作战试验与鉴定组织,协作规划和实施各试验阶段的试验事件,为支持各方的独立分析、评估和报告提供共享数据。

正确理解装备一体化试验概念,应该把握四个问题:一是装备一体化试验不是一种新的试验类型,也不是一个事件或单独的试验阶段,而是一组一体化的试验计划;二是装备一体化试验的目标是制定并实施研制试验与作战试验的无缝试验计划,从而能够向所有鉴定人员提供有用、可信的试验数据,以支持决策者解决有关装备的研制和作战问题;三是装备一体化试验并不仅仅是研制试验和作战试验的并行开展或者结合进行,而是要求共享试验事件,独立评价;四是设计、制定并生成能协调所有试验活动的综合性计划,实现对有限试验资源的充分利用和试验数据的高度共享,以更短的时间、更低的成本和更高的效率为采办决策提供支持。

经过多年的实践,美军装备一体化试验取得了良好的效益。例如,在天基红外系统试验中,美国空军作战试验鉴定中心采用一体化的试验策略,成功完成了系统有效载荷与操作中心的试验,提前6周完成使用验收。由于空军作战试验鉴定中心早期并持续参与了开发和部署全过程,使美国战略司令部系统证明试验提前了8周。据统计,由于实行一体化试验鉴定,"铜斑蛇"激光制导炮弹少发射764发试验弹,节省经费230万美元,"海尔法"反坦克导弹研制中少发射90发弹,节省费用1.38亿美元,并提前一年使用。

如今,一体化试验鉴定模式作为一种高效费比的试验模式受到了高度重视,已经成为美国国防部大力提倡的重要策略,并得到世界主要军事强国的认可与效仿。

未来的一体化试验将是基于信息网络的多靶场联合试验。2004年美军提出了《联合环境下的试验路线图》,紧密结合美军军事转型,要求发展和部署一种分布式试验系统,将大量实体、虚拟和结构资源连接起来,实现试验资源的综合利用,使一体化的联合试验成为美军未来试验与鉴定领域的总体发展方向。

3 美军一体化试验做法及启示

梳理美军武器装备一体化试验的做法,总结美军武器装备一体化试验的经验,对于推进我军一体化试验具有重要参考价值。

3.1 建立一体化试验组织机构

一体化试验主要是以研制试验与作战试验有机结合为核心内容的试验鉴定模式。为了实现研制试验与作战试验一体化,美军要求在武器装备采办项目中组建一体化试验工作组,主要职责是:制定并管理一体化试验鉴定策略和试验鉴定主计划,设计通用的试验鉴定数据库,推荐项目的"责任试验组织"和"参与试验组织",确定项目的试验鉴定资源要求,协调各试验小组共同实施一体化试验鉴定的各项工作;协助采办和需求部门制定与试验项目有关的策略和计划。

如1993年2月,美国海军V-22"鱼鹰"项目管理主任签署成立海军第一个一体化试验小组的文件,并组建了项目一体化试验小组。在一体化试验组成立之前,政府和承包商飞行试验机构单独进行研制飞行试验。承包商飞行试验以前集中在包络扩展和要求的其他试验上,以显示飞机满足合同规范;政府试验验证飞机满足规范一致性,同时对武器系统是否完成任务提供评价。为了消除冗余的试验,同时尽早提供机会来确定可能的缺陷,以便纠正缺陷而不严重影响项目时间进度或成本,承包商和政府制定了共享的飞行试验计划,明确一体化试验小组中的作用和任务,并用一套通用程序文件来指导各参与机构的行动。

项目一体化试验小组工作的结果表明:政府机构可以更好地了解承包商研制结果;设计人员能够更多地了解作战任务需求;作战人员增加了对V-22先进技术的熟悉程度,可以减少作战试验的飞行次数,同时研制者可以及早得到反馈结果,及时矫正各种缺陷,减少了试验时间,降低了项目风险。

3.2　制定一体化试验法规政策

随着美国全球战略的改变,1996年国防部重新修订了5000.2号指示,并在其中首次正式提出一体化试验与鉴定的要求,以便节省试验与鉴定时间,降低试验与鉴定费用。2003年5月国防部发布的5000.2指示"国防采办系统的运行"、2004年版国防部"国防部采办指南"、2007年12月国防部试验鉴定政策修订备忘录都提出了一体化试验与鉴定的概念。2008年版5000.2号指示中,除继续强调研制试验、作战试验、实弹射击试验、互操作试验、信息保证试验以及建模仿真的一体化,强调试验过程与需求确定、系统设计和研制过程的紧密结合,强调作战试验与鉴定结果对于项目决策至关重要的作用外,还针对不断增加的联合作战需求,提出了联合试验环境构建的重要性、作战试验独立的评估的必要性、互操作试验文件的全面性、嵌入式测量要求的明确性。2012年美国国防采办大学发布的"试验鉴定管理指南"专门新增了"一体化试验",还提供了一体化试验的规划与实施指导。此外,美国陆军、海军、空军也都发布了有关一体化试验的条例、指示等文件,以规范一体化试验的实施。

3.3　实现一体化试验资源管理

为了加强对研制试验与作战试验的能力建设以及试验资源的统筹管理,美国国防部于2004年成立了国防部试验资源管理中心,负责统一规划研制试验与作战试验的资源与建设，统一规划试验能力的发展。通过制定政策和采用一系列措施，实现了对靶场试验资源的有效整合与充分利用。主要包括：制定试验能力发展路线图，对重点靶场进行战略规划、对现有靶场进行现代化建设与升级改造以及恢复原已撤销的试验靶场以加强试验能力建设，通过整合试验资源形成综合能力，以适应未来新的试验能力需要。

3.4 建立一体化试验沟通协调机制

鉴于一体化试验需要解决问题的复杂性和工作组人员构成的多元性，涉及的利益方多，因此，在一体化试验过程中不可避免地会产生各种争执甚至冲突。例如：研制试验鉴定主要验证技术参数是否符合规范要求，强调试验条件可控，允许承包商参与；而作战试验鉴定则重点是解决作战效能和作战适用性问题，强调试验条件接近实战，通常不允许承包商参与。由此导致双方之间的矛盾冲突较大。为解决一体化试验过程中产生的各种冲突，美军建立了四个层面的冲突解决机制：第一层是由一体化试验工作组中受到影响的成员之间讨论解决；第二层是由一体化试验工作组的所有成员讨论解决；第三层是由一体化试验工作组的领导层决定解决的办法；第四层是由一体化试验组的领导层提交解决方案，由更高的管理层面协调解决。

3.5 强调多种试验手段的综合使用

美军十分重视分布式交互仿真技术，最初是在陆军的作战实验室之间探索开展交互仿真的应用，通过虚拟的"路易斯安那"演习来验证对未来陆军部队的发展需求。为提高试验设施和试验资源的互连互通互操作性，国防部还统一规划网络基础设施，建立公共体系结构，规范标准、协议和数据转换结构，提供标准的、可升级的通信机制和通用软件工具，自上而下地推进靶场信息化发展，以避免各靶场独立发展造成的重复建设、相互不兼容、互操作困难等问题，最大限度地节省建设费用，提高使用效益。此外，国防部还启动重点试验与鉴定投资计划，按照"联合环境试验路线图"要求，开发一个持久稳固的、强健的现代网络基础设施，用于系统工程、研制试验和作战试验，截止到 2010 年底已有 57 个虚拟专用网站点可以进行联合试验。

例如，美军弹道导弹防御系统是一个"多系统的大系统"项目，试验不仅涉及其各个单元的部件、分系统和系统试验，也包括整个系统的一体化试验。在试验方法上采取了建模与仿真、实验室、地面设施和飞行试验等多种手段。在试验方式上采取研制试验、一体化的研制试验/作战试验以及参与军事演习等方式。美国导弹防御系统规模最大、参与系统最多、最复杂的第一次综合飞行试验，采用了研制试验和作战试验相结合的实弹射击飞行试验，来自美陆、海、空三军的多个作战部队参与了这次试验，仅耗资 1.88 亿美元就验证了美军区域反导系统的一体化作战能力。

经过多年的探索与实践,美军在一体化试验方面取得了一定成效。从美军一体化试验实践来看:一是试验类型一体化,主要包括作战辅助型研制试验、承包商试验与政府研制试验的结合、政府研制试验与作战试验的结合、承包商试验、政府研制试验与作战试验的"三结合"、作战试验与互操作试验的结合、作战试验与实弹射击试验的结合;二是被试系统一体化,主要包括各个被试系统单元之间的一体化试验、逼真的作战条件下整个武器系统性能或作战效能一体化试验;三是试验手段一体化,主要包括建模与仿真、测量设施、系统综合实验室、装机系统试验设施和野外试验靶场一体化。

4 我军一体化试验的对策建议

一体化试验鉴定是提高试验效率、缩短试验周期、节约试验成本、牵引试验能力发展的重要途径。美军推行武器装备一体化试验鉴定的理念和做法,在某种意义上反映出武器装备试验乃至装备发展的一些时代特点和规律。借鉴美军一体化试验的经验做法,我军应做好以下工作。

4.1 建立一体化试验管理机构,统筹全寿命周期试验活动

武器装备的试验鉴定是一项复杂的系统工程,涉及多个机构、多个领域、多个层面的工作。实现武器装备一体化试验,必须建立一体化试验组织管理机构,从顶层上对全寿命周期试验活动进行统筹规划和设计,确定试验资源要求与条件建设要求,建立试验相关方沟通交流机制,协调解决一体化试验过程中的各种矛盾。对于大型复杂装备要成立一体化工作组,其主要成员包括试验基地、使用部队、装备研制管理部门、装备研制方等。主要职责包括:制定一体化试验鉴定策略和试验鉴定总体计划,规范一体化试验管理工作程序,设计通用的试验鉴定数据库,确定项目的试验鉴定资源要求,保证试验信息的充分利用与共享,以减少试验重复。

4.2 构建一体化试验运行机制,实现试验资源信息共享

美军实践表明,鉴于一体化试验需要解决问题的复杂性和工作组人员构成的多元性,涉及的利益方多,在一体化试验过程中不可避免地产生各种争执甚至冲突,因此,必须建立一体化试验运行机制,协调解决各种试验矛盾冲突。通过合理的规划和设计,实现靶场间功能互补与协调发展,并科学优化各方资源,为一体化试验资源信息共享创造条件。同时,制定相关一体化试验规程和标准,构建公用信息资源库,形成资源信息共享的一体化试验运行机制,达到对武器装备科学、连续、全面的评价。

4.3 加快法规标准体系建设,为一体化试验实施提供保障

遵循武器装备试验的客观规律,结合我军武器装备试验实际情况,加快我军武器装备一体化试验的法规标准体系建设,使武器装备一体化试验工作有法可依。一是制定一体化装备试验的法规政策。制定《武器装备一体化试验工作规范》及其配套法规制度,《武器装备一体化试验工作规范》主要包括试验性质、试验目的、试验分工、试验程序、试验信息使用等,对试验数据信息产生、存储、使用等作出明确的规定和要求。二是制定和修订有关国家军用标准。要制定一体化试验的相关标准,对试验对象、试验环境、试验大纲、试验地点、试验人员、试验信息、试验评估准则等进行明确规定,并对试验数据信息的内容、格式、时效等进行规范。三是在《武器装备研制总要求》的内容中,增加有关一体化试验的相关要求,以协调一体化试验活动。此外,制定有关装备体系试验与作战试验方面规章制度,以保障和规范装备体系试验与作战试验活动的顺利进行。

4.4 创新一体化试验模式,促进我军武器装备试验发展

鉴于我军体制机制与美军不同,不能完全照搬美军一体化试验做法,必须结合我军实际情况构建具有我军特色的一体化试验模式。一是武器装备全寿命周期的一体化试验。改革传统按阶段划分、按部门分割管理、相互独立的武器装备试验模式,通过顶层设计,形成各阶段相互衔接、信息共享、资源互补、连续评价的试验模式。二是被试武器装备系统的一体化试验。改革传统的注重单体单系统的性能考核,忽视武器装备体系能力试验模式,建立武器装备各系统、各单元之间的一体化试验模式,实现对武器装备及其体系能力的综合评价。三是试验手段综合运用的一体化试验。综合利用包括数字仿真、半实物仿真、实装试验相结合的试验手段,构建包括试验阶段、试验内容、试验方法、试验实施、试验评价一体化的试验模式,满足未来一体化试验、联合试验的要求。四是靶场建设的一体化。改革目前我军试验靶场建设相互独立、资源信息不共享、测试设备不通用、评估方法不一致的局面,打破烟筒式建设产生的壁垒现象,加强靶场建设的统筹规划,按照一体化试验要求,构建物理试验与计算试验相结合、外场试验与内场试验相结合、技术性能试验与作战效能评估相结合、虚拟试验与现实试验相结合的多维逻辑靶场,实现靶场建设的一体化,提升整体试验能力。

4.5 加强试验人才培养,为一体化试验提供人才保证

推进武器装备一体化试验开展,人才队伍建设是关键。一体化试验需要一大批熟悉装备论证、精通装备试验、懂作战使用、善于组织管理的复合型人才,特别是需要加强在试验总体技术、试验指挥管理、战术战法运用、作战环境构建、建模仿真、试验综合保障以及专业化的蓝军人才的培养。在目前情况下,对重点专

业、急需人才,通过制定相关试验人员培训管理规定以及专业培训的要求和内容等,加快人才成长速度。通过制定相关政策,采取外引内送与任务相结合的措施,创建人才快速成长环境。

5　结论

当前我军正处于机械化向信息化转型的关键时期,为了适应基于网络为中心的信息化武器装备体系建设与发展需要,必须树立武器装备一体化试验理念,构建一体化试验管理机构,建立一体化试验机制,制定一体化试验法规政策,形成一套科学的一体化试验方法,促进武器装备一体化试验进程,加快我军新型武器装备战斗力的形成。

(文章发表于 2015 年第 4 期《装备学院学报》)

美军一体化试验鉴定分析及启示

1 问题的提出

随着世界新军事变革的迅猛发展,战争形态、军队编成和战场面貌正发生广泛而深刻的变化。信息技术的不断发展使得武器装备的作战性能从追求传统的火力、机动与防护能力转向追求武器装备系统的精确攻击性、系统互联性、信息互通性以及互操作性,信息化、系统化和一体化成为武器装备的发展趋势。近几年的几场局部战争显示,未来战争将是核威慑下的信息化战争,它强调的是信息主导、体系对抗、效能制胜。未来战争的基本形态决定了武器装备发展方向,从而也对装备试验鉴定提出了更新、更高的要求。为了适应新变化,美军早在 20世纪 90 年代就提出并大力推进一体化试验鉴定,有效提高了装备试验鉴定能力,降低了试验消耗,取得了良好的试验效益。一体化试验作为试验鉴定的发展方向已经得到了较广泛的认可。当前,我军装备建设正处在重要战略机遇期,以打赢信息化战争、建设信息化军队为目标的装备发展对试验鉴定工作提出了许多前所未有的新要求,为适应信息化装备发展的需要,借鉴美军一体化试验与鉴定的先进方法和理念,结合我军实际情况,开展装备一体化试验研究,是刻不容缓的任务。

2 美军一体化试验鉴定概况

20 世纪 90 年代,随着苏联解体、冷战结束和美国国防政策调整,美军装备试验鉴定资金、人员遭到大幅削减,导致试验能力严重下滑。随着新型武器装备的不断发展,美军开始认识到装备试验鉴定能力难以满足装备发展的需要。为适应武器系统采办发展要求、更好地发挥试验资源的潜力,达到节约试验鉴定经费、缩短研制周期、降低风险、提高试验鉴定效率的目的,美军提出"一体化试验鉴定"(IT&E)的概念,要求所有试验鉴定相关机构(尤指研制和作战试验鉴定机构,包括承包商和政府组织)共同合作,对各试验阶段和各试验活动进行的计划与实施,为独立的分析、鉴定和报告提供共享的数据。

一体化试验鉴定强调减少冗余、充分利用每一次试验机会、避免不必要的重复,以减少试验消耗。美军 2003 年 5 月新修订的 5000 系列采办文件和 2005 年1 月颁布的《试验鉴定管理指南》中特别强调了一体化试验鉴定,要求项目主任应与用户以及试验鉴定机构一起,将研制试验鉴定(DT&E)、作战试验鉴定(OT&E)、实弹射击试验鉴定(LFT&E)、系统族互操作性试验、建模和仿真(M&S)活动协调成为有效的连续体,并与要求定义以及系统设计和研制紧密结合,采用单一的"试验鉴定主计划",形成统一和连续的活动,尽量避免在武器研制阶段进行单一试验和重复性试验,力争通过一次试验获得多个参数,以显著地减少试验资源,缩短研制时间,提高试验效益。

美军在一些具体型号的试验中采用一体化试验鉴定策略,取得了良好的效益。据统计,由于实行一体化试验鉴定,"铜斑蛇"激光制导炮弹少发射 764 发试验弹,节省经费 230 万美元,"海尔法"反坦克导弹研制中少发射 90 发弹,节省费用 1.38 亿美元,并提前一年使用。如今,一体化试验鉴定模式作为一种高效费比的试验模式受到了高度重视,已经成为美国国防部大力提倡的重要策略。

3 美军一体化试验鉴定做法

3.1 对试验鉴定实行一体化管理

美军在装备试验管理上,采用统一领导与分散实施相结合的管理体制,建立了以国防部长办公厅为主、三军为辅的独立试验与鉴定体系。国防部长办公厅主管试验与鉴定部门有两个:一个是国防系统局,该局隶属于负责采办、技术与后勤的国防部副部长领导下的研究与工程署,由一名副局长负责管理重要武器系统计划的所有研制试验鉴定事宜;另一个是作战试验鉴定局,直属国防部长领导,负责管理武器装备的作战试验鉴定工作,并向国会提供有关作战试验鉴定的独立报告。美军各军种也都设有独立的试验鉴定管理部门。1999 年 10 月,美国国防部以陆军为试点单位进行了组织机构改革,将陆军的研制试验鉴定与作战试验鉴定工作合并,成立了国防部内首个统一的陆军试验鉴定司令部(ATEC),实现了陆军装备试验鉴定的一体化管理。重组近 10 年来的实践证明,这种一体化的管理模式有效提高了试验鉴定效益,受到了广泛的赞誉和提倡。美军具体装备型号的一体化试验鉴定由计划管理办公室主管试验鉴定的副主任负责,通过试验鉴定一体化产品小组进行管理和协调,其规划文件为"试验鉴定主计划"。

3.1.1 试验鉴定一体化产品小组

在计划管理办公室,主管试验鉴定的副主任将组建一个试验鉴定一体化产品小组,即试验规划/一体化工作组。这个小组包括作战试验部门、研制试验部门、试验保障机构、作战使用用户,以及将通过提供试验保障或通过实施、鉴定或报告试验而介入试验工作的其他组织机构。该小组的职能:促进试验专门技术、仪器仪表、设施、仿真和模型的应用;明确一体化试验要求;加速"试验鉴定主计划"的协调过程;解决试验费用和进度问题;以及提供保证系统试验鉴定工作协调进行的平台。

3.1.2　试验鉴定主计划

为统一安排采办项目的各种试验鉴定活动,确保在每次阶段审查之前完成必要的试验鉴定工作,美军要求"所有采办项目均要制定'试验鉴定主计划'"。"试验鉴定主计划"是与国防部系统采办有关的试验鉴定的基本规划性文件,由计划管理办公室负责制定。国防部长办公厅和各军种利用该文件规划、审查和批准试验鉴定计划,并为所有其他详细试验鉴定规划文件提供基础和授权。"试验鉴定主计划"确定关键技术参数、性能特性和关键作战使用问题;描述所有已完成的和规划中的试验鉴定的目标、责任、资源和进度。"试验鉴定主计划"是一种动态的文件,需要随着采办过程的推移和项目指标的改变而不断补充、修订。在每个阶段决策之后,国防部主管部门可通过"采办决定备忘录"对该计划进行调整。

3.2　试验鉴定贯穿装备全寿命周期

美军要求"将试验鉴定贯穿于整个国防采办过程",重要装备的试验鉴定必须严格遵照"里程碑"的要求进行。美军国防采办分方案改进、技术开发、系统研制与演示验证、生产与部署、使用与保障五个阶段。在采办管理过程中,美军对上述五个阶段进行审查,形成方案审批、研制审批和生产审批三个里程碑。美军各种装备试验鉴定活动贯穿装备全寿命周期,它们由简到繁、由偏到全按部就班地进行,既着眼于全寿命期的通盘规划,又立足于各个阶段的逐步审查、决策,全面考核装备战术技术性能,实现了研制试验鉴定和作战试验鉴定在全寿命周期内的无缝集成。

3.3　注重作战试验鉴定的主导作用

实践表明,真正体现武器装备价值的不是武器装备的性能指标,而是作战效能。为适应作战需要,美军突出强调作战试验鉴定的职能,强调用户应尽早介入采办过程。为体现国防部对作战试验鉴定的高度重视,国防部把试验鉴定的主要职能和资源转移到作战试验鉴定局,大大提高了作战试验鉴定局集中管理试验鉴定工作的能力,提升了作战试验鉴定在一体化试验鉴定中的主导作用。

美军的作战试验鉴定贯穿整个采办周期,每个采办阶段都要进行一定形式的作战评估,全速率生产之前进行的作战试验鉴定包括早期作战评估、作战评估和初始作战试验鉴定,全速率生产后进行后续作战试验鉴定,全面评估采办周期每个阶段的作战效能和作战适用性。

美军还十分重视在一定战术背景下对装备进行试验,以充分评估装备的作战效能及与相关系统的互操作性。如对 F/A－22 的作战试验中,计划的试验模式包括 1 架 F/A－22 对抗 1 架 F－16,2 架 F/A－22 保护 1 架 B－2 对抗 4 架 F－16,4 架 F/A－22 保护 4 架 F－117 对抗 8 架 F－16,并验证其在地空导弹攻击下的生存性。经过这些严格的作战试验鉴定,确保了装备交付武装部队后具有预期的作战效能。

3.4　整合优化试验资源,提高靶场试验能力

美国国防部在 2002 年对原有试验资源进行整合,将国家重点靶场由原来的 21 个削减到 19 个,确保在有限的试验鉴定资源和资金下提高靶场的综合试验能力,避免重复建设。之后,为满足美军转型的需要以及加强对试验资源与预算的管理,美国国防部 2004 年成立了国防部试验资源管理中心,进一步提高了美军对试验设施与资源的顶层规划能力,避免了重复建设与投资,确保了有限经费得到科学分配。为进一步科学分工试验靶场,明确试验资源的任务,提高靶场试验能力,2007 年国防部将重点靶场与试验设施扩展到 24 个:陆军增加了电子靶场、热带试验中心和寒带试验中心 3 个试验靶场,海军增加了开普特太平洋西北靶场设施,国防信息系统局新建立了 1 个信息技术试验台。

以非对称作战、网络中心战以及联合环境下的作战为背景的试验训练已成为美军提升装备试验能力的重要内容。为此,美军高度重视提高联合环境下分布式、网络化试验能力,美国国防部推出 FI2010 工程,建立"逻辑靶场",用信息网络将已具备相当信息化水平的靶场联为一体,突破单个现实靶场在试验空间、试验资源和试验能力等方面的极限,实现在不同靶场之间甚至不同国家的靶场之间在试验空间、试验资源和试验能力上的整合,完成单个靶场或单个国家靶场无法胜任的试验任务,促进一体化试验鉴定和训练,以经济、高效的方式支持"网络中心战"环境下的试验和训练。

4　对我军的启示

4.1　完善试验鉴定管理体制

实行装备一体化试验,我军应进一步完善装备试验鉴定管理体制:一是要建立相对独立的装备试验管理机构,形成装备试验鉴定完善的管理体系,对装备试验鉴定建设和资源的利用进行统一组织管理;二是加强装备作战试验鉴定的管理,成立相应的职能管理部门,负责装备作战试验鉴定工作,开发和利用国家靶场试验鉴定资源和技术优势,发挥国家靶场在作战试验鉴定中的作用。通过管理体制的改革、调整,从根本上解决装备试验鉴定管理中存在的矛盾和问题,以适应未来装备试验的需要。

4.2　加强试验鉴定法规、标准体系建设

法规、标准是装备试验鉴定活动的依据。为保证试验目标的实现,实行装备一体化试验,必须有切实可行的工作制度和管理法规作依据,有完整适用的条令、条例和管理规章作规范,有科学统一的工作程序和技术规程作标准。值得注意的是,在制定法规、标准时,需要考虑这些法规、标准之间的逻辑关系,以及与以往的法规、标准之间的关系,并注意可执行性和操作性,使之有法可依、有章可循。只有严格执行法规和标准,才能保证装备一体化试验鉴定活动的科学性、连续性和稳定性。

4.3　构建一体化试验综合评价体系

采用多种试验与分析方法,充分利用各阶段、各种类的试验信息,实现对武器装备战术技术性能和作战效能的全面综合评价,是一体化试验的一个重要特点。为此,就要充分运用建模与仿真、小样本试验鉴定、多源信息融合、异种总体参数评定、效能分析评估等各种技术和方法,构建一体化综合试验评价体系,以支持不同使用环境下的战术技术指标的综合评价,以及多种性能指标的综合评价。其中,应特别注重对建模与仿真可信性评估、作战效能评估等问题的研究。

4.4　有效开展作战试验鉴定

我军武器装备试验鉴定经过 50 多年的发展,取得了长足的进步,为国防和军队建设做出了重要贡献。但由于受机制、体制等原因的局限,在武器装备全寿命管理过程中,试验鉴定的作用还未能充分发挥,试验鉴定的模式和方法不能满足部队作战使用需求,致使一些武器系统装备部队后,在相当长的一段时期内不能形成有效的战斗力,客观上制约了武器装备战斗力的快速形成。因此,必须从提高武器装备战斗力出发,注重开展有效的作战试验鉴定,将作战试验鉴定向前延伸,实现作战试验与研制试验有机融合,既要强调性能和质量,更要注重作战效能。为此,建议从三个方面入手:一是建立协调机制,加强对装备全寿命管理各阶段试验鉴定进行统筹规划计划;二是承担作战试验的部门和单位应尽可能早的介入研制阶段和研制试验,以便充分考虑作战试验和结合试验问题;三是加强试验管理,对目前的试验资源和试验分工进行优化与整合,建立试验信息平台,实现试验信息资源共享。

4.5　加强创新试验鉴定方法研究

我军当前正处于机械化向信息化转型的关键时期,联合作战、信息战、网络战等作战方式在未来的大量应用对武器装备试验提出了多方位、深层次的挑战,过去传统的试验鉴定方式和试验技术已经不能满足新型武器系统的试验需求。

为适应未来基于网络为中心的信息化装备发展需要,必须加大以高新技术武器装备为代表的未来信息化装备试验鉴定方法的研究。强化武器装备作战效能评估,提高复杂电磁环境下武器装备试验鉴定能力,加强武器装备在体系对抗中作用的考核,整合试验资源,建设数字化靶场,满足未来信息化装备试验的需要。

5　结论

　　装备一体化试验鉴定实现了从基于节点的装备试验模式向基于过程的装备试验模式的转变。可以对武器装备的战术技术性能、作战使用性能等做出更为有效的评价,避免了重复试验。为适应我军武器装备发展和未来战争的需要,借鉴美军先进理念和成功经验,改革我军试验鉴定模式,开展一体化试验,是降低试验消耗、缩短试验周期、提高试验效益的需要,更是适应未来武器装备发展,满足部队作战需求的需要。

（文章发表于 2010 年第 2 期《装备指挥技术学院学报》）

关于多靶场联合试验组织指挥探讨

我军传统的以产品型号为对象、以单项装备技术性能指标考核为主的试验模式,试验活动通常在靶场(也称试验基地)内进行,组织指挥关系是同一个建制内的上、下级从属关系,这种隶属关系能够充分发挥组织指挥关系顺畅的优点,确保协调一致地完成试验任务。随着武器装备体系化建设的发展,特别是集目标探测、指挥通信、火力打击、毁伤评估、快速机动于一体的武器装备不断涌现,传统试验模式下按武器装备种类与专业类别建设的单一靶场,由于受专业以及靶场资源限制,已经难以满足新型装备试验发展的需要,实施多靶场的联合已经成为未来新型装备试验鉴定发展的必然趋势。多靶场联合试验如何组织指挥是我军面临的一个新问题,研究多靶场联合组织指挥模式,为未来多靶场联合试验提供理论依据已经成为一项紧迫任务。

1 多靶场联合试验及其组织指挥特点

多靶场联合试验对于我军来说是一种新的试验模式,其组织指挥关系复杂,需要对多靶场联合试验及其组织指挥有关概念与特点进行研究,以便构建科学合理的多靶场联合试验组织指挥模式,保证多靶场联合试验的顺利开展。

1.1 多靶场联合试验的相关概念

多靶场联合试验:是指由两个或两个以上靶场的联合才能完成试验鉴定任务的试验,即在联合试验的组织指挥模式下,通过一体化的试验计划与实施活动来完成试验鉴定任务。需要指出的是,多靶场联合试验与美军联合试验概念有所不同,美军的联合试验是指必须由两个以上部门参与,主要目的是评估联合技术与作战概念,验证装备的联合作战使用规程。

试验组织指挥:是装备试验指挥员及其指挥机关为完成试验任务所进行的组织领导活动,试验组织指挥对试验活动起着重要的支配作用,是发挥试验效能,提高试验能力的关键。

试验指挥关系:是指挥员及其指挥机关与所属部队之间构成的指挥与被指挥关系。由于武器装备的种类、试验内容、试验规模的不同,对于多靶场联合试验来说,试验指挥关系主要有三种:一是以一个靶场为主,其他靶场试验力量配属该靶场形成的配属试验指挥关系;二是两个以上靶场相互支援形成的支援试验指挥关系;三是多个靶场联合形成的协同试验指挥关系。

1.2　多靶场联合试验组织指挥特点

多靶场联合试验的组织指挥活动具有以下特点:

（1）试验组织指挥机构的联合性。多靶场联合试验的参试单位多、保障要素全、协同行动难等形成了多靶场联合试验组织指挥的主要特点。因此,按照"统一组织、统一指挥、统一协调、统一保障"的原则,组建试验联合指挥部,设置相关的行政、技术、咨询、保障等机构,并明确各自的职责以及协调相互关系,采用联合工作机制,保证各参试单位之间沟通协调顺畅,才能保证试验任务的顺利完成。

（2）试验组织计划的协调性。多靶场联合试验需要按照制定的试验计划与试验程序来协调试验行动,按计划组织实施、按程序指挥是多靶场联合试验组织指挥的另一个特点。为了保证试验行动的协调统一,制定试验实施计划时,在综合考虑试验内容与要求的同时,还要充分考虑试验参试单位的任务特点以及保障条件,并加强沟通与协调,确保参试单位和人员能够按照试验计划要求协调试验行动。

（3）试验组织指挥活动的融合性。多靶场联合试验组织指挥活动既包括试验指挥活动也包括作战部队的作战指挥活动,既有试验技术的民主决策活动也有统一的计划与程序安排,同时还有各种保障活动,这些活动往往交织在一起。为了保证试验指挥线能够按照既定试验方案实施试验指挥、作战指挥线能够运用作战指挥信息系统自主指挥作战行动、试验保障线无缝嵌入试验全程实施保障,必须对组织指挥活动进行有机融合。为保证指挥信息与试验数据的同步传输和采集,必须构建与作战指挥信息系统相兼容的试验指挥信息系统,提高组织指挥效能。

（4）指挥手段的多样性。多靶场联合试验区域跨度大、机动性高、考核项目多、测试点位分散,有时试验科目需要交叉并行,试验指挥员必须快速获取场区、人员、装备等多种信息,才能满足及时、准确、连续指挥与决策的试验要求。因此,各级试验指挥员要以试验指挥信息系统为依托,辅之以机动式终端、无线通信、语音调度、全景态势监控、区域摄像和指挥显示等多种指挥手段。只有综合利用各种试验指挥手段,才能保证实时化指挥决策的正确性。

2　多靶场联合试验的组织指挥模式

构建多靶场联合试验组织指挥模式,为新型装备试验的开展提供科学有效的组织指挥方法与手段,是新形势下装备体系建设对试验鉴定提出的新要求,对于试验任务的高效完成、加快武器装备战斗力的生成具有重要意义。多靶场联合试验组织指挥模式包括组织指挥机构设置与职能、指挥关系、指挥程序等。

2.1 多靶场联合试验的组织指挥机构设置与职能

试验组织指挥机构可根据试验复杂程度,建立规模不同的试验指挥部。一般情况下,可设立三级试验指挥机构:一级试验指挥机构为联合试验指挥部;二级试验指挥机构为试验任务指挥所;三级试验指挥机构为阵地(或分系统)指挥所。

联合试验指挥部是多靶场联合试验的顶层指挥机构,全面负责试验任务的指挥决策、组织计划、综合保障等工作。联合试验指挥部主要采用联合指挥与委托指挥方式实施指挥活动,其机构设置可根据试验复杂程度以及试验规模的不同进行设置。通常情况下,联合试验指挥部由领导小组及其办事机构组成。领导小组成员包括总部试验主管部门、总部相关业务部门、试验技术总体单位、承试单位、参试作战部队等,视情可由总部首长担任领导小组组长。办事机构为联合试验指挥协调办公室,其成员包括上述单位的相关人员,具体负责承办领导小组的日常工作。

试验任务指挥所是联合试验任务的前方指挥机构,在联合试验指挥部的领导下,负责现场试验的组织计划、资源调配、技术勤务与后勤保障、安全管控、地方协调等工作。试验任务指挥所一般采取独立指挥与分散指挥相结合的指挥方式实施指挥活动,根据试验任务需要,可设置指挥、政工、技术、保障等小组,其成员主要包括各承试单位主管部门领导及机关人员、试验技术总体单位人员、试验主持(指挥)人员,典型作战部(分)队领导等。

阵地指挥所与作战指挥所隶属于试验任务指挥所。其中:阵地指挥所主要负责试验任务中各试验阵地试验活动的组织指挥工作,阵地指挥所通常以独立指挥方式为主,成员包括试验项目主持人、测试主持人、通信负责人、保障负责人、安全保密负责人等。作战指挥所的设置相对独立,其成员主要是各作战部队(作战单元)指挥人员,在联合试验指挥部的统一领导下,采取独立指挥方式,按照作战想定自主指挥所属部队(作战单元)的作战行动。

2.2 多靶场联合试验的组织指挥关系

从多靶场联合试验的特点来看,其组织指挥关系主要包括隶属关系、配属关系、支援关系,各级指挥机构之间还有委托关系、协同关系以及指导关系等。鉴于隶属关系是在一个建制内的上、下级从属关系,也是装备试验最基本的指挥关系,限于篇幅,不做过多介绍,以下主要介绍配属关系、支援关系以及协同关系。

(1)一个靶场为主,其他靶场参与形成的配属关系。这种联合试验的特点是,被试装备构成较为单一,专业性要求较强,试验环境条件与保障要求相对简单,试验活动通常在一个靶场地域范围内,试验实施与保障难度不大。当其它靶场需要参与时,可依托一个靶场的指挥体制,对配属力量进行划分和建制,通过适当调整即可构成配属关系。

（2）两个或两个以上靶场联合形成的支援关系。这种联合试验的特点是，被试装备构成较为复杂，试验内容跨专业范围大，由于单一靶场受任务分工、专业技术以及资源的限制，难以独立完成试验任务，而由其他相关靶场对其进行支援而形成的支援关系。这种形式的联合需要制定一个统一的试验计划，以便协调一致地进行试验活动。

（3）多靶场多任务联合形成的协同关系。这种联合形式较为复杂，特点是：被试装备成体系，构成种类与组成规模大，参试单位与测试设备多，试验环境条件与资源保障要求高，需要试验各方密切协同。因此，这种多任务联合条件下的试验，必须建立集中统一的试验组织指挥机构，以便形成职能分工明确、协同关系清晰的运行机制，实现试验行动与部队作战行动的有机融合与协同，保证多靶场联合试验多任务目标的实现。

2.3　多靶场联合试验组织指挥程序

试验组织指挥程序是试验组织指挥的步骤和顺序。一般来说，试验组织指挥程序包括试验任务受领与下达、建立试验组织指挥机构、组织拟制试验大纲和试验方案、拟制试验实施计划、组织现场试验实施、组织试验突发事件的处置、组织数据分析处理、组织试验撤收、组织试验鉴定、组织试验总结等（图1）。对于特殊试验的组织指挥程序，可依据试验流程要求进行设计。

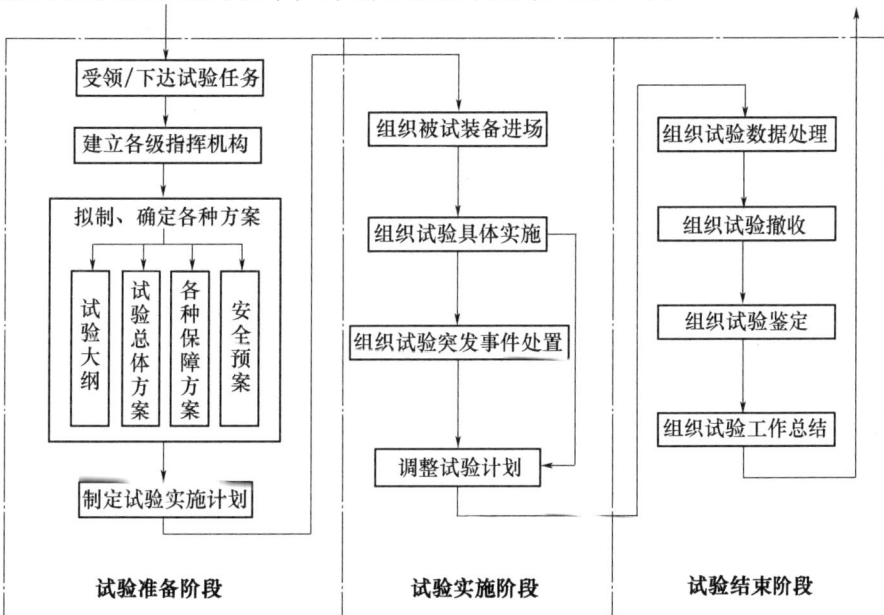

图1　多靶场联合试验组织指挥程序

2.4　多靶场联合试验组织指挥方式

组织指挥方式是实施装备试验组织指挥的方法和形式,是装备试验组织指挥者在实施组织指挥时进行职权分配的方法和形式,对于联合试验来说,试验组织指挥方式主要有以下四种:

(1) 联合指挥:是指在大型、复杂武器装备试验任务中,由不同建制参试单位的指挥员和指挥机关组成试验任务联合指挥部,对装备试验活动进行的指挥。根据不同试验任务的要求,可以是靶场之间的联合、靶场与作战部队之间的联合、试验靶场与训练靶场之间的联合、靶场与科研院所之间的联合、靶场与被试装备承研承制单位之间的联合,以及上述各种联合的组合。联合指挥方案一般由总部指定的试验牵头单位负责组织拟制,报总部批准后实施。

(2) 独立指挥:是指建制单位根据上级任务要求,对所属试验部队的试验活动独立组织实施的指挥。一般来说,试验任务比较简单,试验规模较小,由一个靶场或从其他试验单位抽调部分人员就能完成的试验任务,可以采取独立指挥方式。对于一些大型复杂试验,在一定范围内也需要实施独立指挥。例如:作战试验的部队作战行动就可以依托作战部队内部构成的各级指挥机构,实施独立指挥;对于一个靶场内部可以独立完成的测试、测控、通信、勤务保障等工作,也可以依托一个靶场内部的各级指挥机构,实施独立指挥。

(3) 委托指挥:也称分散指挥,是上级试验指挥员和指挥机关将部分职权下放给下级试验指挥员的一种指挥方式。基本特征是:同级可以指挥同级,下级可指挥上级。在多靶场联合试验中,有些情况下,如导弹、航天试验的现场发射时,本应由上级指挥机关实施统一指挥,但为了减少指挥环节和降低决策层次,提高处置问题的及时性,指挥机关可授权某单位或某级指挥,实施统一指挥。

(4) 双线指挥:是指行政线与技术线相结合的一种指挥方式,在装备试验指挥中,采取行政与技术双线指挥,行政指挥负责制,技术指挥向行政指挥负责。双线指挥是装备试验特有的一种指挥方式。多靶场联合试验既是一种联合军事行动,又是一项技术较强的工程实践活动,具有时限性强、技术密集、规模庞大、协同面广、风险性高和影响大的特点,因而需要高度集中的行政指挥与发扬技术民主有机结合。只有采取行政技术双线指挥,才能做出正确的试验决策。因此,试验指挥员在决策之前,要认真听取技术专家的意见,充分发挥技术指挥线的作用。

3　对策建议

目前,我军武器装备建设进入了自主创新、成体系发展的新阶段,随着这一进程的不断加快,未来大批基于信息系统的武器装备将进入国家靶场进行试验鉴定,为适应未来武器装备试验鉴定的需求,需要加强以下方面工作。

3.1　完善组织指挥机制,优化组织指挥程序

以往的单一靶场试验,主要是依托靶场自身组织管理体系建立起关系顺畅的试验组织指挥体制。多靶场联合试验打破原有建制,需要多方联合,协调难度大、指挥活动复杂,必须建立联合试验组织指挥机构。一是要完善组织指挥机制,明确职能分工,理顺指挥关系,保证多靶场联合试验组织指挥活动顺利实施;二是进一步优化组织指挥程序,保证组织指挥活动顺畅、高效。

3.2　建设一体化指挥平台,完善指挥信息系统

鉴于目前单一靶场试验能力的不足,实施多靶场联合已成完成未来武器装备作战试验、体系试验的必然选择。作为多靶场联合试验组织指挥的基础,一体化试验指挥平台必不可少。因而,构建集态势感知、数据采集传输、指挥通信、导调监控、评估鉴定于一体的指挥信息系统,是保证试验顺畅、高效运转的需要。需要注意的是,一体化试验指挥平台建设,必须充分考虑与作战部队指挥信息系统的兼容和对接,以便实现试验信息的传输和采集。

3.3　加强人才队伍建设,提升试验组织指挥能力

实施多靶场联合试验鉴定,需要一支高素质的试验人才队伍。总体来看,在装备试验领域还缺乏既懂试验又懂作战的人才,特别是在试验总体技术与作战指挥方面。目前,急需加强有关作战试验的总体设计、作战想定、流程设计、组织指挥等方面的人才培养。此外,依据组建专业化的作战试验蓝军部队需要,加强蓝军部队人才培养,也是试验鉴定人才培养的一项重要内容。

3.4　加强理论研究,为开展联合试验提供理论指导

新军事变革与体系化的对抗要求,对传统的装备试验模式提出了挑战,为了适应武器装备发展与作战使用要求,装备试验必须改变传统模式,实现从单体单平台的试验鉴定向体系作战能力的试验鉴定转变,从性能为主向性能与效能并重转变。实现这一转变除思想观念转变外,还需要试验理论作为支撑。因此,大力开展试验理论研究,才能在理论上寻求破解问题的方法。

4　结论

多靶场联合试验是新形势下武器装备体系建设与发展对装备试验鉴定提出的新要求,特别是体系试验、作战试验属于资源密集型的试验,需要将地域分布的试验靶场、训练基地、实验室以及演习部队互联,实物、模型、仿真间的

网络互联,而实现这种联合就需要打破一些固有的组织界限,构建更加科学、高效的试验组织指挥模式,为多靶场联合试验的组织指挥活动提供有效的方法与手段。

（文章发表于 2016 年第 1 期《装备学院学报》）

装备定型试验风险识别及管理措施

1 问题的提出

定型试验是检验武器装备能否满足规定战术技术指标和使用要求的一种手段和方法,其目的在于保证交付部队装备的质量,消除部队使用装备的风险。随着我军装备建设的快速发展,装备定型试验任务越来越繁重,特别是高技术武器装备的不断涌现,武器装备越来越复杂,在规定的周期、经费等约束条件下,试验风险加大。如何减少风险、规避风险,保证装备定型试验任务按期完成,关系到装备战斗力能否快速形成,是试验基地面临的重要现实问题。

风险是不利事件发生的概率与不利事件产生的后果的综合。风险存在于事物的方方面面,装备试验也存在许多风险,如果对试验风险不予以重视和加以控制,就有可能导致试验中断和失败,影响试验目标的完成。因此,加强对试验风险的管理是优质高效完成试验任务的保证。风险管理作为一门科学为人们社会实践活动提供了识别风险、评估风险、处置风险的方法和手段,运用风险管理理论可以有效减少或避免风险发生以及造成的损失,促使项目目标的实现,因此有关风险以及风险管理问题的研究相当普遍,研究成果也多见于各种文献和报道。限于篇幅,仅就有关装备试验风险管理研究情况加以简要介绍。

国外有关装备试验风险管理研究报道较少,主要以美军为主多见。美军认为,试验与鉴定风险是指在试验与鉴定过程中,由于试验与鉴定的计划制定、操作流程、管理制度、技术复杂性、人为因素以及外部客观因素的不确定性所引起的,使试验与鉴定结果不能达到预定的试验与鉴定目标要求的程度。为加强对试验风险的管理,美国国防部颁布指令 DOD4245.7－M,以规定的模板描述了各种技术过程中的风险区,并规定了降低风险的方法。美国国防采办大学还发布了《试验与鉴定管理指南》,把试验与鉴定过程分为五步走的迭代过程,以便为采办决策者提供试验与鉴定风险问题的解决方案。美军对试验与鉴定风险的研究相对比较系统和深入,并从法规层次和操作层次对试验与鉴定风险做出了明确规定和具体要求。

尽管我国有关风险管理研究起步较晚,但进展较快,也取得不少成果。然而,针对装备定型试验风险管理的研究较少。符志民编著的《航天项目风险管理》主要对航天项目研制风险进行了分析论述,未涉及试验风险。白凤凯编著的《军事装备采办风险管理》主要是从采办角度探讨了定型试验、定型审查、遗留问题处理等风险监督与处置问题,对装备试验本身风险也未涉及。其他散见一些科研院所和试验基地发表的文章和研究报告涉及装备试验风险问题,但主要是针对研制风险管理和风险评估方法的应用方面,而对装备定型试验风险管理研究较少。

随着风险管理理论的普及与运用,目前试验基地已认识到试验风险及风险管理的重要作用,并开始尝试应用风险管理理论解决试验风险问题。在强调风险意识的同时,总结了一些方法和手段,如采取的"双想""预案""双岗四检查""归零双五条"等措施,取得了一些效果,保证了试验的安全和顺利进行。但在装备试验领域风险管理还没有形成一套科学、系统的管理方法和程序,其采取的方法也比较零散,不规范、不系统。因此,分析装备定型试验风险事件及其影响,对于提高试验基地对风险管理重要性的认识,促进风险管理理论的运用,具有重要意义。

2 装备定型试验风险识别

识别装备定型试验风险,目的是增强风险管理的针对性和有效性,以减少或避免风险。鉴于风险管理在试验基地尚未深入开展,因此针对装备定型试验风险进行分析和识别,有助于为试验开展基地风险管理提供借鉴。装备定型试验具有明显的阶段性特征,每一阶段都由若干过程构成,过程是一组将输入转化为输出的相互关联和相互作用的活动,应用过程方法有助于试验人员对试验过程风险因素进行识别与控制。因此,从过程角度对试验风险事件及产生原因进行分析,使试验人员对风险的认识更直观。以下根据装备定型试验工作流程对风险事件进行划分和识别。

2.1 试验预先准备阶段

试验预先准备阶段是指正式接受任务开始到被试品进场。试验预先准备阶段主要过程包括试验组织机构设置、试验资源配置、拟制试验大纲、制定试验总体技术方案、试验方法研究、试验保障条件建设等。试验预先准备阶段主要风险事件及影响表现为以下方面:

(1)试验组织机构设置。机构设置未考虑新型装备试验需求,设置不合理,职权划分不清、机制不健全造成的管理混乱;信息沟通不顺畅导致的决策风险;对试验监管不力造成时间延误、费用增加等影响试验顺利实施。

(2)试验资源配置。人员未按试验专业需要配置造成对被试装备结构、性能以及使用要求的认识与理解不一致;关键岗位、重要岗位未识别或没按双岗设置导致人员变动影响试验进程和质量;试验费用估算不科学或错误以及预算不周造成武器弹药数量不足、物资器材补充困难;试验费用使用与监督不力造成费用超出计划等。

（3）试验大纲制定。缺乏对被试装备进行系统的跟踪了解,对被试装备结构、战术技术要求以及研制情况理解不深,导致制定的试验大纲未能对被试装备进行全面考核或考核不充分;试验大纲未征求论证部门、使用部门以及研制部门意见;试验大纲未经评审或评审不严格或评审不符合规定程序导致试验质量不满足要求。

（4）试验方案制定。对战术技术性能及使用要求理解不透彻导致的试验方案不完整或有缺陷,试验条件与使用要求差异大不能反映装备实际使用情况,关键技术和关键件考核不严格,方案未经优化或未按规定程序评审等,导致试验质量难以满足规定要求。

（5）试验方法研究。试验方法未进行先期研究或研究不充分,试验鉴定技术与被试装备不协调,试验方法落后于被试装备等,导致难以做出鉴定结论或结论不准确,未能实现试验目标。

（6）试验保障条件建设。试验条件建设滞后或保障资源准备不充分,测试设备研制进度与试验进程不协调,各类仪器设备维护保养差导致的故障,试验条件准备监督不力等,导致试验延迟或中断。

2.2　试验组织实施阶段

试验组织实施阶段是指被试品正式交接到现场试验全部结束。试验组织实施阶段主要过程包括:制定试验实施计划,被试装备交接,静态测量检查,现场试验实施、现场试验保障等。试验组织实施阶段主要风险事件及影响表现为以下方面:

（1）制定试验实施计划。试验过程未能有效识别,输入与输出关系不明确,重要或关键过程缺少控制措施,试验项目编排无逻辑关系或缺少评价依据,计划关键路径选择错误,未考虑状态变换以及不切实际的计划安排,计划未经优化和评审,没有对计划可能的变动制定相应预案导致的风险等。导致试验计划项目未能囊括所有性能指标,试验存在漏项或重复,不能充分考核或暴露设计缺陷,试验不能达到预期目标。

（2）被试装备交接。未履行规定交接程序和手续,交接记录不全不细或未及时归档,状态更改后未进行复位（归零）验证等。导致技术状态不确定,技术文件或备附件不齐全,零部件出现问题无法追溯,影响试验质量和进程。

（3）静态测量检查。被试装备测量检查时机不正确,测量检查过程未按规定程序操作,未采取测量操作与记录相分离措施,测量数据未履行逐级审批手续或审查不严。导致测量数据失效或不准确,出现装备损坏或人员伤亡事故,影响试验进程和评价结论。

（4）现场试验实施。试验流程未经演练或演练不充分,参数漏测误测或未及时对测试数据做出有效性评估,重要参数测试未采用备设备,导致数据录取率或精度不满足评价要求;人员或仪器设备准备不利不能在计划时间内就位,未按程序操作或误操作造成的装备(设备)故障或损坏,故障事件报告不及时造成时机延误或决策失误,未制定试验异常情况或故障处理预案,现场试验问题未记录或记录不全面等,导致试验延迟、中断或无法做出准确的结论,影响试验目标完成。

(5)现场试验保障。现场试验过程中因技术保障、物资保障、人力保障、勤务保障、气象保障、通信保障、安全保障等计划不周密、工作不到位,造成现场试验临时中断或导致试验不能达到预期的目标。

2.3 数据分析处理阶段

数据分析处理阶段是指现场试验结束到正式交接测试结果。数据分析处理阶段的主要过程包括测试数据收集与汇总、试验数据分析处理等。试验数据分析处理阶段主要风险事件及影响表现为以下方面:

(1)测试数据收集与汇总。未及时收集测试数据或数据损坏、丢失等,导致试验重复,造成试验时间、费用浪费。

(2)试验数据分析处理。数据处理方法存在缺陷,设备未经计量校准造成数据精度不够,数据处理过程中未按对读、复读、对算、复算要求产生的人为错误,试验有效数据录取率不足或非正常数据剔除后出现的数据容量不足,导致试验重复或试验结论错误。

2.4 试验总结报告编写阶段

试验总结报告编写阶段是指试验保障单位正式提交试验结果到试验总结报告正式发出。这一阶段的主要过程包括试验结果分析与评价、试验结论与建议、试验文书归档等。试验总结报告编写阶段主要风险事件及影响表现为以下方面:

(1)试验结果分析与评价。试验数据不足或分析不透彻;装备故障或存在问题定位不准,试验过程或试验信息掌握不全,试验总结报告未囊括所有试验内容,导致试验评价不准确或错误,试验目标未全面完成,试验质量低。

(2)试验结论与建议。试验结论不准确或结论可信性差,建议不正确或针对性不强,试验故障处理结果未予以跟踪或反馈,未履行审查程序和职责或因工作不细造成的语言文字错误未能予以纠正等,导致试验质量差,试验任务不满足规定要求。

(3)试验文书归档。原始试验记录不翔实、不完整,试验过程信息记录有遗漏,故障现象及解决措施无记录,试验往来文书或技术资料缺失等,导致试验文书不全,试验问题无法追溯。

3 装备定型试验风险评估

关于风险评估的方法很多,有关这方面内容不进行更多介绍,试验基地可根

据需要选择方法。采用模糊综合评估方法对装备定型试验风险进行评估,限于篇幅,只对该方法作简要介绍。主要步骤如下:

（1）设计试验风险咨询调查表,对试验专家问卷调查,得到装备定型试验各种风险的可能性大小及对试验的影响程度。

（2）根据风险度评估指标体系,建立模糊综合评估模型的因素集和各因素子集,确定风险因素权重集。将风险后果失败程度等级划分为若干等级,如很高风险、高风险、较高风险、中等风险、较低风险、低风险、很低风险。

（3）在对各因素统计分析的基础上构造评估矩阵,而后对一级指标进行评估。根据最大隶属度原则,得出一级指标风险等级评语,然后由一级指标评语构成新矩阵,进行二级指标评估,并依次类推,得到需要的风险评价矩阵,从而得到风险的排序,找出装备定型试验需要特别关注的风险因素。

4　加强装备定型试验风险管理的建议

装备试验本身是一项高风险活动,采取针对性措施防范风险、化解风险,是试验活动安全顺利进行的重要保证。鉴于目前试验基地风险管理还未开展,关于风险应对措施部分就不作更多介绍,试验基地开展这项工作时,可结合各自情况研究制定具体对策。为促进试验基地风险管理工作的顺利开展,从加强风险管理角度提出如下建议。

4.1　树立风险意识

保证试验风险能够得到有效控制,首先必须提高对风险的认识,只有提高风险意识,才能采取有效行动来控制风险,为开展好风险管理工作打好基础。树立风险意识应注意两个方面:一是重视风险。全体参试人员都要强化风险意识并贯穿到具体工作中,居安思危,保持高度的风险意识,善于识别和发现试验潜在的风险,防止思想麻痹和大意给试验造成损失。二是勇于面对风险。风险并不可怕,只要发挥风险管理机制的作用和功能,风险是可以预见、防范、控制和化解的,只有具有良好风险哲学思维的人才能在危机中把握机会。因此,要树立风险的哲学思维意识,形成了风险管理氛围,开展试验风险管理就具备了条件。

4.2　建立风险管理体系

实施有效的风险管理,建立风险管理体系是必不可少的。从目前情况看:一是建立风险管理组织,并使其尽快运行起来;二是制定出风险管理方针、政策和工作程序,规范其工作内容及与其他管理机构之间的关系,保证机构运行协调;三是提供资源保障,保证试验风险管理所需人、财、物以及信息能够及时、准确传递。风险管理体系建立和运行一段时间后,还要根据运行情况进行调整和改进,保证风险管理取得成效。

4.3 完善风险管理运行机制

建立风险管理机制是规范风险管理的行为,确保风险管理的有序运行,提高试验风险管理水平的有效手段。建立风险管理机制需要做好三项工作:一是建立和完善风险管理规章制度。装备定型试验是一种国家意志和行为,作为决策依据,其风险可能影响整个装备全寿命管理过程,因此需要有健全的法律法规作保障并依此来规范定型试验风险管理工作,确保定型试验风险管理工作有章可循,有法可依。二是制定风险管理程序和标准。试验基地应根据所承担试验任务的种类和特点制定风险管理程序、标准,使试验人员明确风险管理的管理内容、方法以及程序和要求。程序和标准的制定应具体、明确,尽可采用量化指标,使之具有可操作性,便于对照、分析、检查、考核,不宜过于原则,难以把握。三是制定风险管理责任制。必须明确各部门、各层次、各岗位风险管理的责任归属,以加强其责任感,调动其积极性,鼓励其创新精神。

4.4 建立风险管理信息系统

只有及时掌握真实、准确的试验动态信息,才能发现风险信息并采取针对性处置策略,取得应对风险的主动权。在信息技术手段落后的条件下,风险识别的客观性与真实性以及风险管理的技术性与科学性通常并不能完全显现;但随着信息技术的迅速发展,风险管理与信息技术日益结合,上述问题可以有效的解决。试验风险管理可借助信息技术来优化风险管理信息流程,风险管理信息系统可依托试验基地指挥系统或其他信息系统网进行构建。

4.5 制定试验基线,设置过程控制点

建立试验基线是利用基线对试验风险实行控制的有效方法。在试验早期就着手制定各阶段试验活动的基线,便于掌握试验进展状态,及时查找突破基线的原因并制定相应的处理措施,以有效地减轻试验风险或将风险控制在可承受的范围内。制定基线或过程控制点应根据被试装备特点以及试验重要过程控制点和重点控制区域,如关键试验项目、主要测试内容、重要数据处理等,对实施过程和工作质量实施重点检查。

4.6 建立试验风险预警流程

试验风险预警是通过对试验各种资料和信息的收集和分析,对影响试验的各种风险因素进行预测、估计、推断及监控,进而对可能导致试验损失或失败的各种风险因素进行预先控制,并制定出相应的对策,保证试验在可控范围内进

行。风险预警管理是一种循环改进过程,风险预警管理包括风险警源分析、风险警度评估、风险警情控制、风险警情排除四部分。图1给出了装备定型试验风险预警管理流程。试验基地在建立试验风险预警流程时,可结合被装备具体情况进行细化和删减。

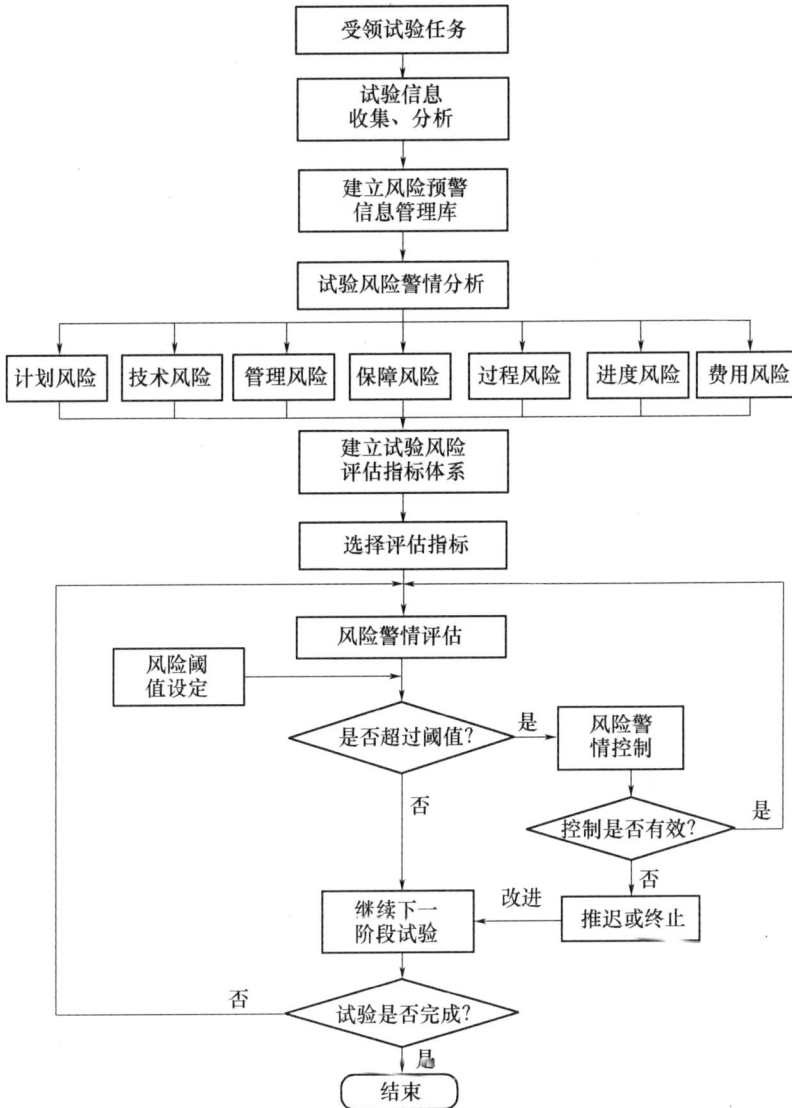

图 1　装备定型试验风险预警管理流程

5 结束语

随着高技术武器装备的不断发展,武器装备的构成与结构越来越复杂,装备定型试验的难度与风险也越来越大。加强风险管理,采取切实有效措施控制试验风险产生,是装备定型试验任务顺利完成的重要保证。对此,试验基地必须对试验风险管理予以高度的重视,尽快开展试验风险管理工作,并采取切实有效措施加强对试验风险的管理与控制,确保装备定型试验任务优质、高效、按时完成。

(文章发表于2012年第3期《装备学院学报》)

高密度航天发射试验风险应对措施

1 问题的提出

航天发射试验技术含量高、投资规模大、协作面广、时限要求严,是一项风险性高的工作。随着我国航天事业的发展,预计未来航天发射试验的数量将由目前年均 5~8 次增加到 15 次左右。发射次数的大幅度增加,航天发射试验进入了相对高密度发射时期。高密度是一个相对概念,针对单任务而言,即在一定时间范围内对超出正常发射试验次数的频度描述。简单地说,是在一定时间段内出现多次连续发射试验的情况。由于高密度发射试验超出了目前试验基地的正常发射能力,特别是任务种类多、发射间隔时间短,造成试验基地资源调配难、测试设备状态转换频繁、岗位人员超负荷连续工作等问题,给航天发射试验带来了新的风险。因此,在现有体制编制条件下,试验基地为完成高密度发射试验任务,必须建立风险管理机制,并针对高密度发射试验的风险因素采取应对措施。这是提高航天发射试验能力,确保发射试验成功率的重要手段。

2 高密度航天发射试验风险分析

高密度发射试验与单任务发射试验相比,其面临的风险因素具有特殊性,除单任务发射试验所具有的风险因素外,还存在一些特殊的风险因素。因此,要在分析单任务航天发射的风险因素基础上对高密度条件下发射试验的风险因素进行识别。

2.1 单任务条件下航天发射试验的主要风险因素

2.1.1 技术风险

航天发射试验的技术风险是指在发射试验过程中由于发射技术复杂、试验技术准备不充分、检查测试不全面、技术保障不到位、维修保障不及时等原因不能满足发射试验的要求,给发射试验带来的风险。在航天发射试验中,技术带来的风险比较普遍,是航天发射试验的一个重要的风险源。

2.1.2 管理风险

管理风险是指在航天发射试验中,由于计划、组织、控制、决策等工作达不到预定的要求,造成的发射程序混乱、时间延迟或发射失败等风险。例如,在发射试验中,试验计划对资源分配不合理、决策机制不健全、人员岗位安排不合理、进度安排不合理、组织内部及内部与外部之间信息沟通传递不及时、规章制度不健全、管理不到位等原因均可以对发射试验产生影响,为发射试验带来一定的风险。

2.1.3　人员风险

人员风险是指由于人员责任心或能力问题直接造成的风险损失,即由于人员的素质问题而造成航天发射试验过程中的风险损失。任何活动都需要人不同程度地参与,从某种意义上讲,任何风险不同程度上都可以最终归结为人员风险。人员责任心不强、专业技术水平达不到要求、人员变动过于频繁、管理人员不胜任、一些关键岗位人才流失等,会极大地影响整个航天发射试验顺利进行。人员风险是航天发射试验中不可忽视的一个风险源。

2.1.4　合同风险

合同风险主要是指在航天发射试验中发射单位与用户、承包商签订合同所带来的风险,即在合同履行过程中发生的风险。合同风险主要包括信誉风险、进度风险、费用风险。信誉风险主要是指合同各方未能按合同的约定履行相应的义务,导致发射试验延缓或中止而带来的风险。进度风险主要是指在合同履行过程中由于各种原因对进度带来的影响,造成发射进度的滞后。费用风险主要是指合同条款不清、材料成本上涨或其他如进度滞后等原因带来的费用增加。

2.1.5　环境风险

环境风险是由于环境变化给航天发射试验带来的风险及造成的风险损失。环境风险主要包括自然风险和政策风险。自然风险是由于自然力的作用,造成与试验相关的财产或人员伤亡的风险,如洪水、地震、风暴等自然灾害带来的风险,以及由于发射实施阶段由于气候条件不宜造成发射试验延迟等风险。政策风险主要是指由于国家的法律法规和技术文件变化带来的风险,如国家政策、法规的变化,装备战略发展规划的调整等原因而带来的风险。

2.2　高密度条件下航天发射试验风险因素

高密度任务条件下航天发射试验与单一任务条件下航天发射试验相比,其面临的风险因素具有特殊性。从当前来看,高密度条件下航天发射试验的风险主要是由资源和进度带来的风险。

2.2.1　资源风险

在航天发射试验中,涉及的资源主要包括人力资源、设备资源、财务资源、组织资源、知识资源、信息资源和环境资源七大类。从目前来看,高密度航天发射试验中存在的风险,主要是人力和设备两种资源所带来的风险。

(1) 人力风险。发射单位的人员编制一般按发射试验所需的专业和操作岗位编配。在目前编制条件下,为完成多项目试验任务,主要采取人员兼岗、串岗、并岗等措施来缓解人员紧张的问题。这些措施虽然在一定时期内能缓解人员紧张的矛盾,但由于人员同时参与多项任务,状态转换较频繁,很容易导致操作失误。特别是高密度发射试验任务、状态的频繁转换、长时间的加班加点,给试验带来的风险更大。

(2)设备风险。目前试验资源是按试验产品的类型、试验任务串行要求设置的,如试验厂房,试验发射工位等,在执行不同型号任务时需要进行状态转换和修复等工作。在高密度发射试验条件下,测试厂房、仪器设备以及人员紧张的矛盾十分突出。高密度试验任务中厂房、设备等资源紧缺的问题是制约试验任务完成的主要矛盾,主要表现在测试厂房和发射工位少。要在规定的时间内完成试验任务,仪器设备连续工作,阵地变换频繁,由此产生新的风险源,使得试验风险增大。

2.2.2　进度风险

高密度航天发射试验中的进度风险,主要是指由于工作计划安排以及资源分配不合理等而导致发射任务不能按期完成所产生的风险。在高密度发射试验中,计划本身就是一个重要的进度风险源,不合理的进度计划会导致资源和时间的巨大浪费。进度风险主要是由于环境、人员、资源等的影响而产生的。例如,在单项试验任务时,试验时间安排较为充裕;而在高密度条件下,某一任务超出计划时间会影响其他任务的进度,给其他任务带来进度风险。因此,如何分配协调好各任务对资源占用时间和周期限制、减少因进度问题带来的风险是航天发射试验风险管理的一个重要方面。

3　高密度航天发射试验风险应对措施

3.1　构建风险评估体系

为有效应对高密度航天发射试验风险,在管理工作中,应建立风险管理组织机构,明确规定各机构的隶属关系,设立综合性的风险管理专职机构。明确机构人员职责、健全运行机制、制定管理计划,对全部风险进行管理和控制,按照风险计划制定、风险识别、风险分析、风险规避的步骤进行。

航天发射试验风险涉及技术、管理、人员、决策等诸多领域,影响因素较多。构建科学合理的风险评估指标体系,能够客观、全面地描述和反映风险的本质特征,保证科学、充分、客观地反映航天发射试验的风险水平,是进行风险评估的基础,也是解决高密度航天发射风险问题的必要手段。建立航天发射试验风险评估指标体系必须针对航天发射试验的规律和特点,综合分析各种风险影响因素及其相互关系。目前,有关风险评估的方法很多,为航天发射试验风险评估提供了可选择的方法和手段。在具体操作中,可根据航天发射试验的特点和方法的适用条件加以选择,也可以综合运用各种评估方法,选定评估因素,建立风险因素指标集,根据评估的目标要求建立风险后果失败程度等级集,根据各个风险要素影响程度确定其相应的权重,对各风险要素进行独立评估,建立判断矩阵,根据计算分析结果确定各因素风险水平。高密度航天发射试验风险评估指标体系见表1。

表1　高密度航天发射试验风险评估指标体系

风险因素			风险因素表现	风险识别方法
进度风险	计划风险	方案风险	① 方案安排不合理,试验流程复杂; ② 试验方案对资源分配不合理、不科学	工作分解结构法(WBS)、德尔菲法、头脑风暴法、检查表法、情景分析法
		资源计划风险	① 资源占用时间和周期限制不合理; ② 计划规划不全面,考虑不周,协调不畅	
		进度计划风险	① 计划对进度等安排不合理而带来的风险; ② 决策不及时影响试验计划执行	
	技术风险	技术复杂性风险	① 技术复杂或技术集成度高,测试设备技术指标难以满足发射条件; ② 新技术没有得到充分验证,技术状态不稳定; ③ 技术复杂,检测困难; ④ 无法检测的项目	
		技术保障性风险	① 发射场地建设、测试设备研制周期长,不能按计划完成; ② 试验设施、设备故障率高,维修保障不及时; ③ 零备件保障不及时、周期长,维修质量不高,可靠性较差	
		技术操作风险	① 测试未按规定操作; ② 产品运输、存储等过程未达到规定要求; ③ 装配、发射设施未达要求,操作不规范,难以满足规定条件; ④ 操作过程中的错、忘、漏等原因带来的风险	
		技术准备风险	① 试验技术方案拟制不全面,可操作性不强; ② 技术准备不充分,标准、规范不全面; ③ 资料掌握不全面,信息了解不全面	

（续）

风险 因素		风险因素表现	风险识别方法
资源 风险	人力 风险	人员能力风险	① 技术资料和图纸理解不完全,造成差错或返工; ② 人员专业技术水平较低、经验缺乏,工作效率低	SWOT 分析法、德尔菲法
		人员稳定性风险	① 人员流动性快、岗位或专业转换频繁; ② 对人才吸引不够,激励机制不健全,导致人才流失; ③ 人员生病、伤亡或关键人员离岗等原因带来的风险	
	设备 风险	设备紧缺风险	① 厂房、工位等资源紧缺; ② 仪器仪表,测试设备紧缺	
		连续工作风险	① 设备器件的可靠性下降; ② 连续工作造成的仪器、设备寿命降低	
		状态转换风险	① 阵地、工位转换频繁; ② 设备参数、线电路转接变换频繁	

3.2　人力资源风险的应对措施

人力资源风险的应对措施必须根据高密度试验的任务需求和任务特点加以制定。在目前情况下,应立足现有编制体制,在岗位优化和人员配备上下功夫,通过优化岗位训练模式、合理分配人员来控制高密度条件下人力资源带来的风险。

（1）优化岗位,合理分配人员。为解决目前高密度条件下人员紧缺的问题,试验单位应进一步开展岗位优化和人员合理配置工作。在这方面也可借鉴项目管理方法,建立矩阵型组织。矩阵型组织可以从不同职能部门抽调各种专业人员,组成一个团队去开展工作,而当团队的任务结束后,人员又回到原来的专业职能部门,因此具有很大的灵活性,可以在一定程度上解决人员紧缺的矛盾。另外,可以采取一些其他方法,如在发射试验总计划流程的统筹下,每项任务单独制定计划流程,并指定负责人,同时执行计划,并行开展工作。

（2）拓宽培训渠道,加强岗位训练。试验单位要改变观念,打破专业界限,建立岗位人员大系统保障理念,培养岗位人员大系统保障能力,采用多种方法对不同层次的人员开展培训,争取使参试人员做到精通本专业,了解相关专业,在高密度试验条件下一旦需要,可实现专业、相近专业区域内的人员调配和互助,实现大系统内人员的灵活调配。

（3）采取多种方法,解决状态转换频繁问题。状态转换频繁是高密度航天发射试验的一个特点。频繁的状态转换是高密度航天发射试验的一个新的风险源,特别是对于一项专业性强、科技含量高、技术复杂的科学试验活动,试验人员需要投入大量的精力和体力,由于人的思维具有一定的惯性,状态转换过于频繁,使人的思维不能与之相适应,因而导致风险产生。识别状态转换频繁带来的风险并采取应对措施,应针对不同对象、不同人员采用不同方式。例如,加强状态转换阶段的教育,开展灵活多样的状态转换活动（也可以是文体活动）等,有助于人员状态的转换。

3.3 设备资源风险的应对措施

针对设备资源风险,应采取如下应对措施:

（1）根据各项任务的需要,计划好各任务对厂房、发射阵地、测控系统、保障设施等基本资源的占用时间,各试验任务在靶场的试验周期。在此基础上,分配协调好各项任务对资源占用时间和周期限制,加强对试验进程的控制。合理安排多任务试验风险管理的控制,在高密度试验风险管理中要更加重视对技术状态的控制和管理,重视对技术安全的控制和管理。

（2）在执行高密度试验任务,不同型号产品使用不同厂房和发射阵地时,可以并行展开;需要使用同一厂房或发射阵地时,不同的任务只能安排串行进行;测控系统和指挥控制系统只能安排串行使用。要善于利用各种工作间隙,完成对厂房和发射阵地的快速恢复和状态准备,测控通信及指挥控制系统的状态快速转换、准备、设备快速展开等工作,保证设备以良好的状态进行试验。

（3）用资源平衡法实时配置资源。计划的平衡是相对的,不平衡是绝对的。因此,在资源计划的执行过程中应采取各种措施以尽量将变化对资源计划的影响降低到最小程度。如采用资源削峰填谷和资源约束进度等方法对资源进行分配。

3.4 进度风险应对措施

对进度的管理也是高密度发射试验关注的问题之一,如果各项任务的进度控制不到位,则会出现进度的提前或滞后。其应对措施主要如下:

（1）合理配置资源并拟定资源计划。高密度航天发射试验需要大量的资源,由于各项任务之间存在关联,编制资源需求计划是进度计划中必须考虑的一个内容。另外,应对并行的发射试验进行工作结构分解,制定进度计划,采用资源配置方法对资源合理进行分配,避免任务之间对资源产生的需求冲突。

（2）制定试验进度计划,优化试验流程。试验单位受领发射任务后,应充分了解各项任务的生命周期,并根据任务次数和时间约束制定计划,估算试验进度,留有适当的时间裕度,以防进度冲突或意外情况发生时对进度造成的冲击。

随时检查并掌握各个发射任务实际进度情况,分析计划提前或落后的主要原因,决定应该采取的相应措施和补救办法并及时调整计划。

4　结束语

航天发射试验是一项高风险的科学试验活动,随着我国航天事业的快速发展,今后一段时间内的发射试验任务将大幅度增加。高密度条件下航天发射试验风险影响因素复杂,必须给予充分的注意和足够的重视,作为航天发射试验单位更要加强风险管理,制定应对措施,确保航天发射试验成功率,不断提高综合试验能力。

(文章发表于 2010 年第 5 期《装备指挥技术学院学报》)

美军装备试验风险管理及启示

1 问题的提出

随着我军装备体系建设的快速发展,大批基于信息系统的武器装备将陆续进入国家靶场进行定型试验,国家靶场面临的试验任务将越来越繁重。与此同时,传统的以产品型号为对象、以单项装备技术性能指标考核为主的试验鉴定模式,正在向基于体系、基于作战需求的试验模式转变,迫切要求国家靶场转变试验模式。在此情况下,如何减少试验风险,优质高效地完成试验任务,确保武器装备质量满足部队作战使用要求,是国家靶场面临的重大现实问题。

风险即不利事件发生的可能性,风险管理是人们为规避风险减少损失而采取的措施手段。随着风险理论的不断完善,风险管理方法作为一种科学的管理手段而广泛应用于各行各业,以减少或避免风险发生及造成的损失,促使组织目标的实现取得了显著效益。装备试验是一项风险性高、探索性强的科研活动,尽管对试验风险的思想认识形成较早,但是由于种种原因,缺少系统的总结和归纳,有关试验风险的研究也相对零散、不系统,还没有形成科学的有效管理方法。新时期、新阶段我军使命,对装备试验提出了更高的要求,能否按照规定的时限要求完成试验鉴定任务,关系到我军装备建设的全局,关系到部队战斗力的快速形成。因此,加强试验风险研究,提高风险管理水平,对于国家靶场来说具有极为重要的意义。

2 相关概念

目前,在装备试验领域有关试验风险以及试验风险管理的概念还没有形成统一的认识,因此有必要对装备试验风险等有关概念研究和界定,以形成共识。

2.1 装备试验

装备试验是指为获取有价值的数据资料(信息)而采取的任何步骤或进行的任何活动。其目的是:验证和评价实现武器装备研制目标的进展情况,对武器装备(包括系统、分系统及其部件等)的战术技术性能和作战使用效能进行评定。装备试验作为装备建设决策的重要依据,贯穿于装备全寿命周期过程,在武器装备论证、研制、定型、生产、使用以及退役报废等过程中,都涉及不同类型的试验。本文主要以定型试验为研究对象,研究定型试验中的风险管理问题。

2.2　装备试验风险

关于风险的概念,国内外有许多专家学者进行了研究并做出了界定:美国国防部将风险定义为"在规定的费用、进度和技术的约束条件下,不能实现整个项目目标的可能性的一种度量"。我国学者王明涛认为"风险是指在决策过程中,由于各种不确定性因素的作用,决策方案在一定时间内出现不利结果的可能性以及可能损失的程度。它包括损失的概率、可能损失的数量以及损失的易变性三方面内容,其中可能损失的程度处于最重要的位置"。郭晓亭、蒲勇健等将风险定义为"风险是在一定时间内,以相应的风险因素为必要条件,以相应的风险事件为充分条件,有关行为主体承受相应的风险结果的可能性"。叶青、易丹辉认为"风险的内涵在于它是在一定时间内,由风险因素、风险事故和风险结果递进联系而呈现的可能性"。白凤凯在《军事装备采办风险管理》一书中认为"风险是不利事件发生的概率与不利事件产生的后果的综合"。

分析以上定义可以看出,尽管对风险的描述有所不同,但其一般包含两个基本要素:一是不能实现目标的概率;二是不能实现目标所导致的后果。在社会活动中,人们总是面临着各种各样的风险。风险具有双重性:一方面,风险存在于事物的方方面面,如果对风险不予以重视和加以控制,风险就有可能发生,从而影响组织目标的实现;另一方面,虽然风险是客观存在、不可避免的,但是通过采取科学有效的管理手段,可以将风险缩减到最小程度。

根据以上对风险的分析,可以把装备试验风险定义为:装备试验过程中,因为试验的计划制定、操作流程、管理制度、技术复杂性、人为因素以及外部客观因素的不确定性所引起的,使试验结果不能达到预定试验目标要求的程度。

2.3　装备试验风险管理

风险管理是应对风险的行动,具体包括制定风险管理计划、识别风险、评估风险、处置风险、监督风险等一系列活动。装备试验具有探索性强、不确定因素多、危险性大、组织实施难等一系列特点,由此导致装备试验所面临的潜在风险多、管理难度大。因此,加强试验风险管理是试验顺利实施与圆满完成的重要保证。

装备试验风险管理是运用系统工程思想,通过改善试验的组织和管理,对装备试验过程中可能存在的风险进行分析和评估,并采用适当的方法对可能出现的风险进行控制和处理的过程。装备试验风险管理的目的是:降低试验工作中的风险,提高装备试验鉴定结果的质量和可靠性,确保装备试验任务的圆满完成。

3　美军装备试验与鉴定风险管理主要做法

美军非常重视试验风险问题,为了加强对试验风险的管理,美国国防部颁布指令 DOD4245.7 - M,以规定的模板描述了各种技术过程中的风险区,并规定了降低风险的方法。美国国防采办大学还发布了《试验与鉴定管理指南》,为决策者提供试验风险问题的解决方案,并从法规层次和操作层次对试验风险做出了明确规定和具体要求。美军在试验风险管理方面的一些经验和做法值得我们借鉴。

3.1 构建试验与鉴定风险管理体系结构与基本过程

美军自 20 世纪 70 年代引入风险管理机制以来,经过多年的发展,已形成了较为完善的风险管理理论体系,建立了较为完善的试验风险管理组织体系,并要求将风险管理贯穿于试验的全过程,而且所有人员在日常工作中都要考虑风险问题,同时还要求采取适当的方式加强人员和机构之间对风险问题的交流。在实际的工作中,美军试验与鉴定风险管理的组织体系与试验与鉴定监督体制和机构体系相重叠,形成了国防部—军兵种—项目办公室三个层次的试验与鉴定监督体制,并设立了执行机构—— 一体化试验风险管理小组。

美国国防部高度重视国防采办风险管理,在其采办管理的实践中形成了一套比较完整的风险管理机制。美国政府审计局为了进行科学的风险评估,制定了一整套风险评估准则。此外,美国国防部、防务系统管理学院和兰德公司均有大量的关于美国风险管理和过程管理方面的条例、规定和相关的研究报告。

3.2 建立国防部一级的试验与鉴定风险管理体系

在国防部长办公厅内,国防系统局副局长负责研制试验与鉴定风险监督,作战试验与鉴定局长则负责作战试验与鉴定风险监督,重大国防采办计划由国防采办执行官利用国防采办委员会和顶层一体化产品小组进行武器系统采办的高级决策。国防部一级的试验与鉴定风险管理和监督的主要内容包括:

(1)协调所有重大国防采办计划试验与鉴定主计划;

(2)审查重大国防采办计划文件中研制试验与鉴定的结果和资源需求;

(3)监督研制试验与鉴定,以保证试验充分性并评估试验结果;

(4)提供对国防采办执行情况概要的评估,以及对在武器系统上进行的研制试验与鉴定和系统工程程序的技术评估;

(5)批准作战试验计划和实弹射击试验,审定试验资金;

(6)分析作战试验与鉴定结果,就作战试验与鉴定是否充分完成向国防部长和国会提交报告;

(7)审查并监督试验与鉴定设施和资源预算;

(8)制定《国防部试验与鉴定资源战略规划》;

(9)管理《中央试验与鉴定投资计划》以及《试验与鉴定科学技术计划》。

3.3 建立军种试验与鉴定风险管理体系

按照风险管理的要求,美军分别建立了与本军种特点相适应的试验与鉴定风险管理体系。

陆军试验与鉴定的执行官由负责作战研究的陆军副部长帮办担任,负责制定、审查、强化和监督陆军试验与鉴定政策和程序,陆军参谋长办公室的试验与鉴定管理局为其提供监管和风险控制的决策支持,陆军试验与鉴定司令部负责陆军所有系统的试验与鉴定风险管理。

海军试验与鉴定的职责由海军助理部长和海军作战部长承担。作战部长负责保证海军总的试验与鉴定计划的充分性以及试验承担的风险问题。试验与鉴定政策通过负责海军试验与鉴定和技术要求的人员实施,试验与鉴定部负责管理所有试验与鉴定的规划、实施和报告。

空军采办执行官由空军助理部长担任,直接与试验与鉴定部门联系,其下属参谋官员负责编制研究、发展、试验与鉴定预算以及试验风险计划。空军参谋长领导的试验与鉴定的参谋机构,负责提供有关试验与鉴定的政策并监督其执行情况,处理试验文件、管理试验与鉴定主计划的审查。

海军陆战队主管研究与发展的副参谋长领导全海军陆战队的研究、发展、试验与鉴定工作,支持新系统的采办,直接向海军助理部长报告。海军陆战队装备司令部负责海军陆战队所需试验与鉴定的政策、程序和要求。海军陆战队作战试验与鉴定处负责本部门的航空系统试验以及试验风险评估。

3.4　明确项目办公室试验与鉴定风险管理职能

美军对武器装备采办实行项目管理制度,推行项目主任负责制,项目主任最终负责系统研制的所有方面,包括试验以及试验风险。

一是设立项目主任和主管试验与鉴定的副主任。在军方管理采办计划的最基本组织——项目办公室中,通常设有管理试验与鉴定工作的分支机构或人员。计划管理办公室指定一名试验与鉴定副主任,主管有关试验与鉴定事务,并就项目的试验与鉴定活动,向项目主任提供信息,帮助其对试验与鉴定风险实施有效的管理。

二是组建试验与鉴定一体化产品小组。主管试验与鉴定的副主任负责组建一体化产品小组,其组成包括作战试验部门、研制试验部门、可能联合采办的组织机构、试验保障机构、作战使用用户,以及参与试验工作的其他组织机构。其主要职能是:提出一体化试验要求,协调试验与鉴定计划,解决试验费用、进度和风险问题。

3.5　实行一体化试验与鉴定管理模式

装备一体化试验是从系统的角度,对装备全寿命管理环节中的试验进行统筹设计和安排,通过顶层设计,使得试验阶段与试验过程彼此相互联系,实现试验的无缝链接。一体化试验与鉴定的主要目标是降低风险,以优化试验设计,实现试验信息共享和试验资源最大利用。为了加强对试验风险的管控,在项目办公室成立试验与鉴定一体化工作组,通过制定工作基线,及时掌握研制试验与作战试验突破基线的风险,实现对试验风险的有效监控。

4 对我军的启示

装备试验本身是一项高风险活动,采取针对性措施防范风险、化解风险是试验活动安全顺利进行的重要保证。我军装备试验经过60多年的实践,在试验管理方法、管理手段等方面形成了一套具有自己特色的理论与方法。也创新出诸如"双想""预案""两岗四检查""归零"等许多风险管理的手段和办法,这些手段和方法在预防风险方面起到了一定的作用。但是,应该看到这些方法相对零散,大多局限于操作层面,还没有形成一套系统的、科学的管理方法。为促进试验基地风险管理工作的有效开展与顺利进行,借鉴美军在试验风险管理的经验与做法,结合试验基地管理体制与风险管理实际情况,制定具体措施,是开展好试验风险管理的有效途径。

4.1 提高装备试验风险意识

保证试验风险能够得到有效控制,首先必须提高对试验风险的认识。只有提高了风险意识,才能采取有效行动来控制风险。随着武器装备复杂程度的提高,试验规模、试验密度、参与人员、时间要求、试验内容等都有了不同程度的变化,装备试验的风险也越来越高,因而迫切需要提高风险意识并加强对试验风险管理的研究。

提高试验风险意识应注意两个方面:一是重视风险。全体参试人员都要居安思危,保持高度的风险意识,并贯穿到具体工作中,要善于发现和识别试验潜在的风险,防止思想麻痹和大意造成的损失。二是勇于面对风险。风险并不可怕,只要发挥风险管理机制的作用和功能,风险是可以预见、防范、控制和化解的,只有具有良好风险哲学思维的人才能在危机中把握机会。因此,要树立风险的哲学思维意识,形成了风险管理氛围,开展试验风险管理就具备了条件。

4.2 建立试验风险管理体系

实施有效的风险管理,建立风险管理体系是必不可少的。就目前试验的组织管理体系来看,还缺少相对独立或职责明确的风险管理机构,风险管理的职能仍分散于各职能机构中。在试验风险管理上,还没有形成一个行之有效的管理体系,经验的或直觉的决策方法仍较普遍采用。

因此:一是需要建立风险管理组织,并使其尽快运行起来;二是制定出风险管理方针、政策和工作程序,规范其工作内容及与其他管理机构之间的关系,保证机构运行协调;三是要提供试验风险管理所需人财物,并保证信息能够及时、准确传递。风险管理体系建立和运行一段时间后,要根据运行情况进行调整和改进,保证风险管理取得成效。

4.3　完善试验风险管理运行机制

建立风险管理机制是规范风险管理的行为,确保风险管理的有序运行,提高试验风险管理水平的有效手段。目前大多数试验基地还没有将风险管理程序与方法纳入装备试验过程,由于缺少科学规范的风险管理程序与方法,在试验计划制定以及试验实施过程中,风险的分析、风险控制、风险处理等方面还没有形成规范的程序与方法,有必要建立风险管理运行机制,完善试验风险管理工作。

建立风险管理运行机制需要做好三个方面工作:一是建立和完善风险管理规章制度。装备定型试验是一种国家意志和行为,作为决策依据,其风险可能影响整个装备全寿命管理过程,因此需要有健全的法律法规作保障并依此来规范定型试验风险管理工作,确保定型试验风险管理工作有章可循,有法可依。二是制定风险管理程序和标准。试验基地应根据所承担试验任务的种类和特点,制定风险管理程序、标准,使试验人员明确风险管理的管理内容、方法以及程序和要求。程序和标准的制定应具体、明确,尽可能采用量化指标,使之具有可操作性,便于对照、分析、检查、考核,不宜过于原则,难以把握。三是制定风险管理责任制。必须明确各部门、各层次、各岗位风险管理的责任归属,以加强其责任感,调动其积极性,鼓励其创新精神。

4.4　建立试验基线,加强试验过程控制

目前,试验决策部门虽然对试验决策风险有了一定的认识,但是在具体工作中风险评估工作尚未纳入决策程序,许多重大问题的决策以及关键节点难以展开有效的风险评估,决策风险难以得到控制。

建立试验基线是利用基线对试验风险实行控制的有效方法。在试验早期就着手制定各阶段试验活动的基线,便于掌握试验进展状态,及时查找突破基线的原因并制定相应的处理措施,以有效地减轻试验风险或将风险控制在可承受的范围内。制定基线或过程控制点应根据被试装备特点以及试验重要过程控制点和重点控制区域,如关键试验项目、主要测试内容、重要数据处理等,对实施过程和工作质量进行重点检查。

4.5　建立试验风险管理信息系统

只有及时掌握真实、准确的试验动态信息,才能及时发现风险并采取针对性处置策略,取得应对风险的主动权。建立风险管理信息系统,及时掌握试验动态

信息是实现风险科学管理的基础。以往造成试验风险管理活动开展的困难主要体现在两个方面:一是我军装备试验风险管理研究起步较晚,用于风险分析和评估的数据没有积累;二是由于我军装备试验的分段管理和部门分割,导致信息渠道不畅,形成了相对独立的"信息孤岛"。

在信息技术手段落后的条件下,风险识别的客观性与真实性,以及风险管理的技术性与科学性通常并不能完全显现;但随着信息技术的迅速发展,风险管理与信息技术日益结合,上述问题可以得到有效解决。试验基地风险管理信息系统可依托指挥系统或其他信息系统网进行构建,借助信息技术来优化风险管理信息流程,并为风险管理提供决策支持。

4.6 制定试验风险预警流程

试验风险预警是通过各种试验资料和信息的收集与分析,对影响试验的各种风险因素进行预测、估计、推断及监控,进而对可能导致试验损失或失败的风险因素进行预先控制,并做出相应的对策,保证试验在可控范围内进行。风险预警管理实际上也是一种循环改进过程,一般包括风险警源分析、风险警度评估、风险警情控制、风险警情排除四个部分。试验基地在建立试验风险预警流程时,可根据被试装备具体情况进行细化和删减。

5 结束语

装备试验本身是一项探索性强、不确定因素多、危险性大、组织实施难的工作,由于内外部制约因素的相互影响与相互作用错综复杂,所面临的潜在风险也相对较多,其风险性是一般民品项目无法比拟的,这在客观上增加了风险管理的难度。因此,建立试验风险管理体系,规范风险管理程序和方法,并逐步实现其制度化和规范化是目前国家靶场需要开展的一项紧迫性工作。作为一项管理活动,风险管理是一个动态、持续的过程。国家靶场为了确保试验目标的实现,需要不断研究和探索试验风险管理的理论与方法,并创新出适合我军的试验风险管理模式和方法。

(文章发表于2014年第二届"靶场试验与管理"论坛优秀论文集)

提高武器装备试验质量的途径与方法

装备试验经过几十年的发展,始终坚持质量第一的方针,保证了各项科研试验任务的圆满完成。与此同时,在试验质量管理方面也取得了很多成功的经验和方法,对这些经验和方法加以总结既是装备科研试验部队继承传统的需要,也是开拓创新、迎接挑战的需要。

1 加强法规建设,完善试验标准

装备试验法规,是指由国家权力机关、授权的国家行政机关和军事机关按照法定的程序制定或认可的,调整涉及装备试验活动中各种社会关系的法律规范的统称。装备试验质量立法在我国是比较薄弱的环节,但近年来已经予以重视,并进行了大量的立法工作。目前,初步形成了较为健全的制度与办法,如《军工产品质量管理条例》《军工产品定型工作管理办法》《军工产品质量管理要求与评定导则》等。这些法规制度的建立和完善,使得装备试验质量管理有了法律保证,随着装备的发展,装备试验质量立法工作还需要不断加强和完善。

1.1 装备试验法规的建立

加强试验法规建设,不断完善试验法规体系,是依法实施装备试验的重要内容。我军装备试验法规体系按照法规性文件发布机关的级别和法律效力的等级,可以划分为试验的法律法令、条令条例和规章制度三个层次。

1.1.1 法律法令

法律法令是由全国人民代表大会及其常务委员会,按照法定的程序制定和颁布的,在全国范围内或全国一定范围内适用的有关试验方面的法律规范。它属于试验管理法规体系的第一个层次。这类法律法令主要包括两大类:一是国家法律中有关装备试验管理活动的规定,如《中华人民共和国军事设施保护法》等法律中有关的规范;二是由国家权力机关按照立法程序,为规范装备试验的而制定和颁布的单行军事装备法律。

1.1.2 条令条例

条令条例是由国务院、中央军事委员会依据宪法和有关法律,按照一定法律程序单独或联合制定和颁布的,在全国、全军或全国、全军某一范围内适用的有关的法律规范。它属于试验法规体系的第二个层次。主要包括三类:一是国务院、中央军事委员会联合制定和颁布的属于调整国家、地方、军队之间在装备试验活动中的社会关系的军事行政法规,如《军工产品质量管理条例》《军工产品定型工作条例》,这类军事行政法规具有在全国一定范围内遵行的法律效力;第二类是国务院颁布的与试验有关的行政法规,如《军工产品质量管理要求与评定导则》,这类法规具有在全国范围内遵行的法律效力;第三类是中央军事委员会制定和颁布的军事法规,如《中国人民解放军装备条例》《定型试验规范》等,这类法规具有在全军或全军一定范围内遵行的法律效力。

1.1.3　规章制度

规章制度是指国务院和有关部委、军委各总部、军兵种、军区,依据有关法律法规,按照一定程序单独或联合制定和颁布的,在一定范围内适用的有关试验方面的法律规范。它属于军事装备法规体系的第三个层次,如《常规武器试验工作条例》《试验管理规范》等。

总装备部及所属试验训练基地从实际需要出发,制定了一定的试验法规。例如,总装备部制定的《总装备部各级司令部工作条例》,试验基地根据各自任务特点制定的《试验工作规范》《试验场区管理规定》等。

《总装备部各级司令部工作条例》规定了:总装备部各级司令部、参谋人员的工作职责,司令部与各方面的关系;科研试验的组织实施程序;试验技术勤务,部队建设与管理;战备和战时司令部的主要工作;工作制度等。这一条例的规定,在制度上保证了加强司令部革命化、现代化、正规化建设,实施统一的指挥、统一的制度、统一的编制、统一的纪律、统一的训练,加强组织性、计划性、准确性、纪律性,使之成为具有头脑作用的、高效能的组织指挥机关。

《试验工作规范》是各试验训练基地根据各自试验任务的具体实践,全面系统地归纳出试验工作规范,形成具有各基地特色的管理模式。规范分为基地和部(所)、团站两级内容。基地级规范主要包括:基地及各系统的组织实施方案、指挥协同和工作程序、各种管理规范,以及完成试验任务评定标准。明确规定了职责、任务、相互协同关系和工作内容、方案、步骤,以及各项具体要求等。各部(所)、团站级规范是按照基地拟定的大纲进行编写的,包括操作规程和测试细则,是基地级规范的具体深化和体现。

1.2　装备试验法规的执行

装备试验法规是实施装备试验工作的法律依据。是"依法治军""依法管装""依法治装"的重要内容和基本前提,装备试验法规为试验活动提供了行为规范,明确了其正确与否的衡量标准和尺度,是装备试验正规化管理的重要保证。军事装备法规一经建立必须严格执行。

任何法规的贯彻执行都要依赖于完善的组织机构,作为装备试验鉴定机构同样,也是如此。通过试验部队组织机构的运转保证试验法规贯彻执行。试验基地所进行的试验与鉴定工作是装备全寿命管理的一项内容,也是实施装备质量管理与控制的一个最重要环节。试验基地进行的整个试验活动以及每一个成员所从事的具体试验工作,都是依法实施装备试验活动,是法规的执行者。因此,经常开展试验人员进行法规意识教育,使广大参试人员知法、懂法、用法,才能确保在装备试验中做到有法可依、有法必依、违法必究,才能做到严把试验质量关,从严、从实战出发考核,为部队战斗使用负责。

1.3　完善国家军用试验标准

国家军用标准是依据科学技术和实践经验的综合成果,对装备试验活动中具有多样性、相关性特征的重复性事物和概念,以特定的形式和程序颁发的统一规定。

军用试验标准,是试验法规的具体体现,是装备试验活动的准则和依据,也是试验质量管理的重要基础和手段,为装备试验质量管理提供了共同的准则和依据。军用试验标准是试验质量方面的具体化和定量化,有了这些标准,使装备试验活动统一了符号、代号、术语、编号制度,标准化了管理程序和试验流程,使每个部门和个人分工明确、职责清楚,实现装备试验质量管理的合理化和科学化。因此,必须重视军用试验标准的建立与完善(包括各类规程、规范和程序)。只有建立一套完善的试验标准体系以及与之相配套的规程、规范和程序,才能保证装备试验法规的有效贯彻与执行。

2　建立健全装备试验质量管理体系

质量管理体系是指装备试验部门(或单位)为了保证装备质量满足部队需要,由组织机构、职责、程序、活动、能力和资源等构成的有机整体。建立质量管理体制是十分必要的,为了使质量管理体系有效运转,发挥各方面的作用,装备试验单位应研究和制定质量方针与质量目标,并采取必要的措施使质量方针、质量目标能被全体试验人员所掌握,并得到切实有效的贯彻。

建立装备试验质量管理体系,涉及面非常广,工作量相当大。从管理工作的层次来讲,大致可以分为两层:一层是宏观管理,即代表国家的政府部门对质量的管理;另一层是微观管理,即试验基地对质量的管理。宏观管理的作用在于:国家为装备质量和加强质量管理创造条件,促使装备试验单位、部门有提高质量的动力与压力。微观管理的作用在于:通过加强全面质量管理,改善试验单位素质,保证试验质量。这两层管理各有职能,但彼此不可分割,它们要做的工作是互相联系在一起的,有的是指令性关系,有的是指导性关系。因此,只有同时加强和重视宏观管理与微观管理,才能使质量管理体制不断得到完善。

2.1　加强装备试验质量管理体系建设

装备试验质量管理体系是试验质量管理方面指挥和控制组织的管理体系。质量管理体系的核心是指人和物这些实体。建立和健全装备试验质量管理体系,必须具备与其质量方针和目标相一致、相适应的诸项要求。装备试验质量管理具有系统性、协调性的特征,它把影响试验质量的技术、管理、人员和资源等因素进行高度的综合,在质量方针指导下,为达到装备试验质量目标而相互协调与配合。装备试验质量管理必须遵循装备试验的科学规律,按科学规律办事。建立健全装备试验质量管理体系,主要注意以下几个方面:

一是质量职责和权限。应明确规定各部门及各级各类人员的质量职责和权限,以做到质量工作人人有责,使各项工作协调配合,实现规定的任务。

二是组织结构。在管理工作中应建立与质量体系相适应的组织结构,并明确规定各机构的隶属关系和联系方法。为协调试验各部门、各环节的活动,应设立综合性的质量管理专职机构。

三是资源和人员。为实施质量方针并达到质量目标,应保证提供必需的各类资源,包括人才资源和专业技能、试验设备以及仪器仪表与计算机软件等。为了确保各类人员的工作能力,应就人员的资格、经验和必需的培训要求做出规定。对资源和人员的规划及安排应与试验活动的总目标一致。

四是工作程序。为保证质量方针与目标得以实现,应制定和颁发有关质量的工作程序并贯彻实施。工作程序通常规定某项活动的目的和范围、应做什么、由谁来做、如何做、如何控制和记录、在什么时间和地点执行,以及采用什么材料、设备,标准等。各项活动严格按程序进行,程序之间相互协调。

五是质量体系文件。首先,质量体系文件是指导组织开展质量活动的法规,是各级各类人员必须遵守的工作法规。它具有强制性,有关人员必须认真执行,以保证工作质量和产品质量。其次,质量体系文件具有全面性、系统性、科学性、先进性、可操作性和经济合理性等特点。质量体系文件是表述质量体系和提供质量体系运行见证的文件,它既是质量体系设计的结果,也是开展质量管理和质量保证的基础,还是质量体系审核和认证的主要依据。

目前,总部所属试验基地已建立了质量管理体系,为确定试验管理质量体系中各要素的实施是否达到规定的质量目标,以及评价质量体系的有效性,还要根据规定对质量管理体系进行审核。根据审核结果来确定是否需要制定新的计划,确定质量计划所规定的质量职责和程序的执行是否令人满意,以及明确哪些方面还需要进行改进等。

2.2　实施质量体系认证,强化质量管理与监督

为确保装备试验任务的有序开展,加强规范化管理,保证试验质量的稳定

性,必须实施质量体系认证。要制定和完善一系列规章制度与质量控制文件,并坚持抓好制度的落实。此外,在装备试验过程中,对一些典型的和特殊的项目以及易出现的质量问题,还要针对试验的具体情况制定具体措施,不断完善质量管理体系建设。比如,及时召开质量问题通报现场会和质量管理工作会议,进行质量整顿和质量大检查,进一步健全质量管理体系,提高质量效率,狠抓质量责任制的落实。

质量管理与监督工作的主要任务是根据国家有关条例,对装备产品试验质量进行管理与监督,确保装备试验质量,为部队使用把好质量关。强化质量管理与监督,首先要提高装备质量意识,必须建立和完善质量管理与监督的机制,要充分发挥各级试验质量管理部门和各类试验质量管理人员的作用,对装备试验质量实施全方位和全程的管理与监督。目前,对装备试验质量管理与监督检验的机构还不够完善,对装备试验质量管理与监督都需要予以加强。

2.3　严格执行国家军用标准

国家军用标准是装备试验活动的准则和依据,是试验法规的具体体现。把装备试验活动中具有多样性、相关性特征的重复性事物和概念,以标准的形式固化下来,就是要求试验活动始终保持规范性、一致性和可操作性。没有统一的标准,装备试验就不可能有科学依据和可信结果。因此,严格执行国家军用标准是保持装备试验稳定性、连续性和提高试验质量的根本保证。

严格执行国家军用标准:首先,必须以"质量第一"的思想为指导,通过国家军用标准的宣传贯彻,提高思想认识。全体参试人员要学习好国家军用标准,更要执行好国家军用标准。其次,试验中工作必须坚持"系统性"原则,国家军用标准的对象是试验过程中具有多样性、相关性特征的重复性事物,这些重复性事物之间不是孤立无关的,是彼此影响、互相作用,存在着一定的内在联系的。反映在对这些重复性事物所制定的标准也是如此,标准构成了具有特定功能的系统,标准与标准之间有机作用,相联系、相配套,协调统一。如果顾此失彼或重此轻彼,则标准系统的功能难以充分发挥。因此,执行国家军用标准时必须坚持系统性原则。

2.4　严格按程序组织试验

工作质量直接决定装备试验质量的高低,工作质量很重要的一条是严格按照程序组织指挥和协调。比如:航天试验产品出厂前,研制部门严格把关,严格评审,坚决杜绝带问题出厂;产品进入发射场后,严格按发射场工艺流程规定的内容,高质量地完成总装测试和操作,即发射场地面设施设备和测控通信、着陆场等参试设备经过认真维护,参试状态普遍良好,各种应急预案考虑周全,对可能引起灾难性事件的推进剂加注系统设备检查维修、发射气象条件研究等重点工作认真落实;飞行期间,在指挥部的统一领导下,工作紧张有序,每天召开调度会,对出现的问题和质量问题隐患及时分析研究,指挥准确,决策正确。建立完善并严格执行试验组织指挥程序和指挥关系,是装备试验任务圆满完成的重要保证,也是装备试验任务作为大型系统工程的必然要求。

3 树立现代质量管理理念,强化全过程管理

树立新的质量观念,是开创质量管理新局面的思想基础。思想理论是指导一切行动的指南。传统的质量管理是以严格的检验和规章制度作为控制装备质量的主要手段,这种管理方法一个很大的局限性,不能从根本上消除武器装备科研试验质量问题的根源。现代武器装备复杂程度不断增加,技术要求越来越高,传统的质量管理与之不相适应的矛盾日益尖锐。客观形势的发展,迫切要求确定新的理念,采用一套科学的方法。20 世纪 70 年后期,我国开始在武器装备科研试验中推行装备科研试验的全面质量管理,这是一个不断探索新的质量观念、端正思想、提高认识、掌握客观规律的过程。在探索全面管理的过程中提出树立"一次成功,系统管理,预防为主,实行法治"的新的质量观念。这种新的质量观念反映了适应新时期、新任务,由传统质量管理向科学质量管理转变的客观要求,也是正反两个方面实践经验上升到新的理论高度的重要体现。

全面质量管理所包含的一整套、系统的原理,整体优化的思想,科学的方法,协调一致的管理体制,充分体现了现代科学技术与装备科研试验发展的要求。也是多年探索寻求改善传统管理的最有效途径。树立现代质量观,把好装备科研试验质量内涵:从狭义上讲,主要包括装备性能、寿命、可靠性、维修性、安全性、保障性等;从广义上讲,主要包括装备科研试验全过程管理及延伸到装备研制、生产、定型、使用等管理。质量控制是从检验为主转变为预防为主,实行预防与把关相结合的过程控制。质量责任是从单一的质量部门转变为各个业务部门和各个技术岗位。

3.1 树立系统管理理念,把握装备试验质量管理的主要环节

装备试验质量管理,必须针对装备试验的特点,实行试验全过程、全系统质量评审和验收制度。重点把握好影响装备质量的主要环节。

一是把好装备试验的阶段性评审和验收。在装备试验重要阶段或重要节点应制定评审和验收制度,例如:在试验准备阶段应对试验总体技术方案、试验大纲等进行评审和验收。在阶段性工作没有达到预定目标或要求时,应查找原因,采取改进措施。重要问题不解决,不能超越阶段开展下一个阶段工作。

二是对装备试验实行质量"归零"处置。对装备试验中发现的技术问题,首

先必须进行故障定位,找出问题的症结,提出改进或相应的措施,并经过有效的验证试验后,方可转入阶段工作。实行质量"归零"处置,是确保装备质量试验的成功经验。

三是在装备试验过程中大力开展回想和预想活动。对已开展的试验进行回想,主要是总结经验,吸取教训。对试验的预想是通过回想中的经验和教训,对后期开展的工作中的有关技术问题预想和设定,目的是使后期工作更加科学和顺利,减少失误。回想、预想活动,是装备试验质量管理的经验总结,具有很强的操作性和指导性。

四是对装备试验计划实行节点控制,实现装备质量的宏观管理。装备试验计划,是对装备试验人力、物力、财力以及装备科研试验进展的综合管理。装备试验计划安排是否科学合理,能否实现对装备试验的有效管理与节点控制,不仅关系到装备科研试验效益,也直接关系到装备的质量,是确保装备试验"一次成功"的有效措施。装备试验计划既要有很强严肃性,又要保证具有灵活性。装备试验计划必须坚持以进度服从质量,当试验进度与装备质量发生矛盾时,坚持以进度服从质量是装备质量建设一项重要原则。

3.2 坚持集中领导和统一指挥是装备试验质量建设的重要保证

集中领导使得装备科研、使用和装备试验三者形成有机的结合和衔接,对减少重复、突出重点、保证装备质量、提高管理效益起到了重要的保证作用。统一指挥是对装备试验全过程的统一计划、统一组织、统一领导、保证装备试验过程的协调性和一致性。

俗话说"千人一杆枪,万人一门炮"。装备试验由于涉及单位多、装备系统构成庞大、测试系统复杂、试验岗位众多等,必将给装备试验组织指挥带来很大难度,也给装备试验组织领导、协调指挥提出了新的课题和更高要求。装备试验组织领导是否得力,能否协调配合和妥善处理有关问题,不仅关系到装备试验效益,也直接关系到装备科研试验质量。总结我国装备试验的历史经验,坚持装备科研试验集中领导、统一指挥,既是装备质量建设的组织保证,又是装备试验任务能够成功的历史经验。因此,必须坚持对装备试验质量建设的集中领导和统一指挥,把试验质量建设纳入装备全寿命管理中,确保试验质量。

3.3 发挥行政指挥线和技术指挥线在装备质量建设中的重要作用

由于装备试验系统庞大,技术复杂,所以组织协调难度大。特别是,技术含量高,系统技术复杂,装备试验过程中有大量问题需要组织协调和分析处理。行政指挥线和技术指挥线是把行政指挥与技术指挥相对分工的有机的结合。技术指挥线的指挥决策可为行政指挥线的指挥决策提供依据,行政指挥线的指挥决策是技术指挥线的指挥决策的保障,两者互相协调与配合为装备试验质量管理提供科学依据和有力保证。

4 实施试验标准化管理

4.1 标准化管理与质量管理的关系

全面质量管理是一种科学的质量管理方法,是现代管理科学在质量管理上的具体运用。全面质量管理与标准化管理有着密不可分的关系:标准化管理是全面质量管理的基础,做好标准化管理工作,是保证试验质量、合理利用试验资源、提高试验综合效益的重要手段;全面质量管理是标准化管理的保证,要充分运用全面质量管理的一整套理论、方法来保证在试验过程的每个环节中认真正确地贯彻国家标准、军用标准、企业标准和靶场标准,促进标准化水平的不断提高,使装备试验更科学化、合理化,达到提高试验质量的目的。

4.2 加强试验标准化管理工作

标准化是装备试验单位建设与发展的一项重要技术基础。标准化是一项与国家利益密切相关的重要技术经济政策,它体现出国家的总政策。在现代社会中,它已超出技术范围而成为全社会的事业,其形式、内容的范围更富有政策性。装备试验单位发展的目标是现代化,要实现这一目标就必须使试验走上科学化、规范化的轨道。标准化是实现这一目标的技术基础。

加强试验标准化管理是实现装备试验科学管理的基础。实现试验科学管理是依据试验的发展规律对各个部门的正常运行实施有效的管理,标准化则为装备试验的科学管理提供了目标和依据。例如,为科技人员提供技术标准、为管理人员提供管理标准、为全体工程技术人员(包括管理人员)提供工作标准。科学管理的全过程自始至终都离不开标准化,一切工作都应从标准化开始,并贯彻试验工作的始终,这样才能建立起最佳的工作秩序。

加强试验标准化管理是提高装备试验质量的有效手段。装备试验的目的是要通过模拟实战环境检验被试装备能否达到设计方案要求的战术技术指标。这就要求装备试验在满足被试装备试验条件的情况下,严格按照试验规定、试验规程等标准,对被试装备进行试验。对不符合进场标准要求的装备应坚决退场,对不满足试验条件标准要求的应进行改进予以保证,决不能凭经验、按传统做法、凭商量来解决试验中出现的问题。标准化就是技术法规,一经颁布必须坚决执行。严格贯彻执行标准,必将保证和提高装备试验的质量。

5　严格岗位责任制

5.1　落实岗位责任制

提高装备试验质量,就必须明确规定每一个试验岗位以及每一个参试人员在质量工作上的任务、责任和相应的权力。这就是岗位责任制的含义。如果没有一套切实可行的岗位质量责任制,就无法保证和提高装备试验质量。落实岗位责任制,是实施装备试验的一个重要环节,不落实岗位责任制就无法做到"质"与"量"统一,必然会造成浪费大、消耗高、质量低的试验方式。实践证明,只有实行严格的责任制,才能从各个方面有力地保证装备试验质量提高,把缺陷和隐患消灭在使用之前。

装备质量管理从每个岗位抓起。质量工作无小事,质量管理必须是全过程、全系统、全方位管理。装备质量管理责任到人,坚持预防为主,树立忧患意识、法规意识,严格装备试验的各项规章制度,是装备质量建设的重要基础。落实岗位责任制,具体要做好以下工作:

一是建立岗位责任制。明确岗位责任制的实质是责、权、利三者的统一,只有责,没有权和利的责任制是行不通的。

二是按照不同层次、不同对象来制定岗位责任制。装备试验是一项综合性工作,通过责任制使全体人员真正明白自己岗位责任之所在,把责任落在实处,确保试验质量。

三是责任尽量做到具体化、数量化,便于考核。防止责任制流于形式。

四是制定岗位责任制时,由粗到细,逐步完善。所确定的任务与责任要力求做到科学、客观、合理,坚持"实事求是"的工作作风。

五是为把岗位责任制落到实处,必须制定相应的奖惩措施。目的是促进全体参试人员岗位责任制意识的进一步提高,对岗位责任制的落实起到重要作用。

5.2　加强装备试验岗位训练

训练是提高装备试验能力、试验水平和试验质量的一条重要途径。通过训练使全体参试人员熟练地掌握本职工作及其有关的业务、管理知识和技能。由于军事装备具有品种多、技术新以及军事装备更新换代快的特点,试验人员不仅有较强的专业理论知识,还应掌握不同装备型号的特点与要求。这就要求试验人员不断学习,并结合具体型号试验任务,开展针对性的岗位训练,从而提高综合试验能力。

参试单位根据本单位和部门的具体情况,组织好不同内容的训练。在训练中,结合具体任务和岗位需要,做到试训一致,提高训练效果。对于综合性的训练和大型试验的演练,基地试验应在试验前统一组织实施。各单位和各级领导应充分重视训练工作的作用,全体参试人员应充分认识训练工作的重要意义,通过训练达到向训练要提高战斗力、向训练要试验能力、向训练要试验质量的目的。

6 重视试验质量信息工作

试验质量信息,指反映装备试验质量和试验各环节工作质量的基本数据、原始记录,以及装备试验过程中反映出来的各种情报资料。试验质量信息是装备试验质量管理的"耳目",是一项重要的资源,加强试验质量信息管理是提高试验质量的重要手段。

6.1 提高试验质量信息工作重要性的认识

试验质量信息是试验质量管理不可缺少的重要依据,是提高试验各环节工作质量的最直接的原始资料和依据。影响试验质量的因素是多方面和错综复杂的,搞好试验质量管理,首先必须重视试验质量信息工作,这是实施试验质量管理的基础。只有掌握信息,才能对影响试验质量的各方面因素有清楚的认识,做到心中有数。试验质量信息在装备试验质量管理活动中的作用主要体现在以下三个方面:

一是为装备试验质量管理决策提供依据。决策必须建立在掌握情况的基础上,决策过程实际上是收集信息、判断、权衡的过程。因此,只有做好试验质量信息工作,才有可能做出正确有效的决策。

二是为控制装备试验质量管理过程提供依据。试验过程中,由于各种干扰因素的影响,在执行质量方针、目标、计划和可能会出现偏差。因此,需要通过一定的途径来收集反映各试验单位活动状态的信息,掌握当前状态与计划要求之间的偏离,然后通过信息反馈调节和控制各试验单位的活动,使各项工作按照预定的要求进行。

三是为监督和考核试验活动提供依据。主管试验部门通过对质量信息的掌握来监督试验质量管理过程中的各种活动,通过落实质量责任制考核各部门、各环节和每一个人。这就必须依靠试验质量信息工作所提供的各种数据、原始记录等来进行。

试验质量管理过程中的每一步都离不开信息。要做出正确的决策和有效的管理,就必须充分发挥质量信息的作用。由于装备试验质量具有特别的重要意义,因此对试验质量信息的要求也就越高。这种要求可概括为准确、及时、全面、系统。

保证资料、数据的准确性是试验质量信息工作的关键。试验质量信息必须能够准确反映实际情况,才能使决策者做出正确的判断。如果信息不准确,就不能对装备试验起到指导作用。试验质量信息必须满足及时性的要求。因为影响试验质量各方面的因素是在不断发展和变化的,试验中会出现一些新问题、新情况、新信息,只有把这些新问题、新情况、新信息及时地反映出来,反馈过去,才能迅速采取措施,解决问题,保证试验质量。试验质量信息工作,必须做到全面、系统。也就是说,它应全面反映质量管理活动的全过程,反映试验质量管理相互联系的各个方面。只有这样,才能提高试验质量,才能充分发挥信息在试验质量管理方面的作用。

6.2　提高试验质量信息的使用率

要使试验质量信息满足准确、及时、全面、系统的要求,在装备试验质量管理活动中充分发挥作用,必须做好以下三个方面的工作:

一是建立试验信息反馈系统和质量信息中心。试验基地根据实际情况,建立试验信息反馈系统,形成从信息的收集开始,经过加工、汇总、传递、贮存一直到分析、提供等全过程的闭路质量信息反馈系统。同时,要建立质量信息中心,负责对全基地试验质量信息的管理工作,及时向基地领导和管理部门提供准确的信息,保证质量信息的畅通。建立信息中心要从基地整体的角度,通盘考虑,统筹规划,协调一致,提高信息工作的效率。

二是做好质量信息的收集工作。重点应放在军事装备研制、生产、试验过程中收集有关质量的原始记录、数据等质量信息。同时,注意收集国内外同类装备的质量信息,了解本专业领域的新技术、新水平、新动向。

三是做好试验质量信息的管理工作。为充分发挥质量信息的作用,对取得的质量数据、原始记录等必须做好整理、分类、传递、汇总、立档等工作,并实行严格的科学管理,以便于使用,促进试验质量的提高。在具体的质量信息的综合整理工作中,要制定统一的综合整理方案和统一的方法,并按责任制要求,做好质量数据和记录的审核、汇总、查询和订正工作,保证信息切实可靠。

系统地积累信息并施以严格的科学管理,是装备试验一项重要的基础性工作,也是确保装备试验质量的重要手段,必须给予充分的重视。随着装备试验任务的发展,对装备试验质量管理的要求也将越来越高,我们要深刻认识和把握装备试验质量管理的科学内涵及特点规律,采取切实有效的措施,不断实践,不断满足未来任务的需要,保证圆满完成装备科研试验任务。

7　加强试验质量教育工作

人是生产力诸要素中最重要的要素。试验质量归根到底取决于试验队伍的技术水平。高质量的产品是通过各方面的劳动形成的,它不仅是物质文明的反映,而且是精神文明的体现。原材料和元器件以及工业水平、技术进步是物质基础,而人的精神面貌、敬业精神、管理方法和用人制度是精神基础,两者缺一不可,必须从精神和物质的层面同时抓。因此,要从装备试验高安全、高可靠、高质量的要求出发,始终坚持"以人为本"的原则,从提高全体参试人员的素质抓起,开展好质量教育工作,为提高试验质量提供合格的人力资源保证。深入开展形式多样的质量教育活动,并充分利用典型事例,同时按层次分解质量责任并实行严格奖惩,从而不断强化质量意识,使质量深入人心。

7.1 加强质量意识与质量管理知识教育

加强质量教育的目的是为了保证装备试验质量得到提高,质量意识教育和质量管理知识的教育是开展全面质量管理所不可缺少的内容。质量教育的任务是:在装备试验中普及质量管理知识;培训质量管理工作者;培养未来的质量管理专门人才。完成上述任务必须把质量管理列入各级的教育计划,把质量管理知识纳入全体参试人员应知应会的考核内容。只有加强质量意识教育,才能使全体参试人员真正懂得"质量第一"的意义,才能充分调动起广大全体参试人员参加质量管理的自觉性、主动性和积极性。

根据受教育对象的不同,质量教育的内容构成也各有不同的侧重点。质量意识教育是一项长期性的、经常性的教育内容,要搞好质量教育工作,必须注意以下三个问题:

一是质量教育系统化、正规化。开展质量教育是装备试验的一项经常性、长期性的工作,要统筹规划、系统安排,做到正规化。认真编制试验质量教育计划,将其纳入全体参试人员教育培训计划并从组织上、人员上加以保证。

二是质量教育形式多样。除课堂授课、现场教学之外,还要因地制宜,因人制宜,采用一些喜闻乐见的教育形式,如知识竞赛、知识讲座参观学习等,增进学习兴趣,改善质量教育的教学效果。

三是教学内容生动活泼,具有针对性。质量教育要取得实效,就必须认真地选择和确定教学内容。注意从试验中提出问题,理论联系实际,着眼于解决问题,取得实效。

7.2 加强专业技术教育与培训

专业技术教育与培训是指结合岗位、专业所进行的技术基础教育和操作技能练。目的是提高全体参试人员的技术业务水平。由于装备具有品种多、技术复杂,以及试验工作时间紧、任务重的特点,因此,加强专业技术教育与培训是保证试验质量、提高试验水平必须进行的一项重要工作。可开展多种形式与多渠道的专业技术教育与培训,包括举办各种培训班、院校学习、到研制单位实习以及参加有关产品的技术会议等。

实践证明,加强专业技术教育与培训是提高装备试验水平和试验质量的一条可靠途径。通过专业技术教育与培训使全体参试人员能熟练地掌握本职工作及其有关的业务、管理知识和技能。

7.3　明确职责,实施奖惩机制

装备试验是关系到国防和军队建设的大事,因此必须明确职责,建立严格的岗位责任制,并实施奖惩机制,防止因职责不清而影响装备试验质量。

试验是对装备性能与作战使用性能的检验和评价,试验质量直接影响着领导机关的决策、研制单位工作方向、生产单位的任务以及使用单位的安全,因此在试验中必须坚持原则,严格执法,依法试验。要以对国家、军队、人民利益负责的态度,严格试验条件、严格试验标准、严格试验纪律,绝不允许试验中出现讲人情、降标准的现象。对于严格执法、严把质量关的单位和个人应给予肯定和表彰,对于不坚持原则、不实事求是、不认真负责、不讲求工作质量的单位和个人要给予严肃处理。

（摘自于 2007 年研究报告"装备定型试验质量管理体系构建研究"）

第二篇　装备作战试验

作战试验:砺剑之石

武器装备性能好坏、质量优劣,直接关系到战争胜败和使用者的安全,而验证武器装备性能与质量的最好方法就是实战。可是,和平时期该如何检验和满足武器装备在未来作战使用中的要求呢？作战试验被认为是最为有效的"砺剑之石"。

定型试验使命非凡

作战试验贯穿于武器装备寿命周期全程的不同阶段和环节,试验目的不同,试验类型与方法也不同。对于新研制的武器装备来说,定型试验是最重要的试验,也是一项内容最全面、要求最严格的试验,如果定型试验不过关,就不能发放"准生证"。

定型试验使命非凡,必须由指定的权威试验机构完成考核鉴定。试验机构建有专门的试验环境与设施,严格依据战术技术指标要求和规范的试验程序,对受试装备进行全面的检验。试验结论是武器装备能否批量生产和装备部队使用的重要依据。

创新模式脱颖而出

传统定型试验主要考核标准条件下武器装备单体或单系统的性能指标,难以对武器装备整体性能及作战性能做出科学评价,所以与实战要求有较明显的差距。

现代战争是体系对抗,武器装备体系作战能力已经成为对抗双方取得胜负的关键因素。所以,对武器装备具备什么样的作战能力必须心中有数,并据此来制定作战方案。于是,适应新军事变革根本要求的武器装备试验方法与创新模式脱颖而出。

仿真思想备受青睐

作战试验思想起源于20世纪80年代中期的美军。其基本思路是:根据作战目标设置作战对手,并构建逼真的战场环境,通过模拟作战检验装备作战效能和作战适用性,最终检验系统作战能力和满足作战需求的程度。

由于作战试验能较真实地反映武器装备作战水平,对提高实战能力有较好的成效,因而备受外军青睐。据悉,目前军事强国均建立起与联合作战体系相配套的作战试验体系。

试验水平引人注目

武器装备作战性能历来为各国兵家所重视,它们是作战部署、手段运用、指挥决策的重要依据,也是军队战斗力的重要构成内容。

作战试验在非战争环境条件下进行,是通过营造接近实战条件的战场环境来检验和评价作战双方运用各种武器装备系统实施对抗的一种手段。因而,作战试验目标的确定、对抗环境的设置、武器装备的使用、战术战法的运用等都直接影响战斗力生成。

砺剑之石走向未来

现代信息系统已经将武器装备体系的实时感知能力、指挥控制能力、精确打击能力、快速机动能力、全维防护能力、综合保障能力等综合集成于一体,对如此复杂的体系作战能力进行试验与鉴定,无疑是一项极为复杂的系统工程。

由于信息化条件下的武器装备试验是一种全新的试验模式,所以无论试验内容、方法与手段,还是试验组织与实施,都与传统试验模式大相径庭。因而,基于信息系统的体系作战,必然呼唤基于信息系统的体系试验,而其创新模式发展堪称是"柳暗花明又一村"。

(文章发表于 2013 年 7 月 25 日《解放军报》)

关于我军开展武器装备作战试验的思考

1　前言

作战试验源于美军 20 世纪 60 年代,其基本思想是:根据作战目标设置作战对手并构建逼真的战场环境,通过模拟作战检验装备作战效能和作战适用性,以此检验装备作战能力和满足作战需求的程度。美军认为,作战试验与鉴定是"由军方独立的专门机构在接近真实的使用或作战环境(面对敌方威胁)下进行的试验,主要目的是确定由典型用户操作使用给定技术性能条件下的武器装备的作战效能、作战适用性和作战生存性"。由于作战试验能够较真实地反映武器装备满足部队作战使用要求的程度,因而一直受到人们的高度关注。

我国实行的是装备定型制度,即新型武器装备必须经过定型后才能够生产和装备部队使用。作为装备定型工作的一项重要内容,定型试验由国家认可或指定的试验单位实施。设计定型试验包括试验基地试验和部队试验,试验基地试验主要考核产品的战术技术性能,部队试验主要考核产品的战术使用性能。生产定型试验主要是对申请生产定型装备的质量稳定性及成套、批量生产条件进行考核的试验,生产定型试验包括试验基地试验和部队试用。部队试验和部队试用实际上是我军特色的作战试验,由于对作战试验与鉴定问题未做明确的规定和要求,所以缺乏系统的作战试验与鉴定。此外,受条件限制,作战试验部队缺少专业的试验鉴定人员和设施设备,导致作战试验鉴定的主要内容——作战效能与作战适用性不能得到全面的考核与评价,特别是作战效能基本不涉及,因而是一种不完全的作战试验。

随着装备建设的不断发展,我军装备实现了由仿制为主向自主研发为主的转变。目前以装备性能指标考核为主要内容的试验考核模式,虽然能有效地保证武器装备的自身性能,但由于缺少作战使用条件下的效能考核,武器装备具备了怎样的能力以及能否完成规定的作战任务等问题没有得到解决,制约了部队的作战使用与战斗力的发挥。为切实发挥作战试验作用,提高我军装备试验鉴定能力,更好地为部队作战使用服务,迫切需要开展作战试验问题研究。

2　美军装备作战试验的主要做法与启示

经过长期的研究和实践,美国已在武器装备作战试验与鉴定方面积累了丰富的经验,形成了完整和规范的管理体系、政策与标准指南,有大量的理论与方法成果可供借鉴。由于作战试验较真实地反映了武器装备作战能力,对于提高作战能力具有重要作用,因而得到世界许多国家的效仿与推广。虽然中国与美国的国情不同,装备试验的管理体制也差异较大,但分析美军作战试验的一些成功做法,可以为我军开展作战试验提供思路和启迪。

2.1 重视作战试验,充分发挥作战试验的主导作用

美军认为,作战试验是确保武器装备在未来作战使用中具有充分且可靠的实战效能的重要依托,因而高度重视武器装备作战试验。从国防部到各军种都设立了作战试验与鉴定管理机构,明确要求作战试验与鉴定要前延到装备研制阶段,在采办的每个阶段都要进行作战评估,以全面评估采办周期每个阶段的作战效能和作战适用性,充分发挥作战试验的主导作用。为了验证与评估装备的作战效能与互操作性,还特别强调作战试验必须在一定战术背景进行。例如,在F/A-22的作战试验中,利用1架F/A-22战机对抗1架F-16战机,2架F/A-22战机保护1架B-2对抗4架F-16战机,4架F/A-22战机保护4架F-117对抗8架F-16战机,以验证其在地空导弹攻击下的生存性。

2.2 强调立法,规范作战试验的实施与评价活动

美军十分重视装备试验与鉴定的法制化管理,美军认为在整个采办寿命周期中,试验与鉴定用于识别技术风险、检验性能、验证系统效能。为此建立了比较完备的试验与鉴定法规体系。例如,美国国防部2012年发布的《试验与鉴定管理指南》,专门介绍了采办各个阶段的试验与鉴定工作要求。除国防部的指令和条例外,美军各军种都制定有武器装备作战试验相配套规程与手册,如美国空军的《作战试验与鉴定手册》、陆军的《作战试验鉴定方法与程序指南》等,对作战试验的概念、试验组织结构、试验计划、试验程序、试验评估、试验保障等内容进行了详细的规范,以保证武器装备作战试验实施与评价的规范性。

2.3 建立作战试验部队与评价机构,保证试验与评价活动的独立性

为保证作战试验的充分性与独立性,美军在各军种设置了作战试验鉴定机构与作战试验部队。作战试验由作战试验部队按照作战编成与作战想定组织实施,作战试验鉴定机构负责监督试验实施活动并收集试验数据,对作战试验做出评价。这种试验实施与试验评价相独立的运行机制,既保证了试验活动的充分性,又保证了评价活动独立性。

2.4 开发先进试验技术,提高作战试验能力

为适应装备发展和提升靶场综合试验能力,美军加大投资力度,进一步完善

靶场试验设施的信息化建设。例如,美国陆军提出了用于支持美国陆军先进系统和未来部队试验的靶场建设目标,使靶场具有提供态势感知、使命可视化、场景生成、实时显示、数据融合、分布式网络接入等能力。同时,还提出了光学成像技术、电子成像技术、遥测/时空定位信息技术、靶标和威胁模型技术、传感器仿真与激励技术、自然与人工合成环境技术等 11 项重点投资开发的试验技术领域。此外,美国国防部试验与评估投资中心项目办公室正式发起三军联合的"试验与训练使能体系结构"技术研发项,目的是为"逻辑靶场"建设提供技术支撑。还提出运用类似"试验与训练使能体系结构"技术更新数据交换网络,将各种地理上分布的、功能上分离的试验与训练资源组合起来,形成一个综合环境,以逼真、经济、高效的方式完成网络中心战所要求的联合试验与训练任务。

3 我军开展作战试验的构想

装备试验作为一种验证手段和决策依据,贯穿于装备需求论证、研制、定型、生产、使用、保障等全寿命管理的周期过程。作战试验与其他类型试验一样,属于装备试验鉴定的范畴,不同于作战试验,也不同于部队演习训练,是在新型装备研制过程中为了检验装备作战效能与作战适用性而进行的一项重要试验,目的是保证武器装备满足部队实际作战使用要求。为了有效开展好我军作战试验,需要解决以下几个方面的问题。

3.1 建立法规制度,规范作战试验活动

为保证作战试验的预期目的,必须制定法规政策,以保证作战试验活动规范有序进行。一是考虑将作战试验纳入武器装备研制程序,解决作战试验需求的输入问题;二是在武器装备研制的早期就要统筹规划各类试验,并充分考虑作战试验需求,以便及早发现和解决与作战使用要求不符的问题;三是对武器装备定型管理的法规、条例进行适当的调整和完善,将作战试验的评价结果作为装备定型的重要依据。

3.2 建立装备作战试验组织管理机构

作战试验与研制试验相比,在组织指挥、试验环境、参试兵力等方面存在较大差异,必须有一套与作战试验相适应的管理机构与运行机制。为了能够对全军武器装备作战试验实行归口管理,作战试验的主管部门应设在总部一级,负责对作战试验鉴定的统一管理。军兵种可设置相应的作战试验管理机构,分别负责所属装备的作战试验组织管理。作战试验管理机构应在结合目前试验管理机构的基础上,通过结构优化、职能赋予或职能转换,实现对武器装备作战试验的组织管理。经过一段时间的运行,逐步理顺作战试验与其他试验的管理关系。

3.3　组建作战试验部队，构建作战试验指挥体系

作战试验的基本要求是：由独立的试验机构组织实施，以体现试验鉴定的独立性。独立性是指试验机构要与研制部门、采购部门、装备使用部队相独立。目前，我军试验基地没有成建制的作战试验部队，为有效开展作战试验，应尽快组建作战试验部队，构建作战试验指挥体系。作战试验部队的人员构成应当与实际使用部队的人员、水平以及能力相当，并在试验前开展使用培训与考核。作战试验部队的组建涉及部队体制编制等一系列问题，建议主管机关尽快组织相关部门进行专题论证，就作战试验部队的职能、编制以及隶属关系等问题进行研究，条件成熟时予以组建。

3.4　选择好开展作战试验的时机

开展试验内容全面的作战试验，应注意时机的选择。在目前的装备定型管理制度框架下，原则上应选择在国家靶场完成主要战术技术性能指标试验考核鉴定后，武器装备小批量生产之前进行。一是经过战术技术性能考核，武器装备结构、原理符合设计要求，战术技术性能达到指标要求，作战试验才有了基础；二是经过国家靶场的严格考核，武器装备安全性得到保证，且能够保证获得所需要的武器装备作战单元。对于开展作战试验需要的早期内容，结合研制试验等前期试验进行，以节省试验费用和减少试验冗余。

3.5　开展作战试验理论与方法研究

作战试验是加快转变部队战斗力生成模式的一种有效手段，现代高技术迅速发展，新型武器装备的研究日新月异，试验信息化手段层出不穷，需要充分利用先进的技术手段，不断改进装备试验方法和手段，丰富和完善装备试验理论。一是加强作战试验鉴定理论研究，探索作战试验的实施途径与实施方法为作战试验的开展提供理论依据；二是加强作战试验总体方案设计与评估技术研究，武器装备效能评估方法非常广泛，包括解析法、指数法、统计法、计算机仿真方法以及研讨法等，可为作战试验的设计与评价提供方法支撑；三是加强作战试验环境构设技术研究，为作战试验提供接近实战背景要求的复杂对抗环境；四是加强作战试验组织指挥流程研究，探索符合作战试验要求的组织指挥模式。

3.6　加强国家靶场作战试验条件建设

国家靶场是武器装备试验鉴定活动的实施场所，有专业的试验人员和测试设备，开展作战试验要充分考虑我国国情，注重发挥国家靶场的人才优势和资源优势，考虑以国家靶场为依托开展作战试验。在目前的基础上，经过适当的改造升级，可实现试验资源有效利用，减少不必要的消耗。一是要做好国家靶场建设

的总体规划。通过统筹规划和顶层设计,对目前国家靶场资源进行整合、调整,并构建满足作战试验要求的靶场体系。二是建立国家靶场之间的资源与信息共享机制。作战试验以及未来的装备体系试验,仅依靠一个靶场难以完成,需要多靶场之间的联合才能实现,因此要打破目前靶场之间资源与信息难以共享的问题,这也是未来国家靶场发展的必然趋势与要求。三是加强国家靶场作战试验环境条件建设。包括典型的平原、沙漠、高原等试验场,符合作战对象与目标特性的试验靶标,以及接近实战条件的地形、地貌、海况、大气物理、气象水文、电磁环境等。四是加快作战试验人才队伍建设。目前需要在试验总体设计、作战想定、环境构设、试验组织指挥、试验仿真模拟等方面加大人才培养力度,尽快形成一支拥有高新技术、能够驾驭高新装备、善于组织指挥和管理的复合型试验人才队伍。

4 结束语

作战试验是检验武器装备能否满足部队作战使用的一个重要环节,加强作战试验理论研究,调整改革传统试验管理体制,完善试验法规体系,组建作战试验部队,加强国家靶场条件建设,加大作战试验人才培养力度等,是推进和加快作战试验顺利实施的重要保证。需要说明的是,装备作战试验与研制试验属于两种不同类型的试验,两者是从不同角度、不同环境条件下对武器装备进行的考核活动,尽管试验的方法与手段有所不同,但目的都是一致的,强调作战试验并不是忽略研制试验或者取代研制试验,两者不能相互割裂或偏重。

(文章发表于 2014 年第 3 期《装备学院学报》)

国家靶场开展装备作战试验问题研究

装备作战能力主要以装备作战性能为表征,包括作战效能和作战适用性。装备作战试验是通过试验对装备作战性能进行检验并做出评价,以验证武器装备在作战环境下能否满足部队使用要求。因而,装备作战试验是提高部队作战能力的重要手段和途径。

我国装备试验经过几十年的建设与发展,形成了一定的试验能力,为我军装备建设做出了应有贡献。分析我国装备试验可以看出有两个主要特点:一是试验项目设置主要是以型号产品为对象或为其服务;二是试验内容基本上是检验产品各单项性能指标是否达到初始设计要求。这种以型号产品为对象、以单项性能指标考核为主的试验模式,主要是围绕装备固有属性进行鉴定和验证,难以对装备作战能力进行有效评价,与部队作战使用要求有一定差距。为适应部队作战使用要求,国家靶场应改变传统的试验模式,加强试验能力建设,向基于体系、基于作战能力的试验模式转变。

1 国家靶场开展装备作战试验的相关概念

1.1 国家靶场

国家靶场(也称试验基地)是由国家和军队最高决策机构授权的专门试验与鉴定机构,代表国家对武器装备系统实施试验与鉴定,履行国家和军队的职能。国家靶场是我军武器装备建设的重要组成部分,不仅代表国家履行武器装备试验鉴定职能,而且是武器装备战技融合的场所,肩负着为部队作战使用服务的职责。因此,国家靶场有责任和义务开展装备作战试验,以满足部队作战使用要求。

1.2 装备作战试验

关于装备作战试验的概念以及相关问题研究,主要以美军报道为多见,如美空军《作战适用性试验与鉴定指南》对作战试验与鉴定的定义为:"作战试验与鉴定是对武器、装备或弹药的任何项目(或关键部件)在真实条件下进行的现场试验和对试验结果的评估,其目的在于确定武器、装备或弹药由一般军事使用人员在战斗中使用时的有效性(也称效能)和适用性。"作战试验思想起源于美军

20 世纪 80 年代中期,其基本思想是:根据作战目标,设置作战对手,并构建逼真的战场环境,通过模拟作战,检验装备作战效能和作战适用性,以此来检验装备作战能力和满足作战需求的程度。由于作战试验较真实地反映了武器装备作战能力,对于提高作战能力具有重要作用,因而得到世界各国的高度重视和推广。

　　我国关于装备作战试验的研究起步较晚,研究的内容也相对零散,目前还没有形成统一的概念和认识。例如,《装备试验与评价》对装备作战试验的定义是:"在接近真实作战条件下的外场试验,目的是确定由典型用户使用时,武器装备的有效性和适应性。"《军事装备试验学》的定义是:"作战试验与鉴定是由独立试验机构为确定武器系统的军事使用价值、作战效能和作战适用性,而在尽可能接近真实作战使用条件下对武器系统或子系统进行试验与鉴定的活动过程。"《信息化作战与电子信息装备试验鉴定术语》对装备作战试验的定义是:"作战使用试验是指为检验与评价装备的战术效果和使用适用性,在接近真实使用条件下,由使用装备的典型部队人员在一定的战术编成下进行的试验。"分析上述对装备作战试验定义可以看出,虽然对作战试验的描述不尽一致,但其要素与内涵基本相同。一是要求作战试验鉴定机构独立于研制方、采购方与用户,武器装备操作使用人员可以是作战试验部队或典型用户;二是试验条件应尽可能接近真实作战使用条件,作战试验目标选择应符合作战想定对象;三是试验考核内容主要为装备作战效能和作战适用性,因此试验实施应采取部队作战编成结合战术运用;四是作战试验通常要求独立进行,某些情况下(如代价高昂等)可与研制试验结合进行,但仍需要对其进行独立的鉴定评价。这里需要注意的是,装备作战试验与部队用于验证战术战法的"作战试验"性质不同,但两者在试验结果上存一定程度的相互运用与验证关系。

1.3　装备作战试验能力

　　能力一般是指能够胜任某项任务的条件。对于装备试验来说,试验能力是指试验系统在规定的时间内具体试验条件下完成规定试验任务的能力。由于分析问题的角度与出发点不同,对试验能力的描述也不同。例如:从试验发展角度来看,包括试验发展战略与顶层设计能力、试验理论研究与试验方法创新能力、试验组织与实施能力、试验鉴定与评估能力、试验综合保障能力等;从管理角度来看,包括试验规划计划能力、试验组织协调能力、试验指挥控制能力等;从实施过程角度来看,包括发射与测量能力、试验指挥与控制能力、试验信息获取与处理能力、试验数据处理与结果评定能力等。

2　国家靶场开展装备作战试验的能力需求

　　国家靶场试验能力应围绕其使命任务进行描述和界定,考虑国家靶场将开展装备作战试验,其作战试验能力应从试验实施与保障角度进行描述,主要包括作战试验设计能力、作战试验环境构建能力、作战试验测试能力、作战试验组织指挥能力、作战试验模拟仿真能力、作战试验评估能力、作战试验综合保障能力等。

2.1　作战试验设计能力

试验设计能力是靶场试验核心能力之一。试验是否科学、规范,试验能否顺利、高效进行,实际上都是试验设计能力的体现,归根结底反映了试验人员对试验活动规律性认识与把握的程度。试验设计能力主要包括试验环境设计、试验总体方案设计、试验流程设计、试验组织指挥程序设计等。对于国家靶场来说作战试验是一种新的试验模式,以往的知识和经验难以满足新的试验设计要求,因此,试验人员必须加强作战试验理论研究,以指导作战试验设计。

2.2　作战试验环境构建能力

作战试验环境反映了武器装备工作的环境剖面,是开展作战试验的基础。试验环境与实际作战环境的符合程度越高,越能够反映武器装备的真实作战性能。因此,构建符合作战环境的近战场环境是开展作战试验的一项重要内容。作战试验环境构建能力主要包括三个方面:一是试验场区环境选择与建设能力。试验场区环境选择与建设需要依据装备试验发展战略以及作战试验的对象和任务,综合考虑地域、地貌、气候以及环境等因素,合理选择与装备实际使用环境相近的试验场区,构建满足作战试验的靶场体系,如典型的平原、沙漠、高原等试验场。二是复杂战场环境模拟能力。为使作战试验环境尽可能接近作战环境,需要依据作战对象与任务,营造接近实战条件的声、光、电、磁等战场环境,以检验武器装备作战条件下的使用性能。三是试验靶标体系研制能力。试验靶标是对作战对象与目标特性模拟的物化,试验靶标与实际对象差异越小,试验结果与实际作战效果的差异就越小,因此必须依据作战对象与目标要求进行设计和构建。

2.3　作战试验测试能力

作战试验测试能力是靶场试验能力的重要内容,作战试验数据能否实时采集、准确处理,及时提供,反映了国家靶场试验测试水平。目前国家靶场基本具备了各类武器平台的静态、动态测试能力,具备了覆盖压制武器、防空反导武器、反坦克武器、航空炸弹、单兵武器、无人机和机载武器的综合测试能力;还需要具备抗干扰能力强、适应性好、可伴随作战试验的小型化机动测试设备。

2.4　作战试验组织指挥能力

试验组织指挥能力是做好试验的灵魂,能否科学合理地使用试验力量,协调一致地完成试验任务,反映了国家靶场的试验组织指挥的能力。装备试验是一项综合性、理论性和实践性很强的军事工程应用科学,在组织试验与鉴定活动中,不仅涉及众多的基础理论、应用理论、工程技术理论,而且涉及相关的知识和经验。一般来说,装备试验具有科学研究属性,在指挥机构设置、指挥人员构成、指挥方式选择、指挥手段运用、指挥对象等方面,与作战指挥差异较大,具有自身的规律和特点。而装备作战试验是在接近真实使用条件下,按照一定作战编成与战术运用而进行的试验。因此,试验活动必然带有军事活动的属性,既要遵循试验指挥的一般规律,又要兼有作战指挥活动的某些规律和特点,否则作战试验就失去了意义。

2.5　作战试验综合保障能力

作战试验综合保障能力是保证作战试验顺利实施的重要条件。作战试验综合保障能力包括试验场区环境保障能力、试验设施设备保障能力、试验通信保障能力、试验气象条件保障能力、试验装备与物资器材保障能力、试验勤务保障能力、试验人员生活保障能力等。由于作战试验规模庞大,试验地域气候和地形条件恶劣,持续时间长,对试验实施保障条件要求高,试验综合保障复杂且强度大。

2.6　作战试验模拟仿真能力

在接近真实作战背景条件下进行试验是作战试验的本质要求。从主观上看,作战试验是带有一定对象性和对抗性背景条件要求的试验;从客观上看,试验中的作战对象以及背景条件又不可能与实际作战完全一致。如何实现主、客观之间矛盾的统一,是装备作战试验的需要回答和解决的重要问题。科学构建试验环境,创造逼真的战场环境,是装备作战试验不可缺少的一项重要内容。借助现代计算机技术和仿真技术,建立试验模拟仿真系统,对作战试验无法准确建立数学模型的关键部件采用实物,对目标特性、背景、弹道特性等采用模拟仿真手段,是解决装备作战试验主观与客观矛盾的可行方法。

2.7　作战试验评估能力

装备作战效能与作战适用性评估是装备作战试验的主要内容。装备作战效能与作战适用性是装备及其组合在作战运用中所具备的作战能力和由此获得的军事效益的统一。装备作战效能与作战适用性实际上反映了武器装备的编配体制、作战原则、战术运用、生存能力、易损性等在面临威胁等战场环境中完成任务的能力,它是装备在考虑人的因素及战场环境条件下的体现结果,是评价装备作战能力的重要指标。装备作战效能与适用性评估通常的做法:对装备进行构成分析,依据作战使命任务,分析装备作战效能与适用性构成要素,建立装备作战效能与适用性的指标构成层次,进而建立分析模型;根据试验取得的数据与结果,衡量完成作战任务的概率,并以此作为装备作战效能与适用性的度量。

3 国家靶场开展装备作战试验存在的不足

国家靶场在装备性能试验鉴定方面具备了一定的能力,但在承担作战试验方面还存在着以下不足:

一是作战试验理论与方法的研究相对薄弱。随着我军武器装备体系的建设与发展,装备体系作战能力成为装备试验面临的新课题,目前在这方面的研究力度不够,研究成果较少,不足以支撑作战试验需求。

二是试验设计能力不足。目前国家靶场性能指标鉴定为主的试验模式,与我军武器装备体系建设以及部队作战使用要求存在一定差距。在试验靶场体系的设计方面,缺少顶层设计和统筹规划,现有靶场之间缺少有效沟通机制,信息不共享、设备不共用、评估方法不统一,难以实现对武器装备的综合评价。此外,在战场环境条件构建、对抗因素设置、作战目标模拟、作战试验总体设计、试验流程与方法、试验组织指挥方式、试验结果评估等方面理论依据也相对薄弱,难以支撑作战试验设计要求。

三是作战试验环境构建能力欠缺。目前我军还缺少地域、地貌、气候以及环境等方面符合作战试验的场区环境,如典型的平原、沙漠、高原等试验场,特别是在复杂战场环境模拟方面能力更显不足。此外,试验靶标在针对性、逼真性以及数量上也不能满足作战试验要求。

四是作战试验测试能力有限。作战试验中,被试装备大多处于运动状态,多种装备同时工作,电磁环境复杂,且试验地域变换频繁,因而需要更多的抗干扰能力强、适应性好、可伴随试验的小型化机动测试设备。目前国家靶场还缺少这方面的测试设备。

五是作战试验组织指挥能力较弱。由于国家靶场还未开展过作战试验,因此在作战试验组织指挥程序、指挥方式以及指挥手段运用等方面还缺少相应的方法以及经验,有关作战试验的指挥规律、指挥特点以及指挥管理模式等方面的研究成果也相对匮乏,难以支持作战试验的需要。

六是作战试验综合保障能力还未形成。由于作战试验涉及不同的环境场区与地域,参试人员多,试验动用的装备以及消耗的物资器材量大,且试验通常都远离保障基地,因而试验保障实施难度大。国家靶场作战试验保障能力还未形成。

七是作战试验模拟仿真能力不足。目前还未开展有关作战对象、作战目标、战场背景等研究工作,在模拟仿真方面还缺少相应的方法和手段,难以支持作战试验的开展。

八是作战试验评估能力差距较大。作战试验评估需要考虑人以及战场环境条件下的各种因素与影响效果。目前在武器系统构成分析、作战使命任务分析、武器系统作战效能与适用性构成要素、指标层次分析、评估模型建立等方面,还缺少深入系统的研究。

九是试验法规制度还不完善。目前我国装备试验的法规体系基本建立,但还不完善,特别是在有关装备体系试验、装备作战试验方面还存在着法规制度空白,制约着试验开展,影响了我军装备体系作战能力的快速形成。

4　国家靶场提高装备作战试验能力的对策建议

4.1　加强靶场体系建设

靶场是开展装备试验鉴定活动的实施场所,试验靶场建设必须综合考虑我军武器装备体系建设的总体要求,武器装备的作战使命任务、种类特性、使用环境以及试验活动实施与保障等多种因素,因而是一项复杂的系统工程。随着基于信息系统武器装备体系的形成,装备体系作战能力成为战斗力生成模式转变的一个重要方面,完成装备体系试验、装备作战试验任务,更需要加强靶场体系建设。

一是加强对试验靶场体系的总体规划和设计,国家靶场在我军武器装备建设中具有举足轻重的作用,为了保证国家靶场职能作用的发挥,必须对国家靶场建设做好统筹规划和顶层设计。二是对现有靶场资源进行整合和优化,加快特殊地域与气候条件的试验场建设,适应装备体系试验、装备作战试验以及不断扩展的试验需要。三是建立国家靶场之间沟通交流机制,实现靶场之间的互通互联,信息、资源共享,提升国家靶场的综合试验能力。四是加强国家靶场作战试验综合保障能力建设,建立试验保障辅助决策系统和试验资源保障机制,根据装备作战试验特点和要求,加强保障能力与保障设施设备建设。

4.2　创新试验理论与方法

试验理论与方法是实施武器装备试验鉴定的理论依据。现代科学技术及其成果不断应用于武器装备,使得武器装备及其鉴定技术日趋复杂,对武器装备做出科学、正确的鉴定结论,需要有完善的试验理论体系作支撑。近年来,在装备系统整体性能评估、仿真试验、毁伤效能评估、现代抽样检验技术等方面取得了突破性进展,进一步完善了试验理论,保证了高新技术武器装备定型试验任务的完成。国家靶场还应加大作战试验理论与方法研究与创新力度,特别是在仿真模拟、结果评估等方面进一步加强研究,为开展装备作战试验和未来新型装备试验提供理论依据。

4.3 加强试验组织指挥模式研究

为保证作战试验顺利实施,迫切需要开展有关作战试验组织指挥规律及其特点研究,探索装备作战试验的指挥管理模式,以适应未来装备作战试验要求。此外,建立试验指挥网络化的信息系统是保证试验指挥决策快速性、准确性和正确性的基础,国家靶场应该高度重视试验指挥信息系统的建设。

4.4 完善试验法规制度建设

建立完善的试验法规制度是国家靶场开展试验的法律保障。装备作战试验是一项复杂的系统工程,试验地域广、参与单位多、组织实施难度大,既涉及军地关系也涉及军内关系问题,处理好这些问题,必须以法律法规作为保障。因此,应进一步加强装备试验法规制度建设,形成适合我军的装备试验要求的法规体系。目前急需研究制定有关装备体系试验与作战试验方面法规制度,以保障和规范试验活动的顺利进行。此外,要加强有关试验规程、试验评价准则等试验标准体系建设。这是装备试验走向科学化、规范化、制度化的重要保证。

4.5 组建作战试验部队

装备作战试验的基本要求是由独立于研制部门、采购部门和装备使用部队的机构执行作战试验任务,这样更能体现试验的公正性和独立性。目前我军还没有专门的作战试验部队,为提高试验质量,保证试验鉴定的科学性、公正性,建议尽快组建作战试验部队。作战试验部队的组成应与装备编配以及实际使用状况相符合,其人员构成应与使用部队人员技术水平与能力相当,平时作战试验部队应进行作战训练,试验前针对被试武器装备进行使用操作培训。组建作战试验部队涉及编制体制等一系列问题,必须科学论证。

4.6 加快复合型试验人才培养

多年来,国家靶场通过引进、联合培养、实践锻炼等多种方式,培养了一大批试验技术人才与试验管理人才,逐步形成了一支学历层次高、知识结构合理的人才队伍,试验水平与能力有了较大幅度的提高,为装备试验提供了人才保证。为保证作战试验开展,国家靶场应加强装备体系作战试验总体设计、作战想定、试验流程设计、试验组织指挥、试验仿真模拟等方面的复合型人才培养,加速装备体系作战试验人才队伍建设,培养一批既掌握装备试验理论又懂装备作战使用,既能完成装备性能鉴定试验又能进行装备作战试验鉴定的复合型人才队伍。

5　结束语

　　开展装备作战试验是适应我军战斗力生成模式转变的需要,也是国家靶场的责任与义务。经过多年的实践,国家靶场建立了相对完善的试验理论体系、试验管理体系、试验测试体系以及试验保障体系等,在试验场地、试验环境、试验手段、试验人才等方面具有得天独厚的条件与优势。在此基础上通过对国家靶场统筹规划和设计,加大试验理论与方法创新研究力度,加强试验保障条件建设,加快复合型试验人才培养,完全能够开展并完成好装备作战试验任务。

（文章发表于 2013 年第 1 期《装备学院学报》）

装备作战试验组织指挥流程问题研究

我国传统的武器装备定型试验模式鉴定源于苏联,其主要特点:试验对象为单装或单系统;试验环境为无对抗条件下的标准可控环境;试验人员主要为试验靶场专业人员;试验内容主要是武器装备战术技术性能指标考核;试验手段主要为靶场专用试验设施设备。这种试验鉴定模式,由于试验规模小,参与试验的单位以及人员少,协调关系简单。此外,试验条件可控,按照预先规定的程序组织实施,试验鉴定任务一般由一个试验基地独立完成。因此,试验组织指挥通常可依托靶场组织指挥体系进行构建。经长期试验实践表明,这种试验组织指挥方式以及由此形成的试验组织指挥流程,能够满足传统武器装备试验鉴定活动的实施需要。

随着我军武器装备体系建设的发展以及部队作战使用需求的变化,传统的装备试验鉴定模式正在由武器装备单体性能试验为主向整体性能与效能并重的方向发展,为适应我军即将开展的作战试验需要,改革传统试验模式已成必然趋势。作战试验对于我军来说是一个新的试验类型,主要表现在:被试装备不再是单装或单系统,而是以作战单元形式出现的武器装备;参试人员不仅仅是试验基地专业人员,还需要部队作战使用人员、装备论证人员、研制单位人员等共同参与;试验环境不再是标准条件下的可控环境,而是在接近实战条件下的复杂对抗环境;试验评价不仅需要定量数据,也需要定性数据。因此,试验数据的获取不仅需要试验基地的专用设施设备,也需要作战使用者的亲身体验。上述与传统试验的差异和特点,必然导致作战试验的组织指挥模式与传统的性能试验组织指挥模式不同。目前我军正在开展作战试验实践探索,为了适应我军作战试验需要,开展作战试验组织指挥流程研究,对于构建科学的试验组织指挥机构、创新试验组织指挥模式、规范试验组织指挥流程、保证作战试验鉴定活动顺利实施具有重要意义。

1 装备作战试验的基本问题研究

作战试验的目的是回答作战指挥人员在装备作战使用中所关注的一些问题,即哪些情况是我们需要知道但实际上不知道,而且只有通过试验才能弄清楚的。这些问题可以归结为武器装备预期的作战效能、作战适用性、生存性以及对体系的贡献率等。研究装备作战试验概念的内涵、外延,梳理作战试验与其他试验区别与联系,目的是统一认识形成共识,为分析作战试验组织指挥的特点与要求,进而为作战试验组织指挥流程设计提供理论依据。

1.1 装备作战试验的概念

作战试验即装备作战试验的简称,是由国家认可或指定的试验机构,按照规范的试验流程,依托专业检测器材,在逼真的战场环境和各作战要素齐全的战术背景下,检验装备作战适应性、装备作战效能和装备对联合作战贡献率的一种试验类型。其中:作战适应性是指武器系统可用于野外作战的程度,主要包括可用性、兼容性、可运输性、互操作性、可靠性、战时使用率、可维修性、安全性、人因因素、人力可保障性、自然环境效应和影响、后勤可保障性以及文件与训练需求;装备作战效能指装备在一定条件下完成作战任务时所能发挥有效作用的程度;装备对联合作战贡献率是指联合作战中装备对作战效能的贡献程度。

作战试验是一种新的装备试验类型,正确理解和掌握作战试验的内涵,应把握以下几点:

(1)作战试验的目的:检验武器装备是否满足基于信息系统的体系作战的实战要求。

(2)作战试验对象:可以是单套武器装备单元或系统,也可以是基本作战单元的武器装备体系,还可以是一定规模的作战编成的武器装备体系。作战试验的对象一般按照作战编成构成"目标探测—指挥控制—火力打击—综合防护—维修保障"一体化的武器装备系统进行试验。

(3)试验条件:参加作战试验的被试武器装备系统的性能和功能满足试验要求,单装的安全性能经过试验验证,各种技术资料齐全;陪试试验装备的使用性能、作战性能、安全性等方面满足系统作战要求;参加作战试验的人员经过必要的培训(含操作、战术运用、装备保障等方面)且满足装备试验的要求;测试设备的测试精度满足试验要求,且测试过程不影响试验战术运用;试验数据录取量充分,数据真实可靠、完整,能体现装备的真实作战水平;试验场地能满足武器装备的展开、战术机动、安全保密等要求;战场环境的构建具有逼真性,复杂电磁环境具有针对性。

(4)试验时机:作战试验一般在武器装备完成设计定型试验并通过设计定型之后进行,对于需要大批量配发部队的装备,须在小批量试生产之后进行,完成了专业化的作战试验鉴定,才能进一步开展部队试用、生产定型、批量生产和列装部队。

(5)作战试验的试验内容:主要是试验装备战场适应性、装备作战效能和装备对联合作战的贡献率等作战性能指标体系,如指挥信息效能、火力运用效能、战场机动效能、综合防护效能、装备保障效能、人机结合效能等二级指标,以及更细化的三级指标和指标测试点。

（6）试验方式：作战试验是一种真实的物理试验，在拥有逼真的战场环境、配套完善的专业检测系统的国家认可或指定的靶场进行，被试装备由经过适度培训的各种作战要素齐全的作战编成部队使用，按照与贴近实战的作战想定规定的作战流程开展试验。

（7）作战试验力量：由试验基地的装备试验技术人员、被试装备系统"典型"用户和专业化的检测设备系统组成。"典型"用户要与系统部署时将对其进行操作、维修和保障的人员具有相同军事职业专长。应根据作战任务剖面对参与系统操作的人员进行培训。

（8）作战试验的结果：得出被试装备的作战效能、作战适应性及在特定体系中的贡献率，为判断被试装备的战术适应性、设计定型遗留问题解决的程度、装备生产定型、是否列装和部队使用等提供科学依据。

（9）作战试验流程：有时也称作战试验程序，是指作战试验实施的步骤和顺序。一般来说，一个完整的试验流程包括试验任务规划计划、试验任务受领与下达、试验（设计）方案拟制、试验大纲制定、被试装备进场与交接、试验实施计划拟制、现场试验实施、试验问题处置、试验数据分析处理、试验撤收、试验总结报告编写、试验总结报告上报等。

1.2 装备作战试验的基本原则

为了保证作战试验结果能够为装备管理部门和有关的负责人提供有效的决策支持，作战试验鉴定必须遵照客观的和无偏见地评价的原则来实施。作战试验的基本原则可以概括为三个方面：一是充分性，即数据与资料的数量和试验条件的真实性必须能满足解答关键问题的需要；二是准确性，即试验计划、试验活动的管理，数据的处理等环节，都必须能保证得到清晰而准确的作战试验资料；三是独立性，即试验实施和资料处理必须摆脱外部环境和参试人员自身利害的影响。

1.3 装备作战试验与其他试验区别与联系

装备试验是按照科学、规范的试验程序和批准的指标要求，对被试验装备性能和功能进行考核的活动，是装备研制程序中的重要环节。我军现行的装备试验按照试验性质一般划分为科研试验和定型试验。科研试验是在申请定型试验之前，由装备承研承制单位依据装备研制总要求，对研制装备组织的考核活动。科研试验的结果为装备承研承制单位验证设计思想和检验生产工艺提供科学依据，为装备定型试验提供验前信息。定型试验是由国家认可或指定的试验单位，按照批准的装备试验大纲，对拟定型的装备进行的考核活动。定型试验的结论是装备定型的基本依据。定型试验分为设计定型试验和生产定型试验。

作战试验与我军现有的装备定型试验和部队试验、部队试用既有区别又有联系。

（1）与设计定型试验的关系。设计定型试验是在装备正样机研制完成后，由国家认可或指定的试验单位，根据批准的研制总要求，按照有关规定和标准，对申请设计定型装备的战术技术指标、作战使用性能和部队适用性进行的考核活动。主要包括试验基地试验和部队试验。试验基地试验主要是检验装备的战术技术指标。部队试验通常在试验基地试验合格之后进行，主要考核装备的作战使用性能。

设计定型试验主要考核装备的战术技术指标、作战使用性能和部队适用性，是开展作战试验的前提和基础。作战试验是在设计定型之后进行的装备试验，主要考核装备作战适应性、装备作战效能和对联合作战的贡献率。两者在试验目的、试验时机、试验内容、试验方式上有明显不同。

（2）与生产定型试验的关系。生产定型试验是指通过设计定型的装备或按照引进图样、资料仿制的装备正式投入批量生产前，由国家认可或指定的试验单位对试生产装备的作战使用性能和质量稳定性进行考核的活动。通常对经部队试用后生产工艺作出较大改进的装备，根据需要组织实施。生产定型试验的结果为装备生产定型提供依据。

作战试验是在武器装备通过设计定型试验之后、生产定型试验之前进行的一种试验，主要考核装备作战适应性、装备作战效能和对联合作战的贡献率，其试验结果为是否进行生产定型试验和生产定型提供依据。

（3）与部队试验的关系。部队试验是指由作战部队根据部队试验试用计划和试验大纲，对新型（含研制、改进、改型、技术革新和仿制）装备的作战使用性能和部队适用性进行的考核活动。部队试验通常在试验基地试验合格后进行。分为科研摸底性质的试验（主要验证科研设计思想）和定型性质的试验。

部队试验的主体是作战部队，通过部队使用考核装备的作战使用性能和部队适用性。作战试验的主体是装备试验基地，是按照科学、规范的试验流程，借助专业化的精密专业检测设备，在逼真的战场环境下按照作战流程开展的装备试验。两者都属于装备试验的范畴，是不同类型的装备试验。

（4）与部队试用的关系。部队试用是指由作战部队根据部队试验试用计划和试用大纲，对小批量试生产的新型（含研制、改进、改型、技术革新和仿制）装备的作战使用性能和部队适用性进行的考核活动。部队试用是由使用部队对需要生产定型装备的作战使用性能、部队适用性和质量稳定性进行考核的活动。需要进行生产定型的军工产品，一般在小批量试生产后组织部队试用。只进行设计定型或者短期不能进行生产定型的军工产品，在设计定型后组织部队试用。

作战试验是部队试用之前由试验基地组织、使用部队参与的一种装备试验。作战试验要求逼真的战场环境、高精度的测量和按照想定的作战流程实施。作战试验主要是检验装备作战试用性、装备作战效能和对联合作战的贡献率。两者的试验目的不同,但都为生产定型服务。作战试验的结果和经验可以为部队试用提供参考和依据。

(5)与作战实验的区别与联系。作战实验是在可控、可测、近似真实的模拟对抗环境中,运用作战模拟手段研究作战问题的实验活动,包括作战实验的规划设计、组织实施、分析评估等环节。可见,作战试验与作战实验两者既有区别又有联系。从目的上说:作战试验主要是检验和考核装备作战适应性、装备作战效能和对联合作战的贡献率,强调真实性,使用真实的武器装备按照作战要求进行现场试验,确保将实用、可靠的装备交给部队;作战实验则主要是探索和验证作战概念、作战理论在未来战争中的应用,注重综合采用多种建模与仿真手段,探索如何在未来作战中获取战术优势。二者又是互相支持的:新的作战概念和理论为装备的发展提出需求牵引;作战试验鉴定过程中所形成的大量、翔实、准确的试验数据及其相关分析结论,将为以建模与仿真为主要手段的作战实验提供数据支持,校验模型,提高试验结果的可信度,促进作战概念、理论与战法研究。

(6)与部队训练的区别与联系。部队训练是诸军兵种和专业兵部队进行的军事理论教育、作战技能教练和军事行动演练的活动,分为共同训练、技术训练、战役战术训练等。部队训练的目的是使受训者树立责任意识和组织纪律观念,养成优良作风,掌握基本军事知识和技能,提高装备操作使用和维修的努力水平,提高指挥员及其机关人员理论素养和组织指挥水平,熟练战斗动作,提高战术思想水平,增强组织指挥与协调一致的战斗能力。"作战试验"与"部队训练"是明显不同的两个概念。"作战试验"与"部队训练"也有一定的关系。开展作战试验,提高作战试验能力,需要开展部队训练;作战试验获得的试验数据和经验可以用于部队训练。

(7)与演练(演习)的区别与联系。演练是按照一定规则在想定情况诱导下对作战或其他军事行动的组织实施过程进行模拟练习(演习)的活动。作战试验与演练演习是两组不同概念:演练(演习)是军事训练的一种形式,目的是提高部队单位的作战能力,通常在武器装备配发部队并经过大量训练以后由作战部队组织实施;作战试验是装备试验的一种类型,目的是检验装备战场适应性、装备作战效能和对联合作战的贡献率,通常在武器装备生产定型以前由试验基地组织实施。作战试验与演练(演习)也有共同点:需要在想定情况诱导下进行,以及构设逼真的战场环境。作战试验的结果可用于部队演练(演习),为了提高作战试验力量的试验能力有时也需要开展作战试验演练。

2　装备作战试验组织指挥流程设计

传统以性能鉴定为主的试验模式,主要目的是考核武器装备自身固有属性,因而试验流程的设计主要是从工程技术角度出发,以保证获得评价武器装备性能指标所需的试验数据,试验活动的组织与实施过程都以此为核心展开。与传统性能试验不同,作战试验需要结合部队作战行动,在给定的作战试验想定条件下,设置典型作战试验项目,构建作战试验流程,统一实施作战试验活动。因此,作战试验流程需要结合作战流程进行构建和设计,提出作战试验流程性文件要求,为作战试验组织指挥流程设计提供依据。

2.1 装备作战试验流程设计

作战试验流程是作战试验内在规律的程序性描述,是作战试验活动遵循的基本规律,也是作战试验组织指挥活动的依据,因此也是构建作战试验组织指挥流程的基础。作为流程性节点的重要标志,一般来说,一个完整的作战试验过程需要形成六个标志性文件,即作战试验鉴定任务书、作战试验大纲、作战试验总体方案、作战试验实施计划、作战试验报告和作战试验鉴定报告。

(1) 作战试验鉴定任务书是为了鉴定装备系统的作战效能,由作战试验鉴定部门(机构)经与装备论证、使用部门及装备保障部门协商后拟制的一个任务书。作战试验鉴定任务书包括:试验鉴定的目的及其范围;使用部门的作战试验标准;所需资料来源;效能评价准则;初步试验方案;资源需求的理由说明等。作战试验鉴定任务书由作战试验鉴定部门(机构)负责拟制并上报作战试验主管部门批准。

(2) 作战试验大纲的目的是提出一份完整的试验所需资源清单,以便统筹考虑试验任务对资源的要求。作战试验大纲的内容包括:资源需求;试验任务概述;试验条件和范围;资料要求等。拟定作战试验大纲要以任务书的要求为基本依据。作战试验大纲由指定的作战试验单位负责拟制,并上报作战试验主管部门批准。作战试验大纲可以根据任务的需要进行调整,以便进行资源保障。作战试验大纲一经批准之后,未经批准机关同意,不得修改。

(3) 作战试验总体方案是为了保证达到作战试验的目的与要求。试验总体方案包括试验条件、试验信息及数据处理方法三个方面的内容。作战试验设计由作战试验单位负责拟制,并上报作战试验主管部门批准。作战试验总体方案应与装备研制部门、装备论证部门、装备使用部门、训练部门、装备保障部门等协商拟定,并在正式审批前送交有关部门征求意见。作战试验总体方案一经批准之后,未经批准机关同意,不得修改。

(4) 作战试验实施计划是由作战试验单位负责拟制的一个内部文件,不需要任何上级机关批准。作战试验实施计划主要是说明将要做什么和如何去做。作战试验实施计划有三个必要的组成部分:一是试验调理计划,是一种控制试验活动以取得所需资料的方法,包括试验活动方案、试验情况想定和保证试验质量的措施等;二是数据收集计划,是如何收集所需要的数据并确保其质量的计划,包括测量仪器的配置和一套资料表格；三是数据处理计划，是如何把原始试验数据综合整理成试验结果的计划，包括一套数据处理步骤和各种必要的详细记录表、计算公式等。

（5）作战试验报告的目的是呈报实施试验的条件和通过试验所取得的结果。试验报告需要有一定的介绍性和说明性材料，试验报告应全面而准确地说明做了些什么和取得了哪些结果。通常，试验报告只限于报告试验结果，不包括试验单位的结论或建议。特殊情况下（试验单位就是鉴定单位，或试验主管部门要求），试验单位的评价意见应以单独的文件即作为试验报告的一个独立附件上报。对试验报告的审批仅限于审查报告内容与形式是否符合要求，各级审批单位都无权更改报告所列的事实。

（6）作战试验鉴定报告。每一项作战试验都有助于对某一系统做出鉴定。但是，在试验和鉴定之间不一定是一一相对应的，因为鉴定可能是以多项试验结果为依据而做出的。无论在哪种情况下，鉴定都是根据可能得到的分析资料进行的，包括从其他试验中得到的有关作战效能的资料，以及通过非试验途径得到的资料。

2.2 装备作战试验组织指挥流程设计

作战试验组织指挥流程是作战试验组织指挥活动的程序安排与要求，是实施作战试验组织指挥活动的基本依据。作战试验组织指挥流程设计除需要遵循试验实施流程外，还需要考虑作战试验的组织计划以及管理保障工作。因此，装备作战试验组织指挥流程应包括以下内容：

（1）装备作战试验任务领受。依据装备作战试验规划计划安排，装备作战试验主管部门会同试验承试单位、装备论证部门、装备研制部门、装备使用部门、装备保障部门等，就作战试验的目的、性质、内容、环境、时间等进行沟通协调后，形成作战试验任务书。作战试验任务书经总部主管部门批准，以任务的方式下达给作战试验鉴定单位，试验鉴定单位按照试验任务书的要求开展试验工作，包括建立试验组织指挥机构、组织拟制试验大纲、组织制定试验方案、开展保障条件建设以及相关准备工作等。

（2）组织拟制装备作战试验大纲。作战试验鉴定单位根据试验的目的和性质，分解试验任务的指标，制定试验大纲。试验大纲经过评审后上报定委，定委批准后作为制定作战试验方案、试验实施计划、试验组织指挥、试验数据收集与处理、试验总结报告和试验鉴定报告等试验文书的依据。

（3）组织拟制装备作战试验总体方案。为鉴定装备系统的作战效能，作战试验鉴定单位经与装备论证部门、装备使用部门及装备保障部门协商后，组织试验技术人员进行试验设计，拟制作战试验总体方案。内容包括：试验鉴定的目的及其范围；使用部门的作战样式与装备运用方式；所需资料来源；效能评价准则；

试验环境条件;目标模拟靶标;数据采集方法;评价方法以及资源需求的理由说明等。作战试验方案由作战试验鉴定机构负责拟制,并经专家评审后上报试验主管部门批准。

（4）建立装备作战试验组织指挥机构。为顺利实施装备作战试验鉴定任务,作战试验鉴定单位（或试验牵头单位）,负责拟制作战试验组织指挥机构建设方案,包括机构设置、职能分配、指挥关系、指挥程序等,经主管部门批准后组建。作战试验组织指挥机构可根据试验复杂程度,建立规模不同的试验试验指挥部。一般情况下,试验指挥部下设行政指挥组、试验技术组、试验综合保障组、专家咨询组等。成员包括作战试验鉴定单位主管试验领导,司令部、政治部、后勤部和装备部机关人员,试验技术总体单位领导,试验主持（指挥）,典型作战试验部队领导等。

（5）拟制装备作战试验实施计划。作战试验鉴定单位（或试验牵头单位）负责拟制试验实施计划,以保证试验按照预定的计划要求实施。其内容主要包括:作战试验的目的和性质;被试装备构成;作战试验项目;试验条件;试验要求;试验测试内容;试验时间节点;任务分工以及保障条件等。

（6）实施作战试验鉴定。作战试验鉴定单位（或试验牵头单位）按照试验实施计划程序要求,组织作战试验项目的实施。其内容包括:组织人员、设备进驻试验点位;组织作战试验活动展开;组织实时搜集试验信息;组织处理试验问题。

（7）组织试验撤收。作战试验项目结束后,作战试验鉴定单位（或试验牵头单位）按照试验程序要求组织作战试验人员、装备、设备归建。

（8）组织作战试验总结与鉴定。作战试验结束后,作战试验鉴定单位（或试验牵头单位）及时收集处理试验数据,按照试验大纲要求组织编写作战试验总结报告与鉴定报告,并按规定要求审查、报批。试验指挥部应择机召开作战试验总结大会,针对试验组织实施、技术问题处理、试验保障等工作取得的成果和存在的问题与不足进行总结,并提出改进措施和建议。

3　结束语

作战试验组织指挥流程是实施作战试验组织指挥活动的逻辑步骤与程序要求,目前我军正在开展作战试验实践,研究作战试验组织指挥流程是提高作战试验组织指挥效能的需要,对于作战试验的实施具有重要指导意义。

（摘自于 2014 年研究报告"装备作战试验指挥流程研究"）

关于常规武器作战试验对象选择问题

作战试验的目的是为了检验武器装备在作战环境条件下的作战性能,从而保证武器装备能够满足部队实际作战要求。因此,原则上来说,新研制的武器装备都应进行作战试验考核。

1 美军作战试验对象分析

分析美军作战试验的对象目的在于为我军作战试验对象的选择提供借鉴和启示。美军装备采办类别主要依据武器系统重要程度、费用额度以及里程碑决策者关注程度进行分类,国防部与军兵种按照规定的权限对武器装备实行分类管理。国防部负责的采办项目类别主要分为 III 类(见表 1)。凡列入国防部负责的采办项目都必须进行作战试验。

表 1 美军武器装备采办类别和决策者

采办类别	确定采办类别的理由	决策者
I 类采办项目	① 重大国防采办项目: a. 费用:用于研究、发展、试验与评价的总费用超过 3.65 亿美元或采购费超过 21.9 亿美元。 b. 国防采办委员会指定为 I 类的项目。 ② 国防采办委员会指定为特别关注的项目	ID 类:主管采办、技术与后勤的国防部副部长。 IC 类:国防部局首脑,或指定的军种采办执行官(不能再向下级指定)
IA 类采办项目	① 重要自动化信息系统:年度项目费用超过 0.32 亿美元,或整个项目费用超过 1.26 亿美元,或全寿命周期费用超过 3.78 亿美元。 ② 国防采办委员会指定为特别关注的项目	IAM 类:负责网络与信息集成的国防部助理部长或其指定人员。 IAC 类:国防部部门领导或指定的军种采办执行官
II 类采办项目	① 不符合 I 类采办项目的标准。 ② 重要系统: a. 费用:用于研究、发展、试验与评价的总费用超过 1.4 亿美元,或采购费超过 6.6 亿美元 b. 国防采办委员会指定为 I 类的项目。 ③ 国防采办委员会指定为特别关注的项目	军种采办执行官或其指定人员

（续）

采办类别	确定采办类别的理由	决策者
Ⅲ类采办项目	① 不符合Ⅱ类采办项目或以上标准。 ② 属非重要自动化信息系统的项目	军种采办执行官指定的决策者
注：IA 中的 A 是指自动化信息系统；ID 中的 D 指国防采办委员会；IC 中的 C 是指国防部的部门；IAM 中的 M 是指信息技术采办委员会；IAC 中的 C 是指国防部的部门		

此外,各军种所属武器装备采办项目也有相应的分类,例如美军海军陆战队《作战试验与鉴定手册》将采办项目分为Ⅰ类、Ⅱ类、Ⅲ类、Ⅳ类以及简化的采办项目 5 类,并规定除了Ⅳ类和简化的采办项目外都需要进行作战试验。对于Ⅳ类和简化的采办项目,必须由作战试验机构授权才可以不进行作战试验与鉴定。

分析美军作战试验对象选择给人们的启示:

一是我军武器装备应实行分级管理。目前,我军武器装备型号主要是以重点型号和一般型号任务进行分类,这种分类方法过于粗犷,特别是对于一般型号任务难以区分其重要程度。实行武器装备分级管理,并按照其重要程度和关注度进行分级,有利于提高作战试验的操作性。为此建议机关组织有关专家对武器装备分级问题进行专题研究,并尽快制定出武器装备分级标准。

二是以法规的形式规定我军武器装备作战试验的类别。武器装备种类繁多,在目前情况下,所有新研制的武器装备都进行作战试验可能不太现实,因而需要在武器装备分级的基础上,细化武器装备作战试验的类别和范围,并以法规的形式明确规定需要进行作战试验的武器装备类别以及时机等相关问题,有利于在早期(研制试验阶段)就能充分考虑作战试验的问题,从而保证作战试验的顺利实施。

2　我军作战试验对象分类

一般来说,武器装备体系是分级别的:最高层是全军的装备体系;中间层是军兵种装备体系;最低层是构成武器装备最小使用单元。对于装备体系的效能来说,高层次的体系效能需要通过低层体系的效能来体现。也就是说,作战试验特别是体系作战效能是一个连续的试验评价过程,这一连续试验评价过程可用图 1 说明。从图 1 可以清楚地看出,装备体系的作战效能是一个由下而上的连续试验与评价的逻辑过程。比如:其中的战术战役单元效能需要通过基本作战单元效能体现,基本作战单元效能又要通过单体/平台效能来体现;而战术战役单元效能又是军兵种装备体系效能的基础;以此类推,最终对联合作战效能产生影响。

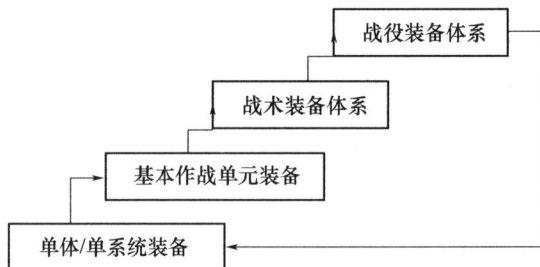

图 1　作战试验的连续评价过程

以多管远程火箭炮系统为例,一个基本作战单元(连)的装备系统效能将直接作用于与之邻接的其他作战单元组成的装备体系,从而对其更高一级(营)的装备体系效能产生的影响。因此,从逻辑上说,作战试验要分级开展,即首先从装备的最小使用单元开始,然后依次开展上一级别的作战试验。

鉴于以上分析,我军装备作战试验对象的分类,目前可以分为武器单体或平台、基本作战单元、战术战役单元、军种装备体系、联合作战等类型。

3　目前我军作战试验对象选择

由于我军是首次开展作战试验,为了保证作战试验试点任务能够顺利实施,并取得成效,有必要对试验对象进行选择和确定。

3.1　基本原则

考虑以上情况,我军常规武器装备作战试验对象的选择,应遵循以下两个基本原则:

一是循序渐进、稳步推进原则。作战试验与以往试验类型都不同,目前还没有可借鉴的方法。而作战试验对象的不同,对试验的规模以及试验实施的难易程度,都有直接的影响,为了保证作战试验的不断推进,应采取先简单、后复杂,先单体、后系统、再体系的方法,在取得成功经验的基础上逐步推进。

二是需求与实际相结合的原则。开展作战试验还要充分考虑目前试验基地所具备的试验能力与条件,并结合武器装备型号研制以及定型试验情况,进行合理选择与统筹安排。

3.2　基本考虑

在选择具体作战试验的对象时,还应考虑以下四点:

一是选择重点型号的武器装备。重点型号的武器装备是依据军事斗争准备要求迫切程度而确定的,对于我军装备体系建设与部队战斗力提高具有重要意义。选择重点型号武器装备开展作战试验,既检验了作战性能,也为部队装备编成、战术应用、战法研究提供了支持,有利于部队战斗力的快速生成。

二是选择成系统、成体系的武器装备。现代武器装备都是集侦察、指挥、打击于一体的复杂系统,特别是基于信息系统的武器装备体系更是用信息化手段将侦察、指挥、打击、防护、保障紧密联系在一起,其系统效能也必须基于系统或体系进行考虑。选择成系统、成体系的武器装备,其对抗敏感性强,对体系贡献率突出,易于评价。

三是选择设计定型试验合格的装备。战术技术性能指标是规定条件下武器装备自身固有属性的表现,通过了设计定型试验,武器装备结构参数得到固化,战术技术性能满足要求,安全性得到保证,作战试验才有了基础,在此基础上开展作战试验才有意义,因此作战试验的对象应选择设计定型试验合格的武器装备。

四是充分考虑目前靶场试验能力。作战试验与传统定型试验有较大区别:作战试验设计需要根据作战想定要求;作战试验的环境需要构建逼真的战场环境;作战试验测试需要要求伴随性好、适时处理能力强的机动设备;作战试验的评估既有定量评估也有定性评估还有操作体会等。目前国家靶场在这些方面的能力都存在不同程度的差距,因此,首次开展作战试验的对象,不宜选择系统构成规模过于庞大、系统组成过于复杂的武器装备系统。

3.3 初步构想

考虑上述情况,我军开展作战试验可以分如下四步:

第一步:武器单元或平台级的作战试验。先选择构成相对简单的武器单元或平台进行试点,如远程多管火箭炮系统、多用途导弹系统、双 35 高炮系统等。主要考虑是我军作战试验处于起步阶段,需要通过探索性试验取得经验。

第二步:作战单元级的作战试验。在试点成功的基础上,选择典型武器装备作战单元,例如,具备侦察、指挥、打击于一体的营(连)级武器装备作战单元,不断完善作战试验。

第三步:战术战役单元(系统、体系)级的作战试验。在前两步的基础上不断总结经验,并将作战试验逐步扩展到师团指挥所带典型作战单元。

第四步:军种、联合作战试验。作战试验取得成熟经验后,可组织开展由军种或陆、海、空、二炮等多兵种装备参加的联合作战试验。

3.4 目前选择

综合考虑上述情况,我军开展作战试验可先选择基本作战单元的武器装备系统进行试点。其主要理由如下:

一是现代武器装备特别是基于信息系统的武器装备体系由信息系统将侦

察、指挥、打击、防护、保障等紧密联系在一起,选择作战单元级武器装备系统,考虑其基本具备侦察、指挥、打击、防护、保障等作战要素,能够反映体系对抗的基本特点与要求,通过合理的试验设计,可以对这些要素进行较全面的考核。

二是单体或平台级的武器装备在设计定型试验中,其战术技术性能指标都已考核,试验考核内容比较全面,有关武器单体或平台的效能与适用性等试验内容可以结合基本作战单元作战试验一并进行考核,不需要单独进行作战试验。

三是战术战役单元级武器装备构成相对复杂,试验组织实施的规模和难度都相对较大,在目前情况下开展战术战役单元级武器装备作战试验的条件还不具备,短期内难以达到试验要求。

综上所述,建议我军开展作战试验的对象,以选择基本作战单元武器装备系统进行为宜。

(摘自于 2013 年研究报告"关于开展常规武器作战试验的思考与建议")

第三篇　装备试验技术与方法

关于开展高技术武器装备
试验方法研究的思考

武器装备是一个国家武装力量的物质基础,在抵御外来侵略和保卫国家安全中具有重要的作用和地位。历史证明,一个国家如果不重视武器装备的建设与发展,即使经济实力再强,也要受到军事强国的制约,国家的安全没有保障。因而武器装备的建设与发展历来受世界各国的高度重视。纵观人类历史长河,武器装备的发展已有相当长的历史,每项新发明和新技术出现,首先应用于军事领域。在世界各国的军费开支中,武器装备所占比例最大、经费投入最多。高新技术的飞速发展及其应用,为武器装备的发展注入了新的活力,同时使得武器装备的成本和价格大幅上涨。如何利用有限的资金,为我军提供质量优、性能好的武器装备是我们共同关心的问题。

1 开展高技术武器装备试验理论和方法研究势在必行

我国武器装备定型试验方法,是在借鉴国外试验方法的基础上,经几代人的努力与实践总结出来的宝贵经验,现已逐步形成系列的国家军用标准,并以法规的形式颁布实施,对我国武器装备的发展起到了极其重要的作用。但由于受历史条件及科技发展水平的限制,很多试验方法还不完善,仍属单台单套、单枪单炮的试验模式,缺少系统的思想和方法,对武器装备系统进行总体和全寿命的考虑较少。造成系统整体性能低,在全寿命期内出现的问题较多。一是武器装备的定型试验方法研究滞后于新型号武器装备的发展。由于新型号武器装备研制的保密性,鉴定试验方与武器装备研制方之间存在信息障碍,使试验方法的研究滞后于武器装备的研制发展。二是对武器装备全寿命管理问题的认识有偏差,缺少系统的研究。高技术武器装备系统复杂、价格昂贵,由于武器装备在军事斗争中的重要性和特殊性,为保证鉴定试验的质量,减少使用风险,试验样本量不能太少;否则,无法做出正确结论。例如,某新型常规武器装备按目前国家军用标准进行定型试验,仅弹药消耗就上亿元,显然在我国目前国力情况下是不可能的。

随着高新技术在兵器领域的应用,新型武器装备造价昂贵。完全用实弹射击的方式对武器系统进行考核鉴定,必然要消耗大量资金。因而传统的试验理论和试验方法受到了挑战,为贯彻军委江泽民主席关于军队要实现两个根本性转变的战略思想,实现武器装备跨越式发展战略,加强国防建设,走质量建军道路,我们必须开展试验方法的研究工作。摸索高新技术武器装备定型的试验模式,摒弃效益低、耗费大、重复性多的试验方法,积极探索质量效益型的试验方法与模式,这是实现武器装备跨越式发展的重要保证。

2 坚持理论与试验相结合的指导思想

从实践是检验真理的唯一标准来讲,武器系统使用效果是以实战作为最终检验结果。为避免或减少因武器装备出现的问题而贻误战机,鉴定试验条件应尽可能接近和符合实战条件,尽可能采用实弹射击方式考核检验其性能和效能。但在目前情况下,射击一发常规武器弹药,少则几千元,多则上万元,甚至上百万元。若按现行试验方法,以某型火炮为例,完成一次定型试验最少需要弹药几百发,多则上千发。按此计算,仅弹药费用就耗资惊人,即使发达国家也无法承受这种巨大消耗。为了减少试验消耗,我们必须寻求一种既能达到检验武器装备性能又能满足经费支撑的科学可行的方法。随着科学技术的进步,人们对客观世界的认识不断深入,描述事物物理过程的理论不断完善,采用的方法和手段不断创新,最终能够达到对事物本质的认识。因此,坚持用正确的理论辅以科学的试验手段,实现两者有机结合,将是今后试验鉴定工作的指导思想。

3 研究探索符合我国国情的武器装备试验方法

随着科学技术的不断进步,试验理论的不断完善,特别是计算机技术的发明和应用,完全有条件开展这方面的研究工作,探索符合客观规律和我国国情的武器装备定型试验方法。目前,很多学者对这一问题已进行了大量研究,归纳起来有两个方面:一是进行试验的理论研究,力图从理论上寻求解决此类问题的方法,如小子样试验理论等;二是开展模拟仿真研究,利用现代仿真技术解决上述问题,如计算机模拟仿真等。

利用计算机对武器装备进行试验模拟仿真技术是目前较为可行的方法之一。模拟仿真学是一门新兴的综合性学科,刚问世就受到世界各国军事界的普遍关注。这是因为模拟仿真技术在武器装备领域具有广阔的应用前景。目前世界上许多先进国家都在该领域开展了大量研究工作,用现代理论辅以计算机,研究武器发射机理,模拟发射过程,并利用少量实弹射击结果,最终达到检验战术技术性能的目的。进行试验模拟仿真,意义不仅在于鉴定试验,而且对武器装备系统的设计具有极其重要的意义。通过模拟仿真不仅可以进行参数优化,选择最佳方案,而且可以进行试验结果预测,减少试验用弹量,降低试验消耗。这既具有重要的军事意义和现实意义,又具有巨大的经济效益。

以常规武器装备火炮定型试验模拟仿真为例,进行试验模拟仿真首先要解决的是发射动力学问题,它是人们研究有关射击精度的主要理论依据,也是开展其他有关试验模拟仿真的基础。现代战争对武器系统提出了更高的要求,既要跟得上又要打得准。此外,考虑人员及武器装备的生存能力,必须缩短武器装备的反应时间,提高射击精度和首发命中率。这些正是发射动力学要解决的基本问题。发射动力学的研究始终与提高武器系统的射击精度联系在一起,通过研究武器系统在发射过程中受各种干扰因素作用的运动规律,研究起始扰动和振动特性的主要因素,从而达到控制这些因素,减小射弹散布,提高射击命中率。

减小武器系统的射弹散布是提高武器系统命中概率的突出问题。这是因为武器系统的命中概率 D 主要与瞄准误差 D_m、测地误差 D_c、气象误差 D_q 以及武器系统的弹道误差 D_d 有关,即

$$D = f(D_m、D_c、D_q、D_d)$$

由于火控计算机已使用于武器系统,使目标探测与测距精度大幅度提高,新式气象测量器材也已装备部队。因此,瞄准误差 D_m、测地误差 D_c 以及气象误差 D_q 都大大减小。在此情况下,影响武器系统命中概率的主要因素已反映到武器系统本身的弹道散布上来。由此看来,解决问题的关键是减小射弹散布误差 D_d。这恰恰是发射动力学所要解决的主要问题。另外,通过仿真试验,可得到大量有价值的数据,减少不必要的实弹射击。

建立和利用发射动力学的各种力学模型与计算机软件,可以模拟仿真武器发射过程中的运动和受力规律,从而预测射弹散布规律。当然,这需要人们必须定量地建立起武器系统结构参数,求解出起始扰动与武器系统振动特性之间关系,建立满足设计要求的动力学模型和开发相应的计算机软件。

4 结束语

随着理论研究的不断深入、电子计算机技术的不断发展以及各种软件的不断开发和完善,利用计算机进行试验仿真已是指日可待。高新技术武器的研制开发,对武器装备的试验鉴定技术提出了新的挑战,也为开展试验方法的研究提供了一个良好契机。为部队提供高质量的武器装备,早日实现我军武器装备跨越式发展,必须大力开展高新技术武器装备鉴定试验方法研究,尽快走出一条"投入较少、效益较高"的道路。

(文章发表于 2003 年 10 月装备指挥技术学院学术交流年会)

关于火炮射击精度预测问题的探讨

1 问题的提出

随着我军高新技术武器装备发展进程的加快,如何完成好这类武器装备的鉴定试验,是迫切需要人们思考和解决的问题。这是因为,高技术武器装备的成本和价格大幅上涨,如仍按传统的方法完成一项高新技术武器鉴定试验,仅弹药消耗的费用就很惊人,我国目前的经济实力无法承受这种巨大消耗。因此,必须寻求一种科学可行的方法,达到既能检验武器装备性能又能减少试验用弹量消耗的目的。

进行射击精度仿真预测有两个方面意义:一方面,通过发射动力学仿真计算,在武器装备总体设计阶段对火炮零部件的运动规律和受力的规律进行预测,实现总体设计的优化。另一方面,通过仿真试验,在非射击条件下(或通过少量射弹)实现对射击弹道等参量的预测,从中找出影响射弹散布的各种因素,对这些影响因素加以控制,达到减小射弹散布的目的。

2 关于射击精度

射击精度是现代武器系统一项重要战术技术性能指标,主要包括射击准确度和射击密集度两个方面内容。为了提高射击精度,人们耗费了大量的精力和物力进行研究。结果表明,对于身管类射击武器,射击准确度主要由系统误差造成,通过修正可以解决。而射击密集度主要由系统随机误差造成,影响射弹散布的主要因素是初始扰动。

现代战争对武器系统提出了更高的要求:一方面,要求武器系统既要测得出又要跟得上还要打得准;另一方面,考虑到人员及武器装备的生存能力,必须缩短武器装备的反应时间,提高射击精度和机动性。减小武器系统的射弹散布、提高武器系统命中概率,是保存自己、消灭敌人,发挥武器装备作战效能的突出问题。

武器发射过程实际上是受多种随机扰动因素影响的随机过程,影响射击密集度的因素十分复杂。这些扰动因素包括弹药系统设计参数的随机变化(装药结构、成分、形状、质量,弹丸质量和质心位置,弹形变化等)、使用环境(气象条件,地面条件等)和操作过程(人员技术素质,操作误差等)的随机性。对随机性问题按确定性问题处理,对系统问题分环节(或阶段)孤立处理,都不能揭示过程的本质。因此,必须用随机模拟的方法,从武器系统整体出发来研究发射过程中各阶段的射击现象,才能较真实地揭示这一过程的本质,从而掌握其变化规律。利用发射动力学仿真平台计算弹丸的运动,通过模拟装填条件以及操作等随机因素,使输出的弹丸运动参量为随机变量,把它们作为外弹道计算的初始条件,并模拟气象、弹形等随机因素,使弹着点也具有随机性。利用中间偏差计算公式计算地面密集度和立靶密集度,即在非射击条件下(或通过少量射弹)实现对射击弹道等参量的预测。

在预测弹着点时,采用标准的 6 自由度外弹道计算程序。地面密集度距离中间误差 E_x 和方向中间误差 E_z 为

$$E_x = 0.6746 \sqrt{\frac{\sum_{i=1}^{n} (\bar{x} - x_i)^2}{n-1}}$$

$$E_z = 0.6746 \sqrt{\frac{\sum_{i=1}^{n} (\bar{z} - z_i)^2}{n-1}}$$

式中:x_i、$z_i(i=1,2,\cdots,n)$ 为第 i 发弹着点在距离和方向上的坐标。

立靶密集度的计算公式为

$$E_y = 0.6746 \sqrt{\frac{\sum_{i=1}^{n} (\bar{y} - y_i)^2}{n-1}}$$

$$E_z = 0.6746 \sqrt{\frac{\sum_{i=1}^{n} (\bar{z} - z_i)^2}{n-1}}$$

式中:y_i、$z_i(i=1,2,\cdots,n)$ 分别为第 i 发弹着点的高低和方向坐标。

模拟射击包含两个过程:膛内过程,用动力学仿真平台的随机数产生器产生的装药参数、弹丸参数、装填条件等进行动力学仿真计算,输出弹丸运动参数,这些参数构成外弹道仿真所需的弹丸初始扰动量;弹丸在大气中的飞行过程,增加了当地气象条件及弹道系数等随机量,获得外弹道仿真计算的随机弹着点。

3　随机数的产生

一般的程序设计语言系统均提供随机数内部函数,但一般只能产生 0~1 之间的随机数,需做一些处理。为了在计算机上获得符合要求的随机数,设计随机数产生器,产生服从正态分布的随机数。其作用原理:对服从正态分布的随机变

量 x,在区间 $(-\infty,\infty)$ 内随机变量出现的概率为 1,在区间 $(\bar{x}-4E,\bar{x}+4E)$($\bar{x}$ 为散布中心,E 为其中间偏差)内出现的概率为 0.9930,故实际计算时可把 $(\pm 4E)$ 当作全概率区间,只要其产生的随机数在区间 $(\bar{x}-4E,\bar{x}+4E)$ 内即可达到要求。

设任意随机变量 r 在 0~1 之间,即

$$0 \leqslant r \leqslant 1$$

做变换可得

$$-4E \leqslant 8rE - 4E \leqslant 4E$$

可见,上式符合要求。

4 数值计算与结果分析

首先用 Kane 方法进行发射动力学计算;其次在此基础上结合某型武器装备定型试验进行射击密集度预测仿真计算并给出计算结果。

用发射动力学仿真平台模拟弹丸瞬间的运动状态和装填条件(如装药药粒的弧厚、半径,装药质量,火药力)以及操作条件(如高低射角、方向射角)等随机因素,使输出的弹丸瞬间运动参量为随机变量,把它们作为外弹道计算的初始条件,并模拟气象条件、弹形等随机因素,从而使弹着点也具有随机性。利用中间偏差公式计算了某型武器装备的地面密集度和立靶密集度,计算结果见表 1~表 3。

表 1 某型弹地面密集度计算结果与测试结果

结果／分类	仿真预测结果	试验测试结果
距离/m	9203	9306
方向/m	71	—
距离中间偏差/m	35.0	36.8
方向中间偏差/m	7.0	8.1
相对距离散布	1/263	1/252
相对方向散布/mil	0.73	0.83

表 2 某型弹 1000m 密集度计算结果与测试结果

结果／分类	仿真预测结果	试验测试结果
高低中间偏差/m	0.213	0.20
方向中间偏差/m	0.155	0.22

表3　某穿甲弹1000m密集度计算结果与测试结果

结果 　　　　分类	仿真预测结果	试验测试结果
高低中间偏差/m	0.321	0.30
方向中间偏差/m	0.281	0.23

从表中结果可看出,模拟计算值与试验结果基本一致,说明建立的模型正确,仿真预测方法可行。

5　结束语

以上探讨了射击精度仿真预测问题。实现射击精度预测具有重要意义,在武器装备研制的初期阶段,应用该方法可对武器系统的结构和参数进行调整,达到优化设计的目的。在鉴定试验阶段,应用该方法在非射击条件下(或通过少量射弹)实现射击弹道有关参量的预测,为评估系统的战术技术性能提供了一种可行的预测方法。特别是对于价格昂贵的高新技术武器的试验问题,通过射击精度仿真预测,可以减少试验用弹数量,达到降低消耗的目的。

（摘自于2003年研究报告"某型车载武器发射动力学研究"）

车载类火炮发射动力学仿真计算研究

　　提高机动作战能力的目的是为了消灭敌人保存自己,为此要求武器装备必须具有良好的机动性。机动性包括两个方面的含义:一是火力机动性,即系统本身进行火力转移(对同一目标或不同目标实施火力变换)的能力;二是指转移阵地(包括行军和行军战斗变换)的能力。显然,现代战争条件下,对后一种能力要求更高。我国幅员辽阔,防御面广,为适应世界军事斗争发展的需要,更应建立一支反应速度快、机动性强的武装力量。实现自行化,不是简单地将武器装备搭载在载体上,而是从系统的角度对武器装备及其载体进行研究,实现两者的有机结合,在保持武器装备战术技术性能效能的基础上,充分发挥武器装备整体的作战效能。

　　目前,关于车载类武器发射动力学问题的研究较少。这是因为车体的悬挂特性,特别是非线性的汽液悬挂装置,增加了建模和动力学方程求解的难度,同时使计算量倍增。基于上述问题,以某型坦克炮为例,用 Kane 方法建立发射动力学模型,对火炮发射过程与车体之间的作用规律进行分析研究。根据相当刚度原理,建立车体悬挂装置的计算模型。结合定型试验进行仿真计算及结果分析,并在此基础上提出有关建议。

1　研究火炮发射动力学的目的意义

　　现代科学技术的发展和火炮系统战术技术性能的提高,由经典力学理论构成的传统火炮设计理论已远不能满足现代火炮设计要求。其主要原因:①不能给出通用的动力学模型;②不能开发通用分析软件;③经典力学方程表述形式不宜实现计算机自动建模。20 世纪 60 年代后,多体系统理论及计算技术的发展,为现代火炮的研制开发提供了新的理论依据和技术途径,是继有限元理论和模态理论之后又一项具有广泛应用前景的新理论与新技术。目前,火炮动力学仿真分析已构成火炮装备研制开发的重要组成部分。其主要任务:①从系统角度出发,进行全炮运动学和动力学仿真分析,对全炮运动、受力和振动环境进行评估;②进行火炮系统发射全过程计算机模拟,预估和评价系统射击精度;③进行系统动态性能优化设计,为总体结构布局、参数选取和结构修改提供依据。

　　目前,火炮发射动力学多采用 K – H 多体理论,即以低序体阵列描述系统拓扑结构,以体间相对角速度和相对位移分量的导数为广义速率,以欧拉参数为体间相对方位坐标,用 Kane 方程推导系统控制方程的一套完整的方法和理论。用 K - H 多体理论,能够精确地获得弹丸出炮口瞬间的运动参量及其影响因素,为进行火炮零部件运动和受力规律分析以及射击弹道等参量预测提供了可行的方法。同时,进行发射动力学仿真还可在非射击条件下(或通过少量射弹)检验火炮设计的正确性,达到减少用弹量、降低消耗的目的。

2　内弹道计算

内弹道计算的目的是求解内弹道诸元的数值解,为火炮发射动力学仿真提供输入诸元。内弹道计算采用经典内弹道理论,编制软件进行内弹道计算,限于篇幅,只给出有关的初速和膛压计算结果,见表1。

表1　内弹道计算结果与测试结果

类别　　　　工况	初速度			平均膛压		
	计算值/(m/s)	测试值/(m/s)	相对误差/%	计算值/MPa	测试值/MPa	相对误差/%
常温穿甲弹	1741	1745	0.2	478.2	469.8	2.0
常温榴弹	862	858	0.5	344.7	334.9	2.9

3　火炮多体系统动力学

从火炮发射时的动力响应出发,建立火炮发射时的动力学模型,求解火炮主要部件的运动和受力,获得初始扰动参量,从而为火炮零部件的结构分析和强度设计提供动态受力依据,为提高射击精度提供切实可行的技术途径。根据某型坦克炮的总体结构特点,应用多体动力学的参数化仿真软件建立火炮发射时的动力学模型,确定全炮的自由度、各部件之间的连接关系、几何参数、惯性张量、刚度、阻尼、受力、求解策略等以后,通过计算获得火炮的受力和运动规律。

3.1　全炮动力学模型

3.1.1　基本假设

根据某坦克炮的结构及射击物理过程,假设:

(1)坦克放列于水平地面上,主动轮制动,悬挂不闭锁。

(2)全炮分为1个弹性体和15个刚体:后坐部分为弹性体;摇架、炮塔、车体和12个负重轮为刚体。

(3)火炮后坐装置连接后坐部分和摇架,后坐部分相对摇架沿炮膛轴线做直线后坐运动和复进往返运动。

（4）高低机、方向机、平衡机、驻退机和复进机等提供的力均为广义坐标、广义速率和结构参数的函数。

（5）土壤具有弹性,土壤反力为广义坐标和广义速率的函数。

3.1.2 坐标系

坐标系的建立原则应便于运动学和动力学的分析与计算,根据火炮的具体结构,建立了惯性坐标系和车体固连基、炮塔固连基、摇架固连基、后坐部分固连基、12 个负重轮固连基等,共 17 个坐标系。

3.1.3 自由度

由火炮射击时各部件的运动情况,确定自由度:车体有 6 个自由度,炮塔有 2 个自由度,摇架有 1 个自由度,后坐部分有 5 个自由度,12 个负重轮每个具有 1 个自由度。综上可知,动力学模型有 26 个自由度,用 26 个独立的变量表示系统的广义坐标,对其求导数即可得到广义速率,进而可以得到偏速度、偏角速度、速度、加速度等参量。

3.2 动力学分析

3.2.1 运动学分析

运动学分析的目的在于推导 Kane 方程时需要用到各刚体的运动学参量和输出一些运动参量。为了便于计算机自动推导,运动学关系可采用递推形式来计算有关参量如偏速度、偏角速度、速度、加速度、主动力等。

3.2.2 载荷的自动施加

火炮各部件的受力分为两种:一是可以处理成弹簧(含角弹簧)以及阻尼器(含角阻尼器)等元件产生的力或力矩。它们是机械系统中普遍存在的载荷,可以直接借鉴现有的多体动力学软件载荷自动施加方法。二是如炮膛合力、驻退机力、复进机力、平衡机力以及自动机力等火炮特有的载荷,这些载荷的形式与火炮型号有关,可以通过数据库建立不同型号火炮的上述载荷关系式及其作用位置,只要调用数据库变量,就可实现载荷自动施加。

3.2.3 动力学方程

Kane 方程的一般形式为

$$f_j + f_j^* = 0$$

式中:f_j、f_j^*（$j = 1, 2, \cdots, n, n$ 为系统自由度）分别为第 j 个广义主动力和广义惯性力。

把偏速度、偏角速度、速度、加速度、主动力的表达式(略去表达式的推导过程)代入上式,可得

$$[A]\{\dot{w}\} = \{b\}$$

式中:$[A]$ 为 26×26 的方阵;$\{\dot{w}\}$、$\{b\}$ 为 26×1 列阵。

4　结果分析

为分析某型坦克炮射击时的运动和受力规律,对火炮发射穿甲弹和榴弹实施了多工况动力学仿真计算,主要有炮口扰动、后坐复进位移和速度、车体纵/横转动角位移、各负重轮的垂直位移、悬挂受力、摇架滑板对后坐部分的反力以及后坐复进阻力等。限于篇幅,只给出摇架受力、车体及火炮运动规律的部分计算结果,见表2~表4。

表2　摇架受力幅值

序号	N_1/kN	N_2/kN	N_3/kN	N_4/kN
1	213.65	212.27	111.92	111.88
2	207.79	206.78	109.63	108.82
3	215.98	203.06	112.73	115.45
4	210.04	197.72	110.25	112.99
5	217.79	228.81	113.61	113.80
6	206.09	218.27	112.83	112.61
7	177.42	178.09	94.58	93.65
8	172.69	172.86	90.45	89.49
9	176.11	188.19	100.04	99.32
10	171.49	182.50	93.43	92.79
11	179.05	170.58	92.87	94.19
12	174.36	166.02	91.43	94.14

注:N_1、N_2、N_3、N_4为摇架所受的反力;序号1、2、3、…代表弹种、药温、射角等不同的射击条件

表3　车体的运动幅值

序号	Y/m	X/m	Z/m	α/rad	β/rad	γ/rad
1	0.0762	0.0022	0.1099	0.0446	0.0036	0.0025
2	0.0708	0.0022	0.1078	0.0438	0.0036	0.0024
3	0.0104	0.0735	0.0489	0.0174	0.0475	1.5708
4	0.0104	0.0676	0.0483	0.0173	0.0463	1.5708
5	0.0668	0.0015	0.0438	0.0288	0.0027	0.0021
6	0.0618	0.0015	0.0438	0.0285	0.0026	0.0021
7	0.0721	0.0022	0.1088	0.0442	0.0036	0.0024
8	0.0661	0.0022	0.1070	0.0434	0.0036	0.0024

（续）

序号	Y/m	X/m	Z/m	α/rad	β/rad	γ/rad
9	0.0625	0.0015	0.0439	0.0286	0.0026	0.0020
10	0.0589	0.0015	0.0439	0.0283	0.0026	0.0020
11	0.0104	0.0675	0.0480	0.0173	0.0467	1.5708
12	0.0103	0.0637	0.0475	0.0172	0.0457	1.5708

注：X、Y、Z 分别为车体前某点的侧移、后移及上跳幅值；α、β、γ 分别为车体的横摇、纵摇及炮口的水平摆角

表4　火炮的运动幅值

序号	φ/rad	S/m	v/(m/s)	a/(m/s²)	P_x/m	P_z/m
1	0.0491	0.3195	11.2696	3570.6071	0.0020	0.0224
2	0.0480	0.3194	10.9015	3115.9621	0.0020	0.0228
3	0.0174	0.3195	11.2717	3570.5789	0.0104	0.0229
4	0.0173	0.3194	10.9064	3115.9373	0.0104	0.0229
5	0.2721	0.3197	11.3053	3572.8929	0.0014	0.0306
6	0.2715	0.3196	10.9380	3118.2577	0.0014	0.0291
7	0.0484	0.3195	10.3995	3166.9628	0.0020	0.0225
8	0.0474	0.3194	10.0773	2763.1900	0.0020	0.0232
9	0.2712	0.3198	10.1641	2480.8141	0.0014	0.0290
10	0.2708	0.3198	9.9058	2060.2173	0.0014	0.0281
11	0.0173	0.3196	10.1320	2478.4946	0.0103	0.0227
12	0.0172	0.3196	9.8744	2057.8924	0.0103	0.0228

注：φ、S、v、a、P_x、P_z 分别为火炮的高低摆角、后坐位移、速度、加速度、炮口的水平及高低振动

根据仿真计算结果进行进一步分析，可得出如下结论：

（1）由车体摆动曲线可以看出，车体的运动规律为周期衰减振动。这说明火炮射击时，全炮的运动稳定性是有保证的。

（2）0°射角发射高温穿甲弹时，仿真计算的后坐速度、后坐位移及最大后坐阻力分别为 11.27m/s、319.5mm 和 788kN，与后坐速度、后坐位移以及最大后坐阻力的设计计算值 11.20 m/s、316.2 mm 和 795kN 基本吻合。

（3）后悬挂受力大于其他悬挂受力，最大值为 48.5kN，这对于车体结构设计非常重要，在悬挂系统设计时必须充分考虑后坐阻力的影响。

（4）摇架对炮身的最大垂直支撑力为 233.2kN，最大水平支撑力为 116.0kN，这些载荷的计算可避免以往用经验或估值方法计算的盲目性。提高了摇架系统的可靠性。

（5）穿甲弹的最大后坐阻力以及常温穿甲弹的后坐速度和位移的测试结果与设计计算值和仿真计算值有差异,初步分析可能是测试原因。这还需要进一步从理论和试验两个方面进行研究。

5 结束语

综上所述,本文用 Kane 方法建立的某型坦克炮发射动力学模型,基本上反映了该武器装备的动力学特性,仿真计算结果与试验测试结果基本一致,说明所建立的发射动力学模型正确,编制的仿真计算软件运行可靠。上述研究结果给出了武器系统发射过程中武器本身以及载体的受力和运动规律,这对于车载类武器装备特别是对自行火炮武器装备的研制与发展具有一定的参考价值。在此同时进行发射动力学仿真计算对于武器装备的总体结构设计、参数优化以及射击精度分析等同样具有重要意义。

（文章发表于2002 年第 6 期《装备指挥技术学院学报》）

中心距对武器射击密集度影响问题研究

1 问题的提出

身管中心距是指双管(或多管)火炮,当身管平行安装在炮架上时,各管轴线至中心轴线(平均轴线)的距离在直角坐标轴上的投影;如果各管轴线不平行,则指在规定的距离上,各管轴线至平均轴线的距离在直角坐标轴上的投影(在此定义的身管中心距不包括转管火炮,因为转管炮尽管有中心距存在,但由于射击时每个身管都要转到同一位置,因此可以认为中心距对射击不产生影响)。

密集度是指来源于同一母体弹着点坐标相对平均弹着点坐标的分布特性。对于身管类直射武器,密集度是考核火炮外弹道性能好坏的标志之一。影响密集度的因素很多,如弹药条件、气象条件、目标探测与火控计算精度、火炮结构及振动特性等。对于高炮武器通常是用有效射程上的立靶密集度作为战术技术指标规定值,由于目前无法在此距离上实施密集度试验检验,因而在实际试验时,用规定的距离(通常为200m)的密集度试验值与给定值进行比较,并依此作为衡量火炮是否满足使用要求的重要表征量。

射击密集度是火炮重要的战术技术指标之一,特别是对于小口径高炮,为了满足防空反导需要,必须增强火力,提高密集度。限于目前技术发展状况,发射常规弹药的火炮,其单管射速以及密集度已基本接近物理极限。为了满足对低空快速机动目标的射击要求,主要采用增加身管数量的方法,以达到单位时间内发射尽可能多的弹丸,提高毁伤概率。为此火炮由单管发展到双管、四管以及多管。随着身管数量的增加,身管中心距也随之增大,如某四管25mm高炮,采用边炮配置方案,其身管中心距达到1.634m。身管数量的增加以及身管中心距的增大,不仅对射击密集度产生影响,也对密集度特别是近距离(200m)立靶密集度的检验带来一定的问题。如目前国家军用标准关于火炮密集度检验与计算方法建立在单管的基础上,对于双管和多管火炮,特别是身管中心距较大的火炮,其近距离全炮射弹散布规律已不服从正态分布的假设检验条件,若仍按现行标准进行检验计算,显然不符合实际情况。尽管在设计、论证中对此问题有所考虑,但对于作战使用来说,更关注的是有效射程上的密集度指标。因此,针对中心距对射击密集度的影响以及定型试验的检验问题进行研究探讨,力图建立符合实际情况的检验与计算方法,以解决试验中的具体问题。

104

2　密集度试验及计算问题

密集度指标由战术技术论证得出,通常以中间误差 B 或均方差 σ 的形式给出,其单位可以是角量也可以是线量,两者可换算。对于高炮类直射武器,较合理的是在有效射程上对密集度进行检验。但是由于这类火炮的有效射程较远,在此距离上射弹散布较大,如果试验要获得全部弹着点坐标,就必须设置很大的立靶。例如,某型高炮,有效射程 2500m,立靶密集度指标为(高低×方向)$5.5\text{mil} \times 2.5\text{mil}$。如果在有效射程(2500m)处设置立靶,要获得全部弹着点坐标,那么靶的高度应为 $5.5 \times 2.5 \times 8 = 110(\text{m})$,靶的宽度应为 $4.5 \times 2.5 \times 8 = 90$(m)。显然设置如此巨大的立靶是不实际的,目前对这类火炮立靶密集度的检验主要依据战术技术规定以及国家军用标准来进行,通常是以一定距离(200m)的立靶密集度来测量检验的。

对单管火炮来说,无论立靶距离取多少,其立靶弹着点坐标来源于同一母体,射弹散布服从正态分布,此时立靶密集度的中间误差和均方差为

$$B = 0.6745\sigma \tag{1}$$

$$\sigma = \sqrt{\sum_{i=1}^{n} \frac{(Z_i - \overline{Z})^2}{n-1}} \tag{2}$$

上述结论对于单管火炮来说是正确的,但是对于双管或多管火炮,严格来说,其立靶弹着点分布并非来源于一个母体。至于以往立靶密集度计算时仍按正态分布规律进行检验,是因为以往火炮在结构上很少采用边炮配置方案而主要采用中炮配置方案。中炮配置方案的火炮身管中心距较小,另外由于火炮射击距离较远,中心距相对射击距离往往相差数千倍以上,相对角值在 1mrad 以内,尽管弹着点不是来源于一个母体,但其散布近似服从正态分布,因而在立靶密集度的检验与计算中忽略了身管中心距的影响。

随着中心距的增大,立靶密集度将产生明显的变化。为说明这一问题,下面仍以某高炮为例,极限情况进行说明。

设双管火炮,两个身管的轴线至平均轴线的距离在水平轴线上的投影分别为 A_Z, $-A_Z$,其单管散布的均方差 σ_{Z_1}、σ_{Z_2} 均为 0。那么共 n 发射弹中,将有半数弹着点坐标为 A_Z,另半数弹着点坐标为 $-A_Z$。此时,射弹散布中心坐标估计量为

$$\overline{Z} = \frac{1}{n}\sum_{i=1}^{n} Z_i = 0 \tag{3}$$

均方差估计量为

$$\hat{\sigma} = \sqrt{\sum_{i=1}^{n} \frac{(Z_i - \overline{Z})^2}{n-1}} = \sqrt{\frac{n}{n-1}} A_Z > A_Z \tag{4}$$

上式结果说明,即使单管的密集度非常好,达到了 $\sigma_Z = 0$ 的程度,但全炮散布的均方差估计量仍会大于中心距 A_Z。如果立靶距离200m,中心距为1.634/2 =0.817(m),则有 $\hat{\sigma}_Z > 4\text{mrad}$ 的结果。由此可以看出,中心距对立靶密集度的影响,即使单管的密集度非常好,由于中心距的影响,使得全炮的密集度变差。

3 双管火炮的身管中心距与立靶密集度关系

影响密集度的因素很多,为使问题简化,这里只考虑中心距的影响,通过建立中心距与立靶密集度的关系,分析中心距对立靶密集度的影响。假设双管火炮的中心距为 A,各单管密集度 $B_{Z_1} = B_{Z_2} = B_0$,在有效射程 X 处方向立靶密集度为 B_Z,规定的立靶密集度指标为 B。

对一般情况而言,有效射程 $X \gg A$。因此,在有效射程处仍假设立靶弹着点服从正态分布。对近距离立靶密集度,其弹着点可能不服从正态分布,但各单管的弹点仍服从正态分布。这里仅讨论正态分布情况。根据弹道相似性解三角形(图1)有

$$\frac{8B_Z}{X+b} = \frac{4B_{Z_1} + 2A + 4B_{Z_2}}{x+b} = \frac{2A}{b} \tag{5}$$

简化后,可得

$$B_Z = \frac{X+b}{x+b}\Big(B_0 + \frac{A}{4}\Big) \tag{6}$$

有

$$b = \frac{2A \cdot x}{8B_0} = \frac{A \cdot x}{4B_0} \tag{7}$$

式中:b 为炮耳轴至相似三角形顶点 O 的距离。当给定 x、A、B_0 时可通过计算确定。

为了满足指标 B 的要求,必须

$$B_Z \leq B \tag{8}$$

即

$$\frac{X+b}{x+b}\Big(B_0 + \frac{A}{4}\Big) \leq B \tag{9}$$

由式(9)可以看出,$\dfrac{X+b}{x+b}$ 为与火炮中心距有关的结构参数,其数值大于1。如果

单管密集度 B_0 一定,为满足全炮密集度指标 B 的要求,中心距 A 应越小越好。如果中心距 A 一定(结构设计一定),为满足全炮密集度指标 B 的要求,单管密集度 B_0 应越小越好。由此可以得出结论:双管火炮的中心距越小,其立靶密集度越好。

从目前情况看,减小 B_0,即提高单管密集度的难度较大;相反,缩小中心距则是可行的。但是中心距也不能无限缩小,受结构影响,中心距越小,火炮设计、生产以及使用维修也就越困难。

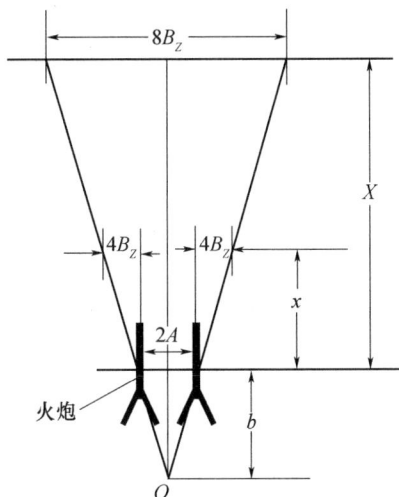

图 1　弹道相似解三角形

4　多管火炮综合方差和各管方差的关系

如前所述,单管火炮的射弹散布服从正态分布。对于多管火炮来说,由于中心距的存在,其射弹散布不是来源于同一母体,不能按正态分布进行密集度的检验计算,即式(1)和式(2)已不适用,必须建立多管火炮密集度计算方法。

虽然多管火炮射弹散布不服从正态分布,但组成多管火炮的各单管其射弹散布服从正态分布,因此多管火炮的射弹散布可以看成是由 m 组(m 为身管数)正态分布的组合。由此可以建立多管火炮综合方差和各管方差的关系,从而求出多管火炮的射弹散布。

根据射击学原理可做以下假设:

(1) 各管弹着点散布服从正态分布 $x_j \sim N(\mu_j, \sigma_j^2)$。

(2) x、y 相互独立。

设管数为 m,每管射击 n 发,第 j($j = 1, 2, \cdots, m$)管发射的弹着点坐标为

(x_{ij}, y_{ij})，$(i = 1, 2, \cdots, n; j = 1, 2, \cdots, m)$。

$$\sigma^{*2} = \sum_{i=1}^{n} \left\{ \sum_{j=1}^{m} \left[\sum_{i=1}^{n} \left(\sum_{j=1}^{m} x_{ij}/mn \right) - x_{ij} \right]^2 \right\}/mn \tag{10}$$

式中：σ^* 为多管火炮射击综合方差。

令

$$\mu = \sum_{j=1}^{m} \left\{ \sum_{i=1}^{n} (x_{ij})/mn = \sum_{j=1}^{m} \mu_j/m \right\} \tag{11}$$

式中　μ——射弹散布平均值；

　　　μ_j——j 管射弹散布平均值。

令

$$\sigma^2 = \sum_{j=1}^{m} \left\{ \sum_{i=1}^{n} (x_{ij} - \mu_j)^2/mn = \sum_{j=1}^{m} \sigma_j^2 \right\} \tag{12}$$

式中　σ^{*2}——各管射弹散布方差均值；

　　　σ_j——第 j 管弹着散布方差。

所以

$$\sigma^{*2} = \sum_{j=1}^{m} \left\{ \sum_{i=1}^{n} (\mu - x_{ij})^2 \right\}/mn$$

$$= \sum_{j=1}^{m} \left\{ \sum_{i=1}^{n} (\mu - \mu_j) - (x_{ij} - \mu_j)^2 \right\}/mn$$

$$= \sum_{j=1}^{m} \sigma_j^2/m + \sum_{j=1}^{m} \mu_j^2/m - \mu^2$$

即

$$\sigma^{*2} = \sum_{j=1}^{m} \sigma_j^2/m + \sum_{j=1}^{m} \mu_j^2/m - \mu^2 \tag{13}$$

设炮管中心距为 a_j，若各管平均弹着点的理论弹道与靶平面焦点重合，且各管弹着点散布相同，则

$$\mu = 0, \ \mu_j = a_j, \ \sigma^2 = \sigma_j^2$$

$$\sigma^{*2} = \sigma^2 + \sum_{j=1}^{m} a_j^2/m \tag{14}$$

$$\begin{cases} \sigma_x^{*2} = \sigma_x^2 + \sum_{j=1}^{m} a_{jx}^2/m \\ \\ \sigma_y^{*2} = \sigma_y^2 + \sum_{j=1}^{m} a_{jy}^2/m \end{cases} \tag{15}$$

上式反映了多管火炮中心距对射弹散布的影响。

5 结论

针对双管或多管火炮中心距对立靶密集度的影响问题,有以下建议:

(1)对于身管中心距较大的火炮,在战术技术指标论证时,应充分考虑中心距对密集度的影响,并明确相应计算方法,密集度最好以 σ 形式给出。

(2)在双管或多管火炮的立靶密集度试验时,首先应该对中心距对密集度的影响进行分析,然后对试验结果进行分布检验,如确定为非正态分布,则不能采用目前国家军用标准中现有公式计算,而应采用多管火炮综合方差的计算方法。

(3)开展多管火炮射弹散布问题研究,建立完善的双管或多管火炮的密集度试验检验方法,并以国家军用标准的形式颁布执行。

(文章发表于 2005 年《装备指挥技术学院学报》增刊)

远洋航天试验装备保障性分析工作探讨

1 问题的提出

远洋航天试验装备是配属于远洋测量船用于实施航天测控的试验装备。保障性分析作为系统过程的一部分,是装备综合技术保障的分析性工具。

随着我国航天试验任务的不断扩展以及新一代远洋航天试验装备的列装,试验装备保障资源不足、保障费用昂贵、保障工作难等问题凸现,在一定程度上制约了远洋航天试验任务的顺利完成。如何经济有效地解决试验装备保障问题,已经成为当前远洋航天试验装备管理工作中迫切需要解决的问题。

借鉴装备保障理论,研究试验装备综合保障问题,是解决试验装备保障问题的捷径。保障性分析是综合保障工作的分析性工具,在试验装备全寿命管理过程中开展装备保障性分析工作,使得保障问题在装备的论证、研制过程中就予以考虑,可有效提高试验装备综合保障能力。

2 目前远洋航天试验装备保障性分析存在的问题

由于目前远洋航天试验装备保障性分析还未开展,导致装备保障工作无法满足保障需求,影响了试验任务的顺利完成。

2.1 缺少保障性设计,试验装备自身保障性差

由于以往对保障性分析工作认识不足,使用部队和承制方对试验装备的保障问题没有给予足够的重视,试验装备缺少保障性分析和设计,导致最终交付的试验装备自身保障性较差,问题难以解决。主要表现在以下两个方面:

一是在需求论证中缺少保障性分析。由于缺少保障性分析,造成试验装备先天设计不足,导致保障工作难。例如,某海基测控雷达天伺馈分系统,其内部连接天线、驱动及控制台的电缆达 1000 多条,由于设计的连接点在机柜的底部狭小的天线方位俯仰角内,且电缆接头位置相互交错,在实施电缆清查、紧固、更换等保障工作时难以开展,需要进行大部分解,耗费了大量的人力和时间,增加了保障难度。

二是引进装备时由于不注重配套保障资源的引进,使得引进试验装备的使用效益大大降低。一些试验装备由于缺少备件而提前退役,一些装备需要花费

大量资金额外采购零部件以维持装备的正常运行。例如,某雷达发射机所使用的固态功放系统,由于引进时没有考虑相关保障设备,在使用过程中出现无法保障问题,需要重新订购相关保障资源,造成保障费用和时间的巨大浪费。

2.2　保障资源供给方式不合理

保障资源是远洋航天试验装备保障工作的物质基础,没有合理的保障资源供给,保障工作难以有效进行。目前远洋航天试验装备保障资源供给方式存在的问题主要有以下三个方面:

一是由于海洋环境和测量船平台的特殊性以及远洋试验装备通用性差等问题,承制单位单一,相关保障资源供给主要由承制单位提供,试验部队难以提供及时保障资源供给。

二是承制单位由于行业和技术保密等问题,对关键部件的技术方案和模块型号标识等都进行了保密处理,使得使用部队难于获取保障资源的技术途径。

三是随着任务越来越频繁,一次出航连续执行多项任务,导致保障资源消耗量增大。在目前缺乏外港保障资源补给途径的条件下,一个航次内各任务之间的保障资源供给难以确定,导致保障工作难度大。

2.3　使用部队保障人力资源不足

随着近年来任务数量增加以及编制限制,使用部队出现了保障人力资源不足的问题。一是一线保障人员流动过快,造成部队保障人力资源不足;二是新保障人员培训工作滞后,降低了部队自我保障能力。保障人力资源不足给远洋航天试验装备保障工作带来了隐患。

综上所述,分析目前远洋航天试验装备使用阶段存在的许多问题,一个重要原因是在全寿命管理前期没有开展系统的保障性分析工作,从而导致各类保障问题在使用阶段开始凸现。

3　远洋航天试验装备保障性分析

远洋航天试验装备保障性分析主要完成两个任务:一是保障性设计因素的提出;二是确定保障资源要求。依据 GJB 1371《装备保障性分析》规定要求,结合远洋航天试验装备管理的特点,其保障性分析工作主要包括装备保障需求分析和保障性参数要求制定两方面。

3.1　保障需求分析

保障需求分析应以目前及未来所承担的航天试验任务类型为依据,参照现有同类装备保障实际情况进行综合权衡分析并优化方案。表 1 列出了远洋航天试验装备保障需求分析的步骤及内容。

表 1   远洋航天试验装备保障需求分析的步骤及内容

步骤	项　目	内　　容
1	目标分析,确定任务目标体系结构	根据装备目前和未来面对的任务类型,明确装备任务目标,建立装备多层次任务目标体系结构,并对各项任务目标进行权重分析,确定目标的优先次序,明确装备重要能力的需求目标
2	初步确定装备任务剖面、环境剖面以及寿命周期	根据任务目标结构,将装备应具备的性能与应实现的任务目标对应起来,对装备使用环境、使用方式、完成任务类型以及精度要求做出初步描述;对装备保持正常工作所能屏蔽的海洋环境做出描述,如台风级数、涌浪指数、防盐雾要求等;对装备的最低服役时间做出要求,初步描述寿命周期内装备的保障要求
3	基准装备保障分析	根据任务目标,对基准装备的保障情况进行分析,提出高密度试验任务的背景下保障工作中存在的问题,并论述新装备在寿命周期内开展综合保障工作应达到的目标和效果
4	装备保障约束条件分析	分析新研制装备系统与现有装备管理体制、编制人员技术水平及未来工作海域环境等各方面的关系,列出约束装备保障工作的因素,如国防技术水平、保障人员编制限制、保障时间要求以及海洋环境的变化等,并对应采取的措施和方法提出初步设想
5	初步探讨可实现的装备保障工作方案	根据新装备任务目标、保障要求和约束因素分析,结合现有国防科工水平状况及可预见的发展趋势,初步探讨可实现的装备全寿命保障工作方案,包括综合保障工作内容、组织实施方案以及工作评审等
6	其他	根据装备寿命周期费用计划、装备使用中长期计划等文件,初步确定保障经费、时间等方面的要求

3.2　保障性参数要求的制定

保障性参数要求是根据装备保障需求,开展装备相关保障性参数的选取、定性和定量指标分析及指标权重分析等方面的工作。鉴于远洋航天试验装备在早期论证阶段掌握的资料信息有限,而且保障性要求不仅与试验任务需求有关,而且与费用、科研生产水平等因素有密切的关系,所以保障性要求的制定需要反复的论证和权衡分析。

3.2.1　参数的选取

首先,根据远洋航天试验装备的任务目标,分析远洋试验任务型号的类型和发展趋势,制定远洋航天试验装备的任务剖面。根据远洋航天试验装备的特点,按照 GJB 1371《装备保障性分析》、GJB 3872 的相关规定,可将远洋航天试验装备保障性参数分为保障性综合参数、保障性设计参数、保障资源参数三部分。

保障性综合参数是体现装备系统综合保障能力的参数指标,它反映的是装备系统最终应具备的综合保障水平,主要包括战备完好性参数和任务完成性参数两类。战备完好性参数一般包括码头完好率和航渡完好率指标,任务完成性一般包括工作持续性、状态转换性等指标。

保障性设计参数是指与保障性设计相关的参数,它反映的是装备在保障性设计方面的要求,主要包括使用保障性设计参数和维修保障性设计参数两类。使用保障性设计参数主要包括可靠性、操作性、安全性等指标,维修保障性设计参数主要包括维修性、测试性、耐久性等指标。

保障资源参数是指与保障资源研制、获取有关的参数,它反映的是装备对保障资源的期望和要求,主要包括人员、技术资料、训练和培训、备品备件、保障设施设备等参数指标要求。

3.2.2 参数制定过程

保障性参数的制定流程主要分为三个阶段,即系统能力级保障性参数、系统功能级保障性参数和装备产品级保障性参数三个阶段,其对应的管理目标是构建顶层目标级保障性参数要求、确定保障性参数要求和保障性参数要求的分配,每个阶段都是上一阶段的细化和优化。

1) 系统能力级保障性参数要求

制定系统能力级保障性参数要求在装备论证阶段开展,它代表使用部队对新研制装备在现有编制体制和预计的任务环境下,完成预定的航天试验任务所希望具有顶层目标级保障性参数要求。

(1) 保障性综合参数要求:包括装备完好性和任务执行性的要求。即装备的战备完好性≥99%,任务执行性为 100%。

(2) 保障性设计参数要求:包括装备使用保障性设计参数和维修保障性设计参数两方面要求。装备使用保障性设计参数要求是对装备使用方面的保障性要求,通常要求装备使用必须简便、高效,达到以最短的时间准确完成装备的使用过程;维修保障性设计参数要求包括装备大、中、小三级保障的要求,各级保障所需开展的时间和项目要求,日常维护保养的要求,以及装备在任务过程中出现异常状况后快速恢复正常状态的应急保障要求。

(3) 保障资源参数要求:提出装备在码头、航渡及任务期间对保障资源的要求,以及必要时在国外港口进行保障资源补给的要求。即码头、航渡及任务期间保障资源应达到 100% 满足保障工作需要。

2) 系统功能级保障性参数要求

系统功能级保障性参数要求,是论证阶段在系统能力级保障性参数要求的基础上,对保障性参数要求的细化和拓展,确定装备保障性参数及其定性定量要

求,并完成对各保障性参数指标的权重分析过程。下面对各类参数包含的下属参数要求做举例说明:

(1)保障性综合参数要求:包括战备完好性和任务执行性。其中,战备完好性参数要求包括:

① 码头完好率:装备在码头期间,能够随时出海执行预定航天试验任务的能力,如规定指标100%。

② 航渡完好率:装备在航渡期间,保持良好设备状态,维持保障资源满足要求的能力,如规定指标≥99%。

③ 任务准备时间:在接到任务后,装备从开机到满足任务要求的时间,包括分系统开机、装载技术参数、系统大回路自检以及各级指挥调度人员、装备 A/B 岗操作人员到位等所有准备工作正常完毕所需要的时间,如规定指标≤30min。

(2)保障性设计参数要求:包括可靠性、维修性、测试性、安全性、操作性、耐久性、综合性等。其中,可靠性参数要求包括:

① 平均故障间隔时间:装备在正常使用状况下,出现一般故障的间隔时间,如方位俯仰跟踪校正误差、伺服驱动控制板故障等。如规定指标≥100h。

② 任务期间修复率:进入任务程序后,装备能够在规定时间内修复出现故障,继续工作的能力,如规定可更换单元的故障修复率≥99.5%,其他故障修复率≥95%。

③ 船摇隔离度:装备在执行任务期间,装备有效隔离船体摇摆影响的要求,如规定指标≥95%。

(3)保障资源参数要求:包括备品备件、训练培训、保障人员、技术资料、保障设备设施等。其中,备品备件参数要求包括:

① 备件满足率:对装备配套备品备件的储存率的要求,以及对日常装备管理中备件的供给方式、周期、成本、合格率等方面的要求,如规定码头要求指标100%,航渡及任务期间≥99%。

② 互换性:相同功能的不同设备之间的备品备件之间的互换后,能够达到相同的备份要求的能力,如规定指标≥99%。

通过上述所列举的方式,对包含的各类保障性参数进行定量定性分析后,还需理清各参数之间的关系,制定装备保障性参数指标体系,并进行各指标的权重分析,以便于后续工程研制阶段的保障性设计研制工作。

3)装备产品级保障性参数要求

在制定产品级保障性参数要求的过程中,关键工作是将系统功能级保障性参数要求转化为技术上可实现的工程研制要求,确保提出的保障性参数要求在装备研制过程中是可以控制和实现的,方便承制方进行工程设计研制及使用部队的监督,主要包括参数定量指标的分配和定性指标的设计准则两个方面内容。

定量指标的分配主要是完成系统功能级保障性参数要求中设计的定量指标

向零部件级分配的工作。例如,系统功能级保障性参数要求中的装备工作持续性必须达到 100h 以上,在对 100h 这一指标进行分配时,首先将影响装备工作持续性的因素进行分解,直至分解到不可分的零部件级,然后将大于或等于 100h 的要求进行层层的转化和分配,最终形成对每个相关零部件都提出对应的指标要求。

定性指标的设计准则主要是完成对系统功能级保障性参数要求中定性指标的工程设计准则的制定。例如,根据系统功能级保障性参数要求中的电缆接口简便性要求,形成的设计准则:所有电缆连接头经过防差错设计;无须打开机柜即可方便电缆的插拔操作;无须拔出其他电缆就可插拔所要求电缆。

4　关于远洋航天试验装备保障性分析工作的建议

为提高远洋航天试验能力,加强试验装备保障建设,必须大力开展保障性分析工作。

4.1　充分认识试验装备保障性分析工作的重要性

我国开展装备保障性分析的时间还不长,对于武器装备保障性分析工作虽然已经开展了相关研究并取得了一定成果,但在试验装备方面还未展开。因此建议在远洋航天试验装备的采办过程中,开展远洋航天试验装备保障性分析工作,使得装备的保障性要求在设计阶段就纳入到装备系统的研发过程中去,使试验装备与保障系统同时研制,达到试验装备与保障系统协调发展。总部决策部门、使用部队、承制单位都要高度重视保障性分析工作,把保障性分析看作是提高装备试验能力的一项重要工作,牢固树立试验装备和保障系统同步研制、交付的理念。

4.2　建立规范的保障性工作分析程序

目前,我军试验装备采办过程还没有建立起一套完整的工作机制,保障性分析工作不规范、不系统。要解决这些问题:一是需要建立法规制度,完善顶层设计,建立与之配套的标准和规范,从而保证试验装备保障性分析工作的贯彻实施;二是试验装备管理部门要加强对标准和规范的监督,实时掌握保障性分析工作的开展情况;三是试验部队与承制单位在执行保障性分析的工作标准和规范的过程中,要加强沟通和协调,进一步提高保障性分析质量。

4.3　实施保障性分析工作的评审

开展保障性分析工作评审是实现试验装备保障性分析目标的重要措施,评审工作应当贯穿于保障性分析工作的全过程。一方面,要做好保障性分析工作评审的数据收集工作,尽可能地收集接近实际使用环境的数据,为评审提供基础支持;另一方面,要充分运用科学的评审技术与方法,通过与评审准则进行比对分析,对方案做出准确的评审结果,并使结果对新研制的试验装备及保障系统及其改进提供建议。

4.4 高度重视保障性分析信息管理工作

随着试验装备的信息化程度不断提高以及计算机技术的广泛应用,在远洋航天试验装备的保障性分析过程中产生的大量信息,为试验装备全寿命管理以及后续相关试验装备研制提供了可参考的重要信息。加强保障性分析信息数据的管理,改善信息的收集和管理工作,保证信息准确性和权威性,并实现信息在试验装备管理部门、总体技术论证部门、承制单位之间的共享。

5 结论

远洋航天试验装备保障问题关系到航天试验任务能否顺利完成,通过对远洋航天试验装备进行保障性分析,将装备设计方案和保障方案统一考虑,使远洋试验装备在设计阶段就能够克服自身的"先天性缺陷",从而使远洋航天试验装备在特殊的任务环境下,以最小的资源投入,达到最佳的保障效益,确保试验装备战备完好性要求,全面提升试验能力。

（文章发表于 2011 年第 5 期《装备指挥技术学院学报》）

第四篇　装备试验体系建设

信息化装备试验建设思考

以信息技术为主的高新技术在军事领域的广泛应用,战争形态正在朝信息化的方向发展,信息化成为未来战争的基本特征,信息越来越成为未来军队战斗力的关键性要素。基于这一认识,世界各国武器装备建设,由工业时代的机械化装备正在快速向信息时代的信息化装备过渡。为适应世界新军事变革挑战需要,我军信息化装备建设进入了相对快速的发展时期,不久的将来,大批信息化装备将陆续进入定型试验阶段。试验部队(基地)作为信息化装备试验鉴定单位,必须高度重视并认真做好信息化装备试验准备工作,从装备全系统、全寿命管理角度统筹信息化装备试验建设全面工作,把握信息化装备试验的规律和特点,突出信息对抗、体系对抗对信息化装备试验的要求,加强试验体系建设,强化试验质量管理,推进试验部队(基地)信息化建设,大力开展信息化装备试验人才培养和试验技术研究,保证信息化装备试验任务的顺利完成。

1 型号是牵引信息化装备试验建设与发展的基本动力

军事需求是牵引装备发展的基本动力。武器装备是进行军事活动的客观基础和物质手段,从全寿命管理过程来看,装备试验是全寿命管理的一个重要环节,贯穿于装备全寿命管理的各个阶段,试验既是装备研制过程工程技术活动的一项重要内容,又是检验装备是否达到研制目标的手段。从认识论的角度来看,试验是对装备的认知过程,即通过试验获取装备客观表现的证据(数据),运用试验理论和方法对客观证据进行分析,从而揭示装备的内在特性。这种认知结果即做出的科学结论和判断,关系装备能否定型和装备部队使用,因而试验是装备发展的基本需求。虽然影响装备试验的因素是多方面的,涉及装备试验的方针政策、装备技术含量与研制质量、试验技术与人员能力等多方面,但从装备试验的属性来看,试验是按照规定的程序和指标要求,对装备性能进行考核验证的活动。试验活动的展开完全以装备型号发展为基础,并服从、服务于装备型号发展的各个阶段,因而型号发展是牵引装备试验发展的基本动力。一方面,发展装备是为了打赢战争、抵御威胁的军事需求,没有军事需求就没有装备需求,装备试验就失去了意义和价值,因此,装备试验的发展始终与军事装备需求的变化有着直接的、密切的内在联系;另一方面,不同装备对试验有着不同的要求,军事和

119

战争活动的理论与实践,装备的性能、结构等变化,又不断地对试验提出新的需求,并由此牵动着装备试验的发展方向。

遵循型号是牵引装备试验建设与发展基本动力的客观规律,在信息化装备试验工作中,要注意以下几个方面:

一是确定信息化装备试验发展需求。科学地确定信息化装备试验发展需求,必须根据信息化装备发展规划计划和具体型号研制计划加以确定。其中,型号研制计划是确定试验需求的基础,应据此制定试验建设与发展方案,开展试验技术研究、测试设备研制、试验设施建设以及人才培养等工作。

二是确定信息化装备试验能力需求。根据当前型号和未来信息化装备发展需求,对试验能力做出正确的判断和评估,并提出未来试验能力的目标,在此基础上进行试验能力和试验技术准备。

三是确定信息化装备试验任务需求。在试验发展需求和试验能力需求的基础上,确定信息化装备的试验任务需求,包括任务性质、数量、周期以及所需资源等,为保证试验任务顺利完成,试验条件建设应纳入装备型号建设中,以保证试验建设与型号建设同步发展。

2 与型号发展相协调是信息化装备试验建设与发展的客观规律

装备试验脱离不了具体的装备对象,因此装备试验建设与发展必须以型号发展为基础并与型号发展相协调。一方面,装备试验的目的是检验型号研制目标完成的程度,即两者的目标是一致的,因此装备试验的方针政策与方法手段等不应偏离型号研制活动的总目标,即试验活动应服从、服务于型号研制活动;另一方面,型号研制是否达到目标以及偏离目标的程度,又必须通过试验来加以检验和验证,即试验是装备研制活动的高级阶段,对装备研制活动有促进和指导意义。试验与研制两者相互联系与作用的结果,使得装备质量和水平不断得到提高。装备试验与装备研制两者相辅相成的关系,要求我们必须重视试验条件建设并使之与型号发展相协调。为此,在信息化装备试验建设与发展中,需要注意以下几点:

一是做好顶层设计。在信息化装备发展规划计划阶段,要将试验条件建设纳入型号发展计划之中,在论证阶段要充分考虑装备定型试验问题,保证信息化装备试验建设与型号建设同步发展。

二是实现一体化试验。在型号发展过程要采用科学的管理方法,对装备寿命周期所有试验进行统筹规划,实现资源、信息共享,避免试验漏项、相互脱节、信息不共享、资源重复建设等诸多问题。

三是统筹信息化装备试验建设。根据型号发展不同阶段的不同要求,对试验资源、试验方法、测试设备、试验设施以及人员培训等问题进行统筹计划,防止出现试验建设与型号发展不协调问题。

3 加强试验体系建设是信息化装备全寿命管理的一项重要内容

未来战争是体系之间的对抗,任何先进装备游离于体系之外,在体系的对抗中将无用武之地。因此,信息化装备试验,不仅要鉴定武器装备的性能和质量,还要考核其是否符合体系要求以及与体系的匹配情况。试验是装备发展过程中一项不可缺少的环节,一个装备系统的研制往往要经过研究、设计、试制和试验的反复迭代过程,这一过程不是简单的重复,而是装备性能、质量不断螺旋上升。只有通过这样反复的过程,才能降低研制风险,最终提供满足用户需要的系统。不能简单地认为试验活动在装备研制完成之后才能进行,试验活动贯穿于装备全寿命周期过程,因此必须充分认识装备试验的重要作用和地位,加强试验体系建设,从顶层做好试验系统规划和总体设计,切实把装备试验作为装备全寿命管理的一个重要环节来对待,并加强对试验环节的管理和控制,实现一体化试验是防止出现试验漏项和试验冗余的有效措施。加强信息化装备试验体系建设要注意以下问题:

一是提高对装备试验地位、作用的认识。装备试验不仅是工程技术活动的一项重要内容,更是全寿命管理决策的重要手段和依据,因此必须对试验给予足够的重视,从寿命周期早期就考虑装备试验问题。

二是从全寿命管理角度对信息化装备试验系统进行总体规划和设计。特别是在试验设施建设、测试设备研制、试验技术研究等方面,按照通用化、系列化、组合化的原则,做好顶层设计,统一评价原则,统一试验方法,实现试验无缝链接以及信息、资源共享,防止重复建设,保证试验资源的有效利用。

三是完善机制。建立相应的机制,确保试验部队(基地)在型号发展的早期阶段就能介入并发挥作用,以便为型号发展决策提供支持和依据。此外,要完善试验评价机制,在新型号的论证、研制阶段,有效开展试验技术研究以及试验评价研究,并结合型号研制进度,对试验方法、试验手段以及评价原则进行验证和评审,确保试验方法以及评价的科学性。

4 建立试验质量管理体系是提高信息化装备质量的重要保证

武器装备主要用于部队作战使用和训练,质量至关重要,特别是信息化装备,小的质量问题就可能导致装备系统失效甚至体系瘫痪。质量是"产品、体系或过程的一组固有特性满足顾客和其他相关方要求的能力"。根据现代质量管理理论,装备质量不仅体现在装备本身固有特性,也体现了装备形成过程中的工作质量。在立项论证、研制、试验、生产、使用等生命周期过程中,装备质量的形成是一个有序的系统过程。从狭义的观点来看,试验是鉴定装备质量的活动;从广义的观点来看,试验本身也是为部队使用需求提供服务的一种活动,这一活动过程同样也包含着质量问题。试验不仅要对装备质量进行鉴定,把好装备研制过程的质量关,同时要保证试验的工作质量。实现这一目的和要求,建立试验质量管理体系是实现质量管理科学性和有效性的措施,通过体系的有效运行使试验质量得到保证。目前,装备承制单位都已按国家军用标准要求建立了质量管理体系,有效地保证了装备研制过程质量。但是,在装备试验这一重要环节上还没有建立质量管理体系,并由此带来许多问题。因此,建立试验质量管理体系是目前试验部队(基地)迫切需要进行的工作之一。建立试验质量管理体系涉及面广,工作量大,必须予以足够的重视。在具体操作中需要注意以下方面:

一是明确质量方针和目标。质量方针是组织的质量宗旨和方向,质量目标是组织在质量方面所追求的目的。一个组织要形成凝聚力,以取得顾客信任,必须建立质量方针和目标,在此基础上还要明确质量职责和权限,赋予各部门和各级各类人员的质量职责和权限,使得质量工作人人有责。

二是完善组织结构。试验部队(基地)应按照国家军用标准要求,建立与组织相适应的质量管理体系,明确质量管理机构的隶属关系和运行机制,实行质量责任制,以保证质量管理体系的有效运转。

三是提供资源和人员。试验资源和人员是试验活动的物质基础,应保证提供必需的各类资源,并就人员的资格、经验和必需的培训要求做出规定,对资源与人员的规划与安排应与试验活动的总目标一致。

四是制定工作程序。科学的工作程序是试验质量目标得以实现的重要保证,应制定和颁发有关质量的工作程序并严格贯彻实施,使试验活动在科学、规范的程序指导下开展,确保试验质量目标的实现。

五是完善质量体系文件。质量体系文件是表述质量体系和提供质量体系运行见证的文件,它既是质量体系设计的结果,也是开展质量管理和质量保证的基础,是质量体系审核和认证的主要依据,因此必须对质量体系文件建设予以足够的重视。

为了使试验质量管理体系有效运转,发挥作用,组织应研究和制定质量方针和质量目标,并采取必要的措施使得质量方针、质量目标能为全体试验人员所掌握。此外,要有持续改进措施,通过上述措施与手段,保证装备试验质量的不断改进与提高。

5　人才培养是做好信息化装备试验工作的根本

信息化装备试验需要高素质的人才,必须把培养和造就适应信息化装备建设需要的高素质人才作为一项刻不容缓的战略任务来抓。要针对信息化装备试验人才的类型结构、能力要求进行需求论证,制定培养规划。在类型结构上,要着力培养信息系统指挥控制管理型、信息技术运用型和信息装备维护型等人才队伍;在能力要求上,要培养熟悉信息作战理论,掌握高科技知识,熟练运用信息网络系统或信息化武器系统的人才;在文化层次上,要注重培养高学历和复合型人才;在模式上,要注重培养科技性、通用性、综合性、超前性的人才。要创造有利人才快速生长的条件,形成信息化装备与试验人才协调发展的良好局面,为此需要注意以下方面:

一是开展好信息教育活动,提高试验人员的信息素养。信息素养主要由信息意识、信息知识和信息能力三个要素构成。要使试验人员树立牢固的信息意识,充分认识信息的重要作用,能有效掌握有价值的信息并能加以利用。

二是加快信息化装备试验人才的培养。信息化装备试验主要由装备、设施、人员及相应的工作程序等要素构成。其中,人员是关键要素,其责任心与技能水平决定装备试验鉴定水平。为此,试验部队(基地)要重视信息化装备试验人才的培养问题,并针对目前人员的知识结构进行必要的调整,把信息装备人才培养作为的重点,培养造就一批信息化装备试验的专家里手和管理指挥人才。

三是充分利用军队院校和国民教育体系的作用。信息化装备试验对试验人员信息能力提出的新要求,必须通过院校系统化、专业化教育才能实现。随着信息化装备建设速度的加快,信息化装备试验人才的需求将大量增加,培养信息化装备试验人才和提高他们的信息化基础知识的任务也非常繁重,充分利用军队院校和国民教育体系的资源,辅以其他多种培养手段,实现信息化装备试验人才的快速成长。

6　结束语

信息化武器装备是打赢未来信息化战争的物质基础,如何满足部队作战使用要求,提高信息化装备试验鉴定能力,确保信息化装备质量,优质、高效、安全地完成信息化装备试验鉴定任务,是装备试验工作面临的重要课题。论述了信息化装备试验建设与发展的基本动力与客观规律,从全寿命管理角度提出了加强信息化装备试验体系建设问题,并就建立试验质量管理体系以及信息化装备试验人才培养问题提出了具体方法和建议,对提高信息化装备试验鉴定能力,促进信息化装备研制与发展,提升我军信息化武器装备的整体作战能力具有重要意义。

(文章发表于 2010 年第 6 期《装备指挥技术学院学报》)

我军装备试验体系建设的思考

随着我军基于信息系统的武器装备体系建设步伐的加速和新型装备不断发展,装备体系试验与装备作战试验已经成为战斗力生成的一种重要模式。为适应我军装备体系建设与部队作战使用要求,装备试验必须改变传统的试验模式,由传统的以产品型号为对象、以单项装备技术性能指标考核为主的试验模式,向基于体系、基于作战能力的试验模式转变。而实现这一转变,要求装备试验必须成体系化发展,即建立装备试验体系。装备试验体系是国家根据武器装备建设发展需要而建立的专门用于武器装备试验鉴定的系统组合。一般来说,应包括装备试验理论体系、装备试验法规体系、装备试验管理体系、装备试验指挥体系、装备试验技术体系、装备试验靶场体系、装备试验人才体系等。装备试验体系建设的完善程度,反映了国家武器装备试验能力与水平,也是一个国家政治、经济、军事、科技实力的综合体现。

1 目前我军装备试验体系建设存在的不足

世界新军事变革必然对武器装备发展提出了新的要求,也给武器装备试验带来新的挑战。我军装备试验从无到有,从简单到复杂,经历了自我发展与不断完善的过程,虽然取得了长足的进步,但是由于对试验体系的建设缺少总体规划和顶层设计,与我军武器装备建设快速发展要求不相适应的问题开始显现。传统的试验模式、试验理论以及试验组织管理、试验人才队伍建设等方面,还存在着许多问题与不足,主要表现在以下几个方面。

1.1 装备试验理论相对薄弱

尽管我军装备试验取得了令人瞩目的成就,但是在试验理论研究方面,缺乏系统的、综合性的研究,试验理论相对薄弱,难以适应武器装备技术与发展的需要。一是装备试验属于交叉型学科,专业领域范围广,工程应用性强,开展试验理论研究时间短,还没有形成完备的理论体系;二是由于装备试验长期处于按任务类型分工状态,研究力量分散、研究内容零散,难以形成系统的装备试验学学科理论体系;三是对试验理论研究投入不够,特别是对新型装备试验和新的试验技术方法创新方面研究不足。随着我军装备建设的发展,装备作战试验、装备体系试验以及新概念武器装备试验理论成为当前迫切需要解决的重要课题。

125

1.2 装备试验法规制度不完善

近年来,国家和军队颁发了大量有关武器装备试验的法规和文件,对于规范装备试验鉴定活动起到了重要的作用。但是,由于各种原因,还存在着装备试验的法规制度还不健全、立法不及时以及立法研究比较薄弱等问题。一是缺少规范军地双方关系的法律法规。随着试验活动范围的扩大,在试验场区建设、试验地域变换、试验实施等过程中,装备试验活动不可避免地涉及军队与地方的关系,必须用立法的方式加以规范,以保障装备试验活动的正常进行。二是协调军队内部关系的规章制度不完善。装备体系试验、作战试验需要不同隶属关系的单位共同参与完成,涉及职责权限、指挥关系等问题都需要相应的制度予以明确。三是试验的标准体系不完善,标准制定与更新不及时。目前还缺少装备体系试验、装备作战试验方面的方法标准,有关装备试验的军用标准落后于武器装备的研制和发展,现有的武器装备试验标准体系尚有许多仍需修改和完善的地方。

1.3 装备试验模式与部队作战使用要求不适应

我军装备试验鉴定主要有两个特点:一是试验项目设置主要是以型号产品为对象或为其服务;二是试验内容基本上是检验产品各单项性能指标是否达到初始设计要求。这种以型号产品为对象、以性能指标考核为主的试验模式,重点是围绕单项装备固有属性进行试验鉴定,其注重标准条件下武器装备自身技术性能鉴定考核的试验方法,与部队实际作战条件下的使用要求差距较大,难以满足当今体系对抗条件下武器装备整体作战能力试验鉴定的要求。此外,装备试验环境条件建设与实战环境要求也存在较大差距,缺少高原、沙漠、空间等环境试验靶场,试验获得的有限信息共享程度低,资源难以有效利用,无法满足体系试验以及未来新型武器装备发展的需要,制约了装备战斗力的快速形成。

1.4 国家靶场职能作用发挥不足

国家靶场承担我军装备试验鉴定任务。经过几十年的努力,为我军装备建设做出了巨大贡献。随着我军装备建设发展的新要求,国家靶场应在试验鉴定的职能作用方面有所拓展。目前存在的不足主要体现在两个方面:一是装备试验模式创新不够。在军事装备研制试验的基础上,认真组织好作战使用性能试验,是国家靶场的重要职能。随着武器装备的发展,装备体系试验、装备作战试验已经成为装备试验鉴定的发展方向,国家靶场在此方面开展的研究力度不够,取得的可操作性成果较少,难以支持体系试验与装备作战试验的开展。二是为部队提供训练指导与服务的作用发挥不够。目前,我军武器装备试验鉴定与作战训练大都分开,国家靶场的训练职能没有得到充分落实,靶场资源没有得到综合利用,作用发挥不够。如何整合各试验靶场、训练靶场、实验室、仿真设施乃至作战部队的资源,建立满足现代战争需要的试验鉴定与作战训练一体化的联合靶场,是一项迫在眉睫的课题。

1.5 装备试验质量管理体系作用发挥不够

武器装备主要用于作战使用,质量尤为重要,装备试验是确保装备质量的一个重要环节。试验质量又关系到武器装备质量,因而至关重要。为保证试验质量,根据国家军用标准要求,国家靶场建立了质量管理体系,并通过了质量认证与审核。这是国家靶场加强质量管理的重要举措,一方面说明国家靶场在试验质量管理上走上了科学化、规范化的管理轨道,另一方面通过认证、审核,标志着国家靶场的试验质量能够满足规定的要求,通过持续改进,试验质量将得到不断提高。但是,从目前实施过程来看还存在需要改进的地方:一是质量管理体系与组织的管理体系没有有效融合,在质量管理上存在相互脱节和"两张皮"的现象;二是在缺少竞争的条件下,试验质量管理缺少更高一层的监督;三是对试验关键过程、重要过程及输入、输出关系识别不够,试验过程管理中不同程度地存在关系不清、职责不明等问题,试验过程管理缺乏科学性和层次性。

1.6 人才队伍建设与试验创新发展要求有差距

装备试验是一项知识密集、专业构成复杂、指技融合、组织实施难度大的系统工程,特别是高技术的不断运用以及未来新型装备试验的开展,对参试人员的知识与能力都提出了新的更高的要求。从满足部队作战使用要求出发,开展装备体系试验、装备作战试验以及新型武器装备试验,需要一支知识密集、技术密集、人才密集的试验队伍。目前,国家靶场试验人才队伍中,精于技术、善于管理、能谋划的复合型试验人才数量偏少,不足以支撑未来装备体系试验与作战试验的开展。

2 美军装备试验体系建设的做法及特点

进入 21 世纪以来,随着美国军事转型的不断推进,美军非常注重试验体系建设,并采取各种有效措施提高试验能力。比如,在国防部内新成立了试验资源管理中心,统一规划试验能力的发展,对国防部重点靶场进行战略规划,提出一体化试验鉴定策略,强调联合环境下分布式、网络化试验能力发展,加强试验基础设施和靶场信息化建设等,使得美军装备试验体系得到不断完善和发展。分析美军装备试验建设特点与成功做法,对我军装备体系建设具有一定的借鉴作用。

2.1　装备试验活动开展充分,有效地支持了装备采办决策

装备试验与评价是美军实施装备采办管理一项十分重要的工作,是发现问题和降低风险的有效手段,美军认为,试验与评价工作的充分与否,直接关系到武器采办计划的成败和效率,因而大力加强靶场体系建设,试验活动开展比较充分。与此同时,美军还强调运用一体化试验鉴定、联合试验、仿真试验等多种手段,保证了装备试验活动的充分性,为装备采办提供决策支持。此外,各军种也都建有专门的试验鉴定部队,用于进行独立的作战试验与鉴定,以适应武器装备作战使用需要。

2.2　统一领导与分散实施相结合的试验管理体制

美军的试验管理采取国防部统一领导与三军分散实施相结合的集中指导型管理体制。在国防部层次,作战试验与鉴定局负责作战方面的试验与鉴定;采办、技术与后勤副部长办公室的国防系统局下设的发展、试验与鉴定处,负责国防部研制试验的管理;网络与信息一体化助理国防部部长领导的国防信息系统局设有联合互操作性试验司令部,负责国防部互操作性的试验与鉴定工作。在军种层次,陆军部设有试验与鉴定司令部,海军部设有作战试验与鉴定部队,空军部设有作战试验与鉴定中心,分别负责各军种的研制试验鉴定与作战试验鉴定的管理工作。国防部作为美国政府的职能部门,其试验与鉴定工作也接受国会的指导和监督,服从国会的立法要求,贯彻执行国会有关试验与评价方面的政策法规。美军这种管理体制有利于对重点型号任务的统一管理,对于非重点型号任务有利于发挥各军种的灵活作用。

2.3　统一规划试验资源,充分发挥试验能力

试验资源是实施试验与评价的前提和条件,美军非常重视对试验资源的科学、统一规划,为了确保具有足够的支持国防部采办计划的试验能力,美国国防部 2004 年成立了国防部试验资源管理中心,进一步提高了美军对试验设施与资源的顶层规划能力,并对国防部重点靶场和试验设施予特别支持。此外,采取各种措施促进试验鉴定能力发展,包括加强试验基础设施建设,研制新型试验装备等。

2.4　重视作战试验,为部队作战使用提供支持

美军非常重视作战试验,特别强调作战试验部门要早期介入并发挥作用,以便及早发现和纠正产品研制过程偏离作战使用的情况和问题,规避风险。目前,美军早期的作战试验已经延伸到方案阶段。此外,还提出作战试验可以与研制试验相互融合,但需要做出独立的鉴定结论。在进行研制试验时,负责研制试验

的部门应与负责作战试验的部门保持联系,互通信息。美军不论哪一类试验都不是孤立进行的,每种试验类型的内容和目标都可以有所延伸,不同类型的试验还可以结合进行,试验信息也可以互为支持。

2.5 设立专门的试验与评价教育培训机构

美国国防部的试验与评价教育培训主要是依托美国国防采办大学(DAU)、乔治亚理工学院、佛罗里达大学、阿拉巴马大学等院校进行。美国国防采办大学主要承担美国国防部采办人员的继续教育任务,形成了不同层次的试验与评价队伍培养体系。其中:乔治亚理工学院设有试验与评价研究与教育中心,主要是培训试验与评价专业人员。佛罗里达大学的工程与研究教育部负责试验与评价专业证书教育及试验与评价方向的学历硕士学位教育。阿拉巴马大学设有试验与评价证书教育项目。这些试验与评价教育机构为美军的装备试验提供了人力资源的支持。

3 加强我军装备试验体系建设的对策与建议

装备试验体系建设同样是一个系统工程,需要根据我军装备体系建设与发展进行顶层设计和总体规划。研究和借鉴国外装备试验的经验与成熟做法,解决装备体系试验、装备作战试验面临的困难与存在的问题,实现对武器装备从论证到定型试验实施统一计划、同步建设、全程介入、全面考核、数据信息共享、综合评价,减少重复试验,提高工作效率,保证试验质量。

3.1 加强装备试验体系建设的总体规划

为适应我军武器装备建设与发展需要,应改变目前对装备试验体系建设研究不足、试验体系建设不完善的现状,大力加强装备试验体系建设。在总结以往成功经验的基础上,借鉴国外先进做法,从总体上对装备试验体系建设进行统筹规划,制定装备试验体系发展战略,规划试验体系建设路线图,实现装备试验体系不断完善和创新发展。做好装备试验体系建设的总体规划,必须站在国家和军队建设的高度,从武器装备全寿命管理出发,实现对新型武器装备进行全面试验和充分鉴定,这对提高武器装备的质量,加速部队战斗力的生成,具有深远的意义。

3.2 加强装备试验学学科建设

装备试验是一项目的性很强的工程实践活动,建设装备试验学学科,用理论指导装备试验活动是科学试验与鉴定的需要。目前,装备试验学作为一门新兴的、相对独立的军事学科,还处于创立阶段,需要各方共同努力,加快建设。一是学科研究与相关学科的研究相结合。装备试验学是多学科交叉、综合性很强的学科,既包括大量的基础科学知识,又包括很多边缘科学知识。因此开展装备试验理论研究应当与相关学科的理论研究结合起来。二是理论与技术相结合。现代高技术迅速发展,新型武器装备的研究日新月异,试验信息化手段层出不穷,需要充分利用先进的技术手段,不断改进装备试验方法和手段,丰富和完善装备试验理论。三是当前与发展相结合。在充分总结现有理论与方法的基础上,重视体系试验、作战试验以及新型装备试验的研究,不断丰富装备试验学学科理论。四是借鉴外军武器装备试验理论与立足我军实际相结合。研究武器装备试验理论应注意研究和借鉴外军,特别是发达国家具有普遍指导作用的共性理论,同时必须立足我国的国情和军情,从我军装备试验的实际情况出发,研究并形成具有我军特色的装备试验理论体系。

3.3 创新试验技术与方法

装备试验是贯穿装备全寿命管理的不可缺少的实践活动,试验技术与方法直接影响试验工作的优劣与成败,也关系部队作战使用与战斗力生成,因此,应高度重视试验技术与方法创新。围绕部队战斗力生成模式转变和提高装备试验效能的需要:一是对传统的试验技术与方法中不科学、不合理的内容加以改进和创新;二是加强装备作战试验与体系试验试验方案总体设计的技术与方法研究;三是提高对抗环境的构建能力;四是加大装备作战效能评估技术与方法的研究;五是积极探索新型装备试验技术与方法。

3.4 突出装备作战试验的作用与地位

战争实践表明,体现武器装备真正价值的不是性能指标而是作战能力。武器装备主要用于作战使用,是否满足作战要求是武器装备价值的根本体现,是战斗力生成与提升的重要手段和途径。装备试验应改变过去重视技术性能检验而轻视作战效能评估的做法,更加重视作战试验的作用与地位,以鉴定、评估武器装备在实战条件下的作战效能和作战适用性,为部队战斗力快速形成提供支持。为了更好地发挥国家靶场作用,建议赋予国家靶场承担装备作战试验的职能,并以法规的形式予以明确,从而在具体实施中做到有法可依、有章可循。

3.5 完善试验法规制度建设

建立完善的试验法规制度是国家靶场开展试验的法律保障。装备试验是一项复杂的系统工程,试验地域广、参与单位多、组织实施难度大,既涉及军地关系也涉及军内关系问题,需要法律法规作为保障。为此,应进一步加强装备试验法规制度建设,形成适合我军的装备试验要求的法规体系。目前急需研究制定有关装备体系试验与作战试验方面法规制度,以保障和规范试验活动的顺利进行。此外,要加强有关试验规程、试验评价准则等试验标准体系建设,这是装备试验走向科学化、规范化、制度化的重要保证。

3.6　加强装备试验条件建设

装备试验发展离不开需求牵引和技术推动,加强装备试验基础设施和试验技术手段建设,要依据装备体系建设和我军装备长远发展需要,并做好统筹规划和顶层设计以提高效益。为了保证有限资源得到高效利用,必须对装备试验资源进行统筹规划,实现功能互补、信息互通、资源相互利用。目前应尽快开展以下条件建设:一是加强试验信息平台建设,实现各种试验信息资源的综合利用,为试验提供信息支撑;二是加大试验场区与设施设备建设力度,尽快建设沙漠试验区、高原试验区,并构建接近实战要求的战场环境,为装备体系试验、装备作战试验提供保障。

3.7　做好人才建设规划,加速培养高素质装备试验人才队伍

人才是兴军之本,装备试验同样离不开人才。试验人才包括试验技术人才、试验管理人才和试验指挥人才。装备试验人才队伍建设应坚持"宁可让人才等装备,也不能让装备等人才"的原则,用跨越式的思路培养人才,用超前的知识造就人才,用有效的机制保留人才,形成一支拥有高新技术、能够驾驭高新装备、善于组织指挥和管理的复合型试验人才队伍。要根据我军装备体系建设以及装备试验发展需要,在装备体系试验以及作战试验的总体设计、作战想定、试验流程设计、试验组织指挥、试验仿真模拟等方面加大人才培养力度。为此,应进一步完善试验人才培养机制,加快培训机构与培训条件建设,尽快培养出一批既掌握装备试验理论又懂装备作战使用,既能完成装备性能鉴定试验又能进行装备作战试验鉴定的复合型人才队伍。

4　结束语

装备试验体系建设是一项复杂的系统工程,需要用系统思想和科学方法进行总体规划与顶层设计。为加快推进装备试验体系建设进程,为打赢未来信息化战争做好装备准备:应在系统总结我军多年来装备试验的经验基础上,借鉴国外装备试验体系建设的经验,高度重视并认真做好装备试验体系建设工作;要依据体系对抗与信息化装备体系建设的要求,加强试验体系建设,强化试验质量管理,改革试验模式,推进试验技术与试验方法的创新,加大装备试验人才培养培养力度,为我军基于信息系统的武器装备体系建设提供支撑,为部队作战使用提供服务。

(文章发表于 2012 年第 6 期《装备学院学报》)

美军装备试验发展趋势及其对我军的启示

当前,世界范围的新军事变革不断加速推进,科学技术特别是以信息技术为主要标志的高新技术迅猛发展,及其在军事领域的广泛运用,深刻地改变战斗力生成模式,并不断催生出新的战斗力。战争形态以及作战形式的变化对装备试验提出了新的要求。美国作为世界军事变革的"领头羊",不仅引领了武器装备发展的潮流,也引领了未来装备试验发展的走向。因此,分析美军装备试验的做法,把握装备试验发展趋势,为我军装备试验提供借鉴,做到有所为、有所不为,是缩小差距,迎接挑战的需要。

1 建立统一管理与分散实施相结合的管理体制

装备试验是代表国家和军队对武器装备进行鉴定考核,是国家装备建设的总体规划和安排,计划性强,因而必须把装备试验建设与发展纳入武器装备发展规划中,并保持与之协调发展。这就要求装备试验必须实行集中统一管理。此外,考虑武器装备种类繁多,各军种对装备的需求与特点不同,实行装备试验分散实施,可充分体现军种特点与需求,因此对装备试验实行统一管理与分散实施相结合已成为世界各国通行的做法。

2 强调对装备试验的统筹规划与顶层设计

装备试验是一项复杂的系统工程,试验需要的场区环境条件、设施设备、人员等应具备怎样能力,必须依据装备试验发展规划进行统筹计划和合理安排,因而对装备试验建设的顶层设计必不可少。

美军为加强对试验的顶层设计,在国防部专门成立了试验资源管理中心,统一规划试验能力的发展。在试验能力建设方面采取的主要措施包括:一是对重点靶场重新进行战略规划,通过制定靶场规划及试验能力发展路线图,规划试验能力建设与发展;二是对现有靶场进行现代化升级改造,加强试验基础设施建设,以适应试验不断发展的需要;三是恢复原已撤销的试验靶场,扩大试验鉴定能力;四是探索发现新的试验能力,以适应未来美军装备发展与部队作战需求。此外,美军提出一体化试验概念,明确要求研制试验与作战试验的有机融合,通过一体化试验的规划计划与实施,以减少试验重复与冗余,降低试验消耗。

我军装备试验体系建设是随着武器装备建设需要而不断发展与完善的,由于缺少总体设计与规划,体系建设还不完善,体系内部各系统之间的关系与接口也不完全理顺,试验靶场建设总体上还处于各自相对独立、信息不互通、资源不共享的烟筒式建设阶段,这也是导致试验能力提升慢,试验综合能力难以形成的主要原因。目前,我军还缺少有关高原、沙漠、水文、空间等试验靶场,有关作战试验的环境场区、模拟目标的靶标体系、复杂战场的环境条件等仍处于研究探索阶段,与之相适应的试验能力还没形成。因此,应根据我军武器装备发展规划,从总体上对装备试验体系进行统筹规划与设计,通过制定装备试验体系发展规划与试验能力发展路线图,实现试验体系结构的不断优化与试验能力的不断发展。

3　高度重视装备作战试验的作用

战争实践表明,体现武器装备真正价值的不是性能指标而是作战能力。武器装备主要用于作战使用,能否满足作战要求是武器装备价值的根本体现,是战斗力生成与提升的重要手段和途径。

美军对作战试验非常重视,不仅在国防部设立作战试验局专门负责作战试验的组织管理,而且在各军中司令部设立了作战试验部队专门负责作战试验实施与评价。在试验评价方面,不仅要对性能指标进行考核,还要对装备作战能力作出评价。例如,系统具有什么样的能力,能够完成什么任务,或辅之以什么条件,能够完成什么任务。充分体现了对作战使用的重视。目前,美军作战试验已经延伸到方案阶段与研制阶段,明确要求作战试验人员应尽早介入并发挥主导作用。

我军装备试验应改变过去重视技术性能检验而轻视作战效能评估,重视指标考核而忽视使用能力评价的做法,向技术性能检验与作战效能评估并重的试验转变,从满足使用者要求角度出发,尽快开展作战试验,真正做到为部队作战使用负责、为战斗力提高提供支持。为尽快开展作战试验:一是需要加快作战试验方法、组织指挥、评价方法等理论研究,为作战试验提供理论依据和实施方法;二是需要改革目前试验管理体制,并制定相关法规制度,保障作战试验开展与实施。

4　大力推进试验模式与试验理论创新

试验理论与方法是装备试验鉴定的理论依据,现代科学技术及其成果不断应用,使得武器装备及其鉴定技术日趋复杂。传统的以单一装备性能试验为主的试验模式,已经难以满足作战方式变革对装备试验的要求,探索新方法、创新试验模式是适应这一变化和自身发展与完善的需要。

美国十分重视装备模式与试验理论的创新,并积极探索试验新技术、新方法的应用。美军强调,要通过多种方法与手段运用,达到对武器装备检验的充分性与减少试验消耗的目的。一是大力推行一体化试验模式,为实现研制试验与作战试验一体化,要求建立一体化试验工作组,制定一体化试验鉴定主计划,采用一体化试验方法,实现研制试验与作战试验的一体化;二是鼓励试验理论与方法创新,强调多种方法与手段运用,实现武器装备试验的充分性与科学性;三是针对现代武器装备构成复杂与系统试验实施难的问题,特别强调建模与模拟仿真在试验鉴定中的作用与运用,倡导模拟仿真试验与实物试验的一体化。

长期以来,我军在单体装备的性能试验鉴定方面形成了一套行之有效的理论与方法。近年来,在装备整体性能评估、毁伤效能评估、仿真试验等方面也取得了一些突破性进展。但是在装备作战试验、装备体系试验方面,还缺少相关理论依据和方法支撑,在推行一体化试验方面还存在体制机制障碍,需要加大这方面的理论与方法研究,进一步完善试验理论体系。

5 完善靶场体系与设施设备建设

试验靶场是开展装备试验鉴定活动的实施场所,设施、设备是靶场开展试验必备的物质手段,试验靶场在武器装备建设中具有举足轻重的作用。

美军为提升试验能力,大力进行靶场现代化建设,除恢复已撤销的靶场,扩大试验能力之外,为适应未来信息化装备试验,还在研究建立联合环境下分布式、网络化试验靶场,通过资源整合形成综合试验能力。

我军应依据装备试验体系建设的总体要求,对靶场体系与试验实施设备进行统筹规划和顶层设计。一是根据装备试验发展要求,对试验靶场体系进行总体规划和设计,加快高原、沙漠、水文等试验靶场建设,以满足装备作战试验、体系试验等新型试验的开展;二是对现有靶场资源进行整合和优化,建立靶场之间沟通交流机制,实现靶场之间信息互通、资源共享,尽快形成综合试验能力;三是根据作战试验、体系试验的需要,加快测试设备体系建设,尽快研制出一批环境适应性好、抗干扰能力强、适用范围广、处理能力强、可伴随试验的小型化机动测试设备,以满足未来体系试验、作战试验的需要。

6 重视装备试验人才培养

人才是兴军之本,也是装备试验事业发展的重要保证。

美军十分重视试验队伍建设与人才培养,为了保证试验人才队伍稳定与发展,美军实行试验人员职业化制度与专业化人才培训体系。在美国国防采办大学、乔治亚理工学院、佛罗里达大学、阿拉巴马大学等院校,设立了不同层次的试验与评价队伍培养体系。其中:乔治亚理工学院主要培训试验与评价专业人员;佛罗里达大学负责试验与评价专业证书教育及学历硕士学位教育;阿拉巴马大学设有试验与评价证书教育项目。

多年来,国家靶场通过引进、联合培养、实践锻炼等方式培养了大批试验技术人才与试验管理人才,为装备试验提供了人才保证,保证了试验任务的顺利完成。但是应该看到,目前的人才结构、素质、能力与未来试验要求还有差距,国家靶场应根据我军装备体系建设要求,采取各种有效措施,加快装备体系试验、作战试验的总体设计、作战想定、试验流程设计、试验组织指挥、试验仿真模拟等方面复合型人才的培养。此外,实行试验人员职业化与专业化制度,也是满足未来装备试验发展的需要。

纵观世界武器装备试验建设与发展,试验已由单枪单炮性能鉴定模式向体系作能力与战效能鉴定模式转变。装备试验作为武器装备性能质量的检验方法手段,同时也是装备全寿命管理与决策的重要依据,对于部队战斗力的快速形成具有举足轻重的作用。为适应未来武器装备发展需要,必须把握世界军事强国装备试验发展趋势,加强自身试验体系建设,促进试验能力的快速形成与不断发展。

（摘自于 2013 年"美军《试验与鉴定管理指南》(第六版)分析报告")

我军虚拟靶场建设需求及思考

随着高新技术武器装备的飞速发展,传统的试验环境和试验方法已经不能满足试验与鉴定的需要,而未来武器装备系统试验与鉴定数据获取的发展方向将更加依赖于目标的概念模型及各种场景的仿真。因此,需要一种既能减少武器试验的费用,又能对武器系统作战效能进行评估的试验体系和试验方法。美军积极推进靶场体系试验能力建设,国防部批准的"联合任务环境试验能力"项目,主要是把分散的靶场试验设施设备、仿真资源和工业部门的试验资源连接起来,为用户提供一种分布式的实时、虚拟、构造试验能力,最终成为装备体系作战试验的支持工具。虚拟靶场不仅能够实现对未来的战场环境、武器装备作战使用以及试验过程进行模拟,解决近战场环境下装备试验鉴定的一系列问题,同时能够对武器装备最佳效能发挥的条件进行模拟,从而为部队作战使用和训练提供学科依据,因而代表了未来装备试验的发展方向。

1 虚拟靶场及其作用

虚拟试验是通过运用先进的计算机建模与仿真技术、通信技术和计算机网络技术等多项技术建立的一种新的武器装备试验技术,在装备研制阶段对其进行虚拟试验,以指导装备研制和改进,节省研制费用,加快研制进度。虚拟试验不受场地、时间和次数的限制,并且可以对试验过程进行回放,能有效地提高试验的安全性。虚拟靶场也称虚拟试验场,是连接分布在不同地点的试验基地,建立大量的可重复使用的共享资源,建立虚拟的试验环境,以取代真实的靶场试验。美军《装备试验管理指南》(第六版)明确规定:联合环境下试验的复杂性要求在综合实体、虚拟和构造模型的分布式环境中进行试验。虚拟靶场通过综合建模和仿真技术,提供了一种集成的、可重用的、可靠的、经济高效的测试手段。

虚拟靶场可优化试验资源、缩短试验周期、节约试验成本,在靶场试验鉴定中具有非常重要的作用。虚拟靶场的应用比较广泛,主要体现在以下方面:

一是能够支持预先试验。虚拟试验已经超越常规试验的概念和设计阶段,越来越多地支持预先试验、实际试验和试验后活动。在研制阶段的早期就可以进行试验,试验鉴定人员不用依赖传统的样机试验鉴定,就能够在虚拟的试验环境中对被试品的仿真模型进行试验鉴定,并根据试验情况对被试品进行改进,直到各项指标都满足作战要求为止。缩短研制采办时间,能够考察各项因素与产品性能,为产品最终试验定型做出预先准备。

二是可以开展分布式试验。传统靶场只能试验系统的某些方面,需要不同的人、在不同的时间、按照不同的程序、用不同的仪器或试验对象的某些性能进行试验,然后将所有的试验结果综合成鉴定意见,因此武器系统的鉴定试验周期比较长。而分布式试验中,不同的试验鉴定机构能够通过网络同时对其所需参数进行收集,并迅速完成对被试品的鉴定评估。例如,美国的红石技术试验中心,通过使用防御网络,将利用陆军试验与鉴定司令部和国防部的先进试验能力进行分布式试验。

三是可实现重复试验。能够提供一体化、可重复使用、高效可靠的先进试验模式,能够利用虚拟试验场的仿真来优化试验计划、实施程序和鉴定方法,能够补充真实环境下的试验结论。

四是实现虚拟与现实试验交互。虚拟现实技术是一种基于计算信息的沉浸式交互环境,以计算机技术为主,综合利用计算机三维图形技术、模拟技术、传感技术、人机界面技术、显示技术、伺服技术等,来生成一个三维视觉、触觉以及嗅觉等形象逼真的感觉世界模型。人与该模型可以进行交互,并产生与真实世界中相同的反馈信息,使人们获得和真实世界中一样的感受。当人们需要构造当前不存在的环境(合理虚拟现实)、人类不可能达到的环境(夸张虚拟现实)或构造纯粹虚构的环境(虚幻虚拟现实)以取代需要耗资巨大的真实环境时,就可以利用虚拟现实技术。

虚拟现实技术是仿真技术发展的一个分支和重要发展方向,虚拟现实技术是仿真技术与计算机图形学、人机接口技术、多媒体技术、传感器技术、网络技术等多种技术的集合,是一门富有挑战的交叉技术、前沿学科和研究领域。虚拟现实技术在武器装备试验领域有着广泛的应用和特殊的价值,虚拟试验可以解决现实试验中一些无法实现的问题,并与现实试验实现交互,从而完成对武器系统的试验评估,极大地提高试验效益。

五是可节省大量试验费用。虚拟试验场通过减少试验周期的时间和费用,避免了试验样机、重复试验、弹药、材料和人力相关的费用。此外,人为的环境代替了实际试验环境,能够使试验仪器和人力资源达到最佳配置,节省试验费用并降低试验风险。

2 我军虚拟靶场建设的需求分析

2.1 武器装备体系试验的需要

相对于传统的武器装备,现代装备更加具有信息化、系统化、复杂化等特点。随着高技术的快速发展和现代化战争高度信息化,装备呈现出向体系化发展的趋势,发达国家的装备已向体系化方向发展并处于不断完善过程之中。目前,我军装备建设也正在向基于信息系统的体系化发展,随着这一进程的不断加快,未来大批基于信息系统的武器装备将进入国家靶场进行定型试验。对这样的武器装备体系进行试验鉴定,采用以往的单一靶场、单一装备试验模式是无法实现的,必须对现有靶场进行整合,并利用虚拟技术构建逻辑靶场,从而保证装备体系试验鉴定的需要。

2.2 实现一体化试验的需要

传统的分阶段进行独立的鉴定的试验方法,由于管理体制以及信息不共享等问题,试验内容不科学、试验评价标准不一致,这是导致试验冗余或漏项,造成试验资源的浪费一个重要原因。一体化试验已经成为试验发展的必然趋势。构建满足一体化试验要求的虚拟靶场重点需要把握两个方面的问题:一是做好虚拟逻辑试验靶场的顶层设计。要以信息化装备试验需求为牵引,从适应我军未来武器装备试验发展角度,加强对虚拟试验靶场的统筹规划和顶层设计,不断拓展装备试验的模式与方式,不断提高国家靶场履行职能与使命任务的能力,为我军装备建设与部队作战使用提供服务。二是建立一体化试验的评价体系。建立一体化试验的评价体系是实现一体化试验的重要内容之一,充分运用建模与仿真、小子样试验鉴定、多源信息融合、异种总体参数评定、效能分析评估等技术和方法,充分利用各阶段、各种类的试验信息,构建一体化试验评价体系,建立统一的试验评价标准,实现对武器装备战术技术性能和作战使用性能的科学评价。三是国家靶场为适应不断拓展的试验模式,应加快人才队伍建设,尽快培养出一支能够满足未来试验发展要求的人才队伍。

2.3 复杂作战试验环境构建的需要

武器装备作战试验必须在接近实战的条件下进行,也就是要把装备置于未来战争背景下,在比较真实的威胁目标和作战环境之中进行试验,这样才能对新型武器装备的作战适用性和作战效能进行严格的考核和鉴定。构建符合未来的战场环境既包括自然环境也包括对抗环境,如战场地形、气候条件、电磁环境,以及目标威胁环境、电磁干扰环境、对抗环境等。由于复杂作战试验环境是根据作战想定要求进行设置的,具有一定的动态性特性,采用自然或人工条件进行构建难以实现,必须通过一定的虚拟手段才能实现。

2.4 提高试验效益的需要

随着武器系统的复杂化、高技术化,采用实装或实弹的试验方法,其消耗越来越大,甚至有些试验项目因代价昂贵难以有效进行。因此,应用模拟和仿真技术于靶场试验,已成为未来装备试验的发展趋势与发展方向。计算机技术与软件开发技术的快速发展为仿真试验的开展提供了条件,加强仿真技术在武器装备试验中的应用与开发,模拟仿真试验方法将在武器装备试验鉴定中发挥重要作用。

仿真技术的核心是系统的模型化问题,模型和仿真的校核、验证与认证是提高仿真置信度的重要方法。目前,仿真技术在靶场试验鉴定中有了一定的应用,也取得了大量的成效。仿真试验的关键在于能否建立正确、可靠、有效的仿真模型。这是保证仿真结果具有较高可信度的前提,也是保证试验质量的重要基础。为此,必须重视试验建模理论与仿真技术的研究。

3　我军虚拟靶场建设的对策建议

传统的以型号产品为研究对象、以单体性能指标考核为主要内容的试验模式,难以满足武器装备体系建设与部队体系作战的要求,装备试验必须向基于体系、基于作战需求的模式转变。随着我军武器装备体系建设的快速发展,如何完成基于信息系统的武器装备体系试验、作战试验任务,将是国家靶场迫切需要研究与解决的重要课题。与传统的试验模式不同,特别是武器装备体系试验,是目前一个试验靶场无法独立完成的,需要多靶场的联合与配合。因此,在现实靶场的基础上,构建具有一定逻辑关系的虚拟靶场,实现虚拟与现实试验的有机结合,是满足未来武器装备体系试验与作战试验的需要。

3.1　做好虚拟试验场建设顶层设计

做好虚拟靶场建设,需要依据我军武器装备体系建设计划,结合即将开展的体系试验与作战试验的需求,进行深入研究和充分论证,在做好顶层设计的基础上,统筹虚拟靶场的建设与发展规划计划。一是在战略层面上要做好整体设计和统筹谋划。建设虚拟靶场事关我军武器装备试验体系建设与发展的大事,需要总部、军兵种各靶场之间的密切协同与大力配合,没有一个科学合理的顶层设计和统筹规划将难以有效进行,这也是避免各行其是,提高效益的需要。二是加强有关理论研究。虚拟靶场建设涉及规模、速度、途径、方法、体制、接口关系、技术标准等,是一项复杂的系统工程,必须开展深入的理论研究,为顶层设计奠定理论基础,在此基础上形成我军虚拟靶场建设的战略规划和体系结构。三是加强试验靶场互联互通和充分共享,通过合理的规划和总体设计,充分挖掘并合理配置各靶场资源,实现研制部门、试验基地、部队等靶场间功能互补和协调发展。

3.2　坚持物理靶场建设与虚拟靶场建设相结合

充分认识虚拟靶场技术在未来靶场建设发展及试验鉴定中的重要作用,面对我军体系试验与作战试验的实际需求,在物理靶场建设的同时,充分考虑未来虚拟靶场建设的需求,做好准备工作。一是虚拟靶场技术的开发研究与现实靶场的建设结合,做到预有准备,避免出现重复建设和浪费;二是物理靶场试验技术研究与虚拟靶场试验技术研究结合,大力开展平行试验理论研究,研究出现实试验与虚拟试验的交互方法,为开展体系试验提供技术支撑;三是虚拟靶场技术的开发应用研究与未来武器装备试验要求结合,未来新概念武器装备将不断出现,虚拟靶场在未来新概念武器装备试验方面将起到不估量的作用,对此我们要有一个清醒的认识,并加大投入,做好预先研究工作。

3.3　开展虚拟试验靶场建设技术研究

虚拟靶场是以计算机网络技术为基础,应用计算机建模和仿真技术对仿真武器系统的性能进行验证的系统。虚拟靶场的运用既能减少武器试验的费用,又能对武器系统作战效能进行评估,是我军装备试验未来发展的一项重要内容。未来虚拟靶场建设涉及虚拟靶场的体系结构、接口标准、实现形式、开发工具、数据库建设等一系列问题,与此相关的计算机网络技术、建模仿真技术、虚拟现实交互技术、虚拟测试技术、平行试验技术等是未来虚拟靶场建设需要研究和解决的问题,需要下大力气进行研究和解决。

3.4　加强仿真试验技术研究及仿真基础条件建设

新型武器装备结构复杂、自动化、智能化水平高、造价昂贵,对试验的要求更高。极端的、复杂的试验环境和条件难以在外场的试验中实现,而仿真试验可以解决这些问题。由于靶场、测试设备及安全条件的限制等,外场试验不可能对武器系统进行完全的试验,有些内容甚至无法通过外场的试验进行考核。此外,要获得具有统计意义样本量,需消耗大量人力、物力,经费难以支持。此时,仿真试验大有作为。由于仿真试验能够解决那些必须进行而实际又很困难的试验问题,因而在试验领域得到优先发展。我军要借鉴发达国家军队尤其是美军的成功经验,加强仿真试验技术研究及仿真基础条件建设。一是加强仿真试验方法和技术研究。国家靶场要大力开展试验仿真技术研究,特别是有关作战对抗的目标、复杂环境背景、干扰以及边界条件下装备作战性能的考核鉴定问题,提高试验模拟仿真能力。在数学仿真、半实物仿真试验等有所突破,解决靶场、实验室、建模与仿真设施综合利用、互操作等关键技术问题。二是加大仿真试验硬件设施建设的投入。发展信息化、智能化的仿真试验设备,扩大试验规模和范围。三是注重发挥仿真试验的效益。要突破单位、部门利益的限制,集成所需试验资源,使仿真试验在武器装备论证、研制、试验、训练等过程中发挥作用。

3.5　优化建设试验信息系统

50多年来,国家靶场在完成大量的试验科研任务的同时积累了大量的试验数据,这些试验数据是国家的宝贵财富,对新型装备论证、研制以及试验等具有重要的参考价值。如何利用试验数据资源优势,发挥试验数据作用和效益,更好地服务于我军武器装备建设,是值得我们思考的一个重要问题。要充分借助网络化、可视化、虚拟现实等技术,实现互联互通互操作,确保指挥通信畅通、信息传递顺畅、资源利用最大化,为开展多场区联合环境支持下的体系级装备试验和训练创造条件。在信息技术快速发展的今天,我们有条件、有能力建立靶场试验数据库系统,实现各类试验数据的收集、整理、存储和开发利用,这既是开展信息化武器装备试验的需要,也是虚拟靶场建设的需要。

3.6 重视仿真试验人才队伍建设

人才是兴军之本,装备试验同样离不开人才。要建设一支高素质的新型技术人才队伍。虚拟靶场建设以及未来体系试验,需要大量懂仿真技术、信息技术的专业人才,目前就要考虑这方面的人才队伍建设问题,对所需人才的数量规模、专业结构、能力要求以及培训途径等做好规划计划,做到未雨绸缪。另外,仿真试验技术是多学科、多专业的融合,需要各方面专业人才,包括建模与仿真、计算机软硬件、电子、光学、图形图像学、系统控制、试验指挥与控制等。为适应武器装备仿真试验以及未来虚拟靶场建设要求,应该考虑、筹划仿真试验人才队伍的建设问题,研究仿真试验人才总体需求以及能力素质要求,探索人才培养途径与培训方法,为虚拟靶场建设做好人才准备。在人才队伍建设中应坚持"宁可让人才等装备,也不能让装备等人才"的建设原则,用跨越式的思路培养人才,用超前的知识造就人才,用有效的机制保留人才,形成一支拥有高新技术、能够驾驭高新装备、善于组织指挥和管理的复合型试验人才队伍。

4 结束语

我国装备试验经过几十年的探索与实践,建立了相对完善的试验体系,形成了一定的试验能力,为我军装备建设做出了应有贡献。但是,目前以型号产品为对象、以单项性能指标考核为主的试验鉴定模式,主要是针对装备固有属性进行鉴定和验证,难以对装备体系作战能力进行有效评价,与武器装备体系建设要求以及部队体系对抗的作战要求存在明显差距。建设虚拟靶场,实现物理与虚拟试验的有机结合,是开展武器装备体系试验、作战试验的需要,也是国家提高试验能力与质量的需要。随着武器装备建设的发展,虚拟靶场在未来装备试验中的作用也将越来越重要。

(文章发表于 2014 年第 3 期《装备学院学报》)

关于建立装备试验质量管理体系问题的探讨

1 问题的提出

军事装备试验是军事装备设计、试制、生产、使用过程中,需要进行的一项重要活动。军事装备试验是对被试装备提出准确的试验结果和做出正确的试验结论,为装备的定型工作、部队的作战使用、装备承研承制单位验证设计思想和检验生产工艺提出科学依据。根据军事装备研制的不同阶段,试验的内容、要求以及组织形式等有所不同。其中,定型试验是装备定型必须进行的试验,由试验基地代表国家,对装备进行全面考核,确认其是否达到规定的标准,试验结果决定着军事装备能否批量生产、装备部队使用。因此,定型试验是最全面、最严格和最重要的试验。

定型试验是国家为了保证军事装备质量而采取的一项有效措施,目的是使军队获得优良的武器装备。尽管试验基地在定型试验中的任务是代表国家对军事装备进行鉴定,但从其任务的属性和本质上讲,也是为部队的使用提供服务。根据质量管理理论,任何服务过程都包含着质量问题,同样装备试验也包含着试验质量问题。

质量是"产品、体系或过程的一组固有特性满足顾客和其他相关方要求的能力"。军事装备质量既包括装备本身质量,也包括过程的质量,不但体现武器装备本身质量固有特性,也体现了体系以及各个阶段和各个环节的工作质量。装备质量是按照研制、试验、生产等生命期过程的各个阶段而逐步形成的,其形成是一个有序的系统过程。除装备本身质量外,还包括论证和方案设计质量、研制生产质量、设施设备质量、试验产品质量、试验各阶段质量、试验结果质量等。因此,可以认为装备试验质量包括狭义和广义两方面的含义。狭义的试验质量,仅指试验技术工作的质量。广义的试验质量除包括试验技术工作质量外,还包括试验组织管理工作以及试验保障工作的质量等。试验质量是各方面工作质量的综合反映。

2 目前装备试验质量管理现状与存在的问题

我国国防科技工业系统自 20 世纪 80 年代开展了全面质量管理以来,质量管理发生了深刻变化,军工产品质量稳步提高。事实证明:建立质量保证体系,实施全面质量管理是现代企业生存与发展的保证。军队是武装力量集团,其组织结构及功能与企业不同,质量管理理论是针对企业保证产品质量而建立高效运行的质量保证体系的方法,一般来说并不适合军队管理系统。但就一些特殊系统和单位,如试验基地等,对于装备最终用户来说,试验活动的本身又具有服务的属性,按照质量管理理论,装备试验也建立质量管理体系。但由于体制等问题,目前我国装备试验单位还没有建立质量管理体系,试验质量的管理与控制主要是通过技术管理手段来实现,而对于过程质量则无监督和评价标准。其中:技术工作的质量主要由试验主持人、审查人以及各级领导,根据试验任务书和试验大纲的要求,参照有关标准、规程、规范等,对试验方案、实施计划、结果评定、总结报告等进行审查,并辅以行政手段,实现试验技术质量的管理和控制;而对于过程质量,仍以思想教育为主,缺乏有效的管理控制手段。随着装备高技术含量和复杂程度的提高,以及人们对装备质量问题认识的不断深入,这种质量管理模式与装备全系统全寿命管理不相适应,存在以下问题:

一是质量信息资源浪费问题。由于缺少试验质量管理体系,装备试验与研制之间无法建立起有效的质量信息交换渠道,研制过程一些有限的质量信息资源被浪费,试验质量不能全面反映装备的质量情况。

二是试验质量无法通过体系的运转来加以监督和评价。由于存在或多或少人的主观意志,个人行为意志对装备试验质量影响明显,客观上造成了装备试验质量标准不统一。

三是规章制度不健全。由于缺少装备试验质量方面的法规,试验质量开始受到质疑。尽管多年来人们一直强调法规建设,但是在装备试验质量方面还缺少系统的、完整的、配套的法规体系。

四是对试验质量的监督有限。试验质量的监督主要依靠行政管理手段,无法形成有效的相互监督和制约机制,外部监督也缺乏有效的手段,造成装备试验透明度较差,制约了装备质量的进一步提高。

装备发展的事实已经证明,任何一个环节缺少质量管理和控制,都将最终影响到装备质量。因此,有必要建立装备试验质量管理体系,改变目前试验质量管理状况,形成装备质量管理的闭环控制。

3　建立装备试验质量管理体系需注意的几个方面

装备试验质量管理体系是指装备试验部门或单位为了保证装备质量满足部队需要,由组织机构,职责、程序、活动、能力和资源等构成的有机整体。建立装备试验质量管理体系,就是要在装备试验活动中,为确定和达到试验质量要求对试验质量形成的过程和因素进行计划、组织、指挥、协调和控制。其基本任务是:执行国家和军队的质量方针和政策,提出质量要求,对试验质量形成、发挥、保持、恢复和改善等过程实施控制。具体地讲,就是要制定质量方针和质量目标,并且通过质量策划、质量控制、质量保证以及其他质量活动,来确保质量方针、目标的实施和实现。建立装备试验质量保证体系应注意以下几个方面。

3.1　注重体系建设

建立装备试验质量管理体系,涉及面广,工作量大。根据目前我军装备试验管理体制,试验质量管理体系的总体框架从管理层次来讲,分为宏观管理和微观管理两个层次,即总装备部设立宏观管理层,各试验部队(基地)设立微观管理层。宏观管理的作用在于:国家为军事装备质量和加强质量管理创造条件,促使军事装备试验单位、部门有提高质量的动力与压力。微观管理的作用在于:通过加强全面质量管理,改善试验单位素质,保证试验质量。这两层管理各有职能,但彼此不可分割,它们要做的工作是互相联系在一起的,有的是指令性关系,有的是指导性关系。只有同时加强和重视宏观管理与微观管理,才能使质量管理体制不断完善。在建立体系时,必须结合单位实际,进行人员和资源整合。具体来说,要注意以下几点:

一是质量职责和权限。必须明确规定各部门及各级各类人员的质量职责和权限,做到质量工作人人有责,使各项工作协调配合,实现规定的任务。

二是组织结构。在管理工作中应建立与质量体系相适应的组织结构,并明确规定各机构的隶属关系和联系方法。为协调试验各部门、各环节的活动,应设立综合性的质量管理专职机构。

三是资源和人员。为了实施质量方针并达到质量目标,质量管理者应保证提供必需的各类资源,其中包括人才资源和试验设备以及计算机软件等。为了确保各类人员的工作能力,应就人员的资格、经验和必需的培训要求做出规定。对资源与人员的规划和安排应与试验活动的总目标一致。

四是工作程序。为了保证质量方针与目标得以实现,应制定和颁发有关质量管理的工作程序并贯彻实施。工作程序通常规定某项活动的目的和范围、应做什么、由谁来做、如何做、如何控制和记录、在什么时间和地点执行,以及采用什么材料、设备、标准等。各项活动应严格按程序进行,程序之间应相互协调。

五是质量体系文件。质量体系文件是指导组织开展质量活动的法规,是表述质量体系和提供质量体系运行见证的文件。它既是质量体系设计的结果,也是开展质量管理和质量保证的基础,还是质量体系审核和认证的主要依据,各级各类人员必须遵守。

为了使试验质量管理体系有效运转,发挥作用,质量管理者应研究和制定质量方针和质量目标,并采取必要的贯彻和落实措施。要根据规定对质量管理体系进行审核,评价质量体系的有效性,并根据审核结果制定新的计划,明确改进方面。

3.2　加强质量立法、强化管理与监督

随着装备建设的发展,试验质量立法薄弱以及管理监督机构不完善问题已

经开始得到重视。为确保装备质量以及试验任务的有序开展,加强装备试验质量立法、强化质量管理与监督是非常必要的。

一是提高装备质量意识。试验质量管理与监督工作的主要任务是根据有关法规、条例和规定,对装备试验质量进行管理与监督,目的是确保装备质量,要站在国家安全和为部队使用负责的高度把好试验质量关。

二是建立和完善与装备试验体制相适应的质量管理与监督机制,借鉴国外的先进做法,使装备试验质量管理与监督机制既能满足试验要求又能与装备制造行业的质量管理体系相衔接,充分利用装备质量信息资源,实现对装备质量全方位、全过程的管理与监督。

三是重视质量管理者在试验质量形成中的重要作用和地位,落实责任制。最高管理者是试验质量的第一责任人,要针对组织内外部环境确立统一的宗旨和方向,制定质量方针和目标,并通过组织的运转使目标得以实现,建立评价和激励机制,确保资源的获得。

四是制定和完善一系列规章制度与质量控制文件,并坚持抓好制度的落实。充分发挥各级试验质量管理部门和各类试验质量管理人员的作用,把抓好试验质量工作变成一项全员活动,不断完善质量管理体系。

3.3　严格执行国家军用标准

国家军用标准是依据科学技术和实践经验的综合成果,对装备试验活动中具有多样性、相关性特征的重复性事物和概念,以特定的形式和程序颁发的统一规定。国家军用标准是装备试验活动的准则和依据,也是试验质量管理的重要基础和手段,为装备试验质量管理提供了共同的准则和依据。军用标准是试验质量方面的具体化和定量化,有了这些标准,使装备试验活动统一了符号、代号、术语、编号制度,标准化了管理程序和试验流程,使每个部门和每个人分工明确、职责清楚,实现装备试验质量管理的合理化和科学化。严格执行国家军用标准:首先,必须树立质量第一的指导思想,要学好标准、掌握标准、执行标准;其次,必须坚持系统性原则,国家军用标准构成了具有特定功能的系统,标准与标准之间有机作用、相互联系、成龙配套、协调统一。如果顾此失彼或重此轻彼,标准系统的功能就难以充分发挥。

3.4　重视计量工作

计量是关于测量和保证量值统一与准确的一项重要的技术基础工作。依靠计量检测技术取得准确一致的数据信息,是装备试验的必要基础条件,也是保证试验质量的基础和前提,因此必须充分重视计量工作。做好计量工作要把握以下内容。

一是采用科学的、先进的计量制度。符合国家的计量制度要求,并且要与国际上的计量制度保持协调一致。目的是保证同类测量结果的一致性,使装备试验与生产具有社会化意义。

二是准确性。要达到量值统一的目的,每次计量过程都必须保持一定范围内的准确可靠,测量结果不但有明确的量值,而且要给出量值的误差大小。计量结果能够经得起空间和时间的考验,即在不同地点、不同时间、不同人员对同一种量值的测量结果,都在一定的准确度范围内,具有足够的稳定性和复现性,这样才能达到符合一致的目的。

三是可溯源性。计量的量值应具有可溯源性,以保证同类测量结果在全国的准确和一致。

四是法制性。计量工作贯穿于军事装备的各个方面,因此,装备试验与生产一样必须严格执行国家有关计量的法律、命令、条例、办法、制度、规程等。

五是重视计量机构建设和人员配备。要设置与试验相适应的统一归口的计量机构和人员配备,建立健全计量管理与使用制度,全面开展计量工作。

3.5　实施标准化管理

标准化是一项与国家利益密切相关的重要技术经济政策,它体现出国家的总政策。在现代社会中,它已超出技术范围而成为全社会的事业,它的形式、内容更富有政策性。标准化与全面质量管理有着密不可分的关系,标准化管理既是全面质量管理的基础,也是装备建设与发展的一项重要技术基础。标准化为装备试验的科学管理提供目标和依据,装备试验单位发展的目标是现代化,要实现这一目标就必须使试验走上科学化、规范化的轨道,就必须充分运用全面质量管理理论来保证在试验过程的每个环节中正确地贯彻国家标准、军用标准、企业标准和靶场标准,促进标准化水平的不断提高,使装备试验更加科学化、合理化。

4　结束语

近年来,国家和军队颁发了大量有关军事装备的法规和文件,装备建设正在向法制化、规范化的方向发展。随着装备建设的快速发展,一些与之不相适应的矛盾和问题也将逐渐显露出来,需要我们不断地去研究和解决。其中,如何建立装备试验质量管理监督体系,就是需要研究的问题之一。建设一流的军队需要有一流的装备,一流的装备必须具有一流的质量,这是实现质量建军的装备保证。保证装备一流的质量,要求我们必须树立先进的质量管理的理念,并把这种理念和方法贯彻落实于装备形成的各个环节之中。

（文章发表于 2007 年第 1 期《装备指挥技术学院学报》）

第五篇　装备试验人才培养

装备试验人才结构与素质构建研究

面对世界军事领域发生的革命性变革,为打赢现代化技术特别是高技术条件下的局部战争,党中央、中央军委科学规划了新世纪我军的人才发展方略,明确提出:"争取经过一二十年的努力,培养和造就一支具有战略眼光,能够把握世界军事发展趋势,懂得信息化战争智慧和信息化军队建设的指挥军官队伍;一支具有较高科学文化素养和全面军事素质,善于对军队建设和作战问题出谋划策的参谋队伍;一支能够站在科学前沿,组织谋划武器装备创新发展和关键技术攻关的科学家队伍;一支精通高新武器装备性能,能够迅速排除各种故障、解决复杂难题的技术专家队伍;一支具备专业技术基础,能够熟练掌握手中武器装备的士官队伍。"党中央、中央军委关于人才建设的一系列指示精神,为装备人才建设和发展指明了方向。

装备试验人才承担我军武器装备试验鉴定任务,其使命是保证部队能够使用性能先进、质量优良的武器装备。为适应我军未来信息化战争以及高新技术武器装备试验需要,构建新型装备试验鉴定人才结构与素质,加强装备试验鉴定人才培养,是提高装备试验鉴定能力、落实我军装备试验鉴定人才战略工程的重要课题。

1 装备试验人才总体结构

装备试验发展本身是一个十分复杂的客观过程,这就决定了装备试验人才必然是一个庞大的群体。由于人们对装备试验人才认识的角度不同,所得出的结论也会有较大区别。从目前已有的研究成果看,装备试验人才体系结构主要涉及四个层面:一是层次结构,分为初级装备试验人才、中级装备试验人才和高级装备试验人才,主要描述在装备试验人才群体中,不同层次、不同特点的装备试验人才的数量比例构成及其相互关系;二是专业结构,它所揭示的是不同专业类型的装备试验人才比例构成及其相互关系;三是年龄结构,装备试验人才各年龄组人数的比例及相互关系;四是学历结构,主要研究装备试验人才各学历层次的比例及相互关系。在以上各方面建立起科学合理的结构比例关系,是装备试验人才建设所追求的最终目标。要建设好科学家、技术队伍,管理和使用队伍,必须着眼于其后备人才的培养,形成以科学家和技术专家为塔尖的、以管理和使用为塔底的金字塔形、结构合理的装备试验人才梯队。

1.1   层次结构

层次结构主要描述装备试验人才群体中不同层次、不同特点的装备试验人才的数量比例构成及其相互关系,合理的人才层次结构使装备试验水平和试验能力得以连续保持与不断提高。对于装备试验人才来说,按层次划分为初级装备试验人才、中级装备试验人才和高级装备试验人才。

初级装备试验人才处于人才层次结构的最底层,群体数量占总体数量的30%～40%。他们是试验一线技术准备和勤务工作的主力,由中级装备试验人才和高级装备试验人才负责指导与培养,并在装备科研试验的具体实践工作中得到锻炼和提高,他们进入高一层次人才结构的数量和速度,主要取决于事业心、勤奋程度、参加试验数量、时间等因素以及在试验中的作用。

中级装备试验人才处于人才层次结构的中间层,是装备科研试验任务的中坚和骨干,在高级装备试验人才指导下,中级装备试验人才将在高技术武器装备和信息化装备试验工作中起着主力与先锋作用。考虑今后一段时间内,高技术武器装备和信息化装备试验任务的激增,群体数量占总体数量的30%～40%较为适宜。他们进入高一层次人才结构的数量和速度,主要取决于他们完成科研试验任务的数量、质量、解决试验问题的能力以及在岗位的作用等因素。

高级装备试验人才处于人才层次结构的顶层。随着试验部队干部年轻化,高级装备试验人才的年龄结构也向年轻化发展。目前,高级装备试验人才主要由20世纪80年代初至90年代初大学以上学历毕业的人员组成,其年龄为35～45岁。他们年富力强,绝大多数是装备科研试验领域以及岗位的带头人,是装备科研试验任务的骨干。在今后高技术武器装备和信息化装备试验中起骨干带头作用,群体数量占总体数量的20%～40%。

1.2   专业结构

专业结构揭示了不同专业类型的装备试验人才比例构成及其相互关系。试验部队承担我军装备的试验鉴定任务,随着军事斗争需求和我军装备建设发展需要,大量信息化装备和高技术武器装备不久将进行定型试验。信息化装备和高技术武器装备与一般装备不同,其采用的新技术、新材料、新方法使原有的试验理论、技术、方法和手段都将发生深刻变化,从而使试验部队任务将变得更为复杂和艰巨,这些变化必将引起装备试验对人才的专业结构需求产生较大的变化。因此,必须针对高技术武器装备和信息化装备试验的需要,对目前专业结构进行调整和补充,尽早对高技术武器装备和信息化装备试验所急需专业的人才以及人才的培养问题进行一系列论证和筹划,这是装备试验适应新技术革命和新军事变革的需要。

1.3　年龄结构

装备试验人才各年龄组人数的比例及相互关系。合理的年龄结构是装备试验工作得以正常进行和不断发展创新的基础,因此从装备发展的角度来看,必须重视人才年龄结构的搭建,在以上各方面建立起科学合理的结构比例关系,是装备试验人才建设所追求的最终目标。

1.4　学历结构

学历结构主要用来研究装备试验人才各学历层次的比例及相互关系。装备科研试验是一项技术性较强的工作,目前涉及 11 个学科门类、61 个一级学科、147 个二级学科、952 个专业方向。这些科技含量高的工作,必须由具备一定学历的专业人员来实施,对于其他勤务性和保障性工作,可根据具体情况和实际需要来确定学历需求。装备科研试验工作协调性广、操作性强,要求组织指挥者有较强组织协调能力和管理能力。因此,对装备试验人才,特别是试验组织和管理人才,必须重视学历但不唯学历,应注意这类人才选拔使用。

2　装备试验人才知识结构

知识作为人类对客观世界认识的结晶,是装备工作者成长的基础条件和内在的重要因素。"才以学为本""非学无以成才",便是对知识重要性的最好概括。大凡在装备发展史上做出突出贡献的人,无不以很好地继承了前人和同代人所创造的知识为基础。但是,由于人类知识浩如烟海,特别是在信息爆炸和加速前进的今天,任何人企图掌握全部人类知识是根本不可能的。这就需要对知识进行一定的选择。在一定知识量的基础上建立合理的知识结构,才不至于被知识的海洋所吞没,并在各自的领域有所贡献。作为一名试验工作者,也要依据综合性、层次性、实践性、动态性的原则,建立起自己合理的知识结构。一般说来,这种结构常描述成塔形知识结构,主要包括专业技术知识、实践知识、专业基础理论、与专业相关的基础知识。其中,基础知识,既包括基础技术知识(如试验设计、试验指挥、试验操作等),也包括自然科学知识(如数学、物理、化学、天文、地理、生物等),还包括社会科学知识(如哲学、历史学、政治学、经济学、管理学、人才学、外语等)。此外,从装备试验人才群体的角度看,还需要掌握与军事相关的知识,如相关的战争知识、相关的军事学术知识、相关的战场环境知识、相关的军事技术知识等。

2.1 装备知识

2.1.1 一般知识

在现代战争中,武器装备特别是高技术装备正发挥着愈来愈重要的作用,它强烈地影响着战争的进程和结局。军人离不开装备,现代战争对装备的依赖性也越来越强。装备的一般知识是每一位军人都应该了解和具备的。作为从事装备试验工作的军人,这种要求应该更高,并且应具有一定的针对性。

一般知识包括现代装备的基本结构组成、装备的基本性能指标、装备的分类、装备的编制体制、装备的发展战略、装备法规、装备的作战指挥、装备的生产和造价、装备的发展动态等方面的基本知识。由此可见,装备的一般知识所包含的内容十分广泛、繁杂,它首先强调知识的广度,在此基础上进一步强调知识的深度。一方面,从知识的广度而言,作为军事知识的一部分,装备知识与战略战术知识是紧密相连的。运用装备的目的是为了在战争中取得优势,或者说在战争中各种装备的组合运用是为实现特定的战略战术服务的。因此,在了解一般装备知识的同时,必然会涉猎有关战略战术等方面的军事知识,它们之间是协调一致的关系。另一方面,从知识的深度而言,作为装备试验人员,了解装备的一般知识,就是为了在实际工作中能够综合运用这些知识,更好地服务于本职工作。因此,在对繁杂的一般知识的学习上应该有所侧重。比如:对于与本职工作相关的武器装备着重掌握其构成、技术性能和发展动态;对于装备试验技术、试验方法、试验标准、试验规范重点了解掌握;等等。只有这样,才能把握特定装备在研制生产、技术性能、质量和试验等方面的特点和规律,才能更加高标准地完成装备试验任务。

2.1.2 科技知识

回顾武器装备的发展历史可以发现,科学技术在军事领域更深、更广的应用推动了装备的发展和变革。当前,科技发展日新月异,最尖端的科技往往率先在军事领域得到应用,高新技术装备不断涌现。对于装备试验人员来说,掌握装备科技知识意义重大。

首先,重视科技素质是未来信息化战争对所有军事人才的基本要求。科技素质决定人才综合素质的高低,要特别重视人才科技素质的培养。信息化战争的科技含量越来越高,信息化战争本质上就是作战双方人员科技素质特别是信息素质的对抗,打赢信息化战争必须有一大批掌握以信息技术为核心的高新科技的军事人才。据有关资料显示,目前美军战斗力60%以上的增长是通过科技进步实现的。这就需要我们着眼未来信息化战争对军队人员科技素质的要求,确立军事人才的科技素质标准,把科技素质的培养作为突破口,大力开展学科技、用科技活动,以此加快带动知识型装备试验人才群体的建设。

其次,武器装备的高技术含量要求装备试验人才掌握相应的科技知识。随着信息技术在武器装备中的全面渗透,武器装备的信息含量不断增大,信息化程度不断提高,越来越多的信息化武器装备呈现出精确制导、自主控制、无人操纵等智能化特征。可以说:武器装备的信息化含量,已经成为决定战争胜负的重要因素;武器装备的智能化,已经成为当今世界军事发展的一个重要趋势。装备试验人才必须了解高科技知识,熟悉高技术装备的设计原理、结构、制造工艺和试验特点,懂得如何运用科技知识考核武器装备。科学技术水平是军队现代化的基本标志,良好的科技素质是新型装备试验人才的重要特征。

最后,装备试验人才掌握全面的科技知识是提高装备试验水平和试验能力的有力保证。从装备试验工作的具体实践来看,只有掌握装备工程技术知识,对装备技术性能状态十分熟悉的人员,才能成为装备试验的专家。因此,要圆满完成装备试验工作任务,必须具备工程技术较全面的科技知识。

2.2　专业知识

装备试验是一项涉及面广、专业性、政策性很强的工作,它不仅涉及军事、装备、技术,而且涉及管理、法规等多学科知识,具有专业知识的复合性、工作对象的复杂性、政策法规的特殊性和管理效益的综合性等特征,是一项复杂的系统工程。装备试验人员要想履行好职能,发挥好作用:必须精通本职业务,打牢专业功底;必须弄通装备试验相关的政策法规;必须熟练掌握有关的装备试验的技术与方法、装备试验指挥管理与协调能力;必须具有分析和解决装备试验技术问题的能力,能从试验工作中总结经验,提高综合分析和研究解决问题的能力。

装备试验人才必须熟练掌握业务知识,才能胜任本职工作,才能提高装备试验水平和试验能力。因此,装备试验人才必须加强专业知识的学习,努力提高自身的业务能力和业务素质。只有精通本职业务和相关专业知识,不断开拓创新精神和创新能力,才能适应未来高技术武器装备和信息化武器装备的试验工作。

2.3　管理知识

管理是通过计划、组织、指挥、协调及控制等环节,从而协调人力、物力、财力、时间和信息等资源的活动过程。管理的目的是有效地组织和运用各种资源,以实现预期的目标,取得最佳的效果。装备试验管理工作也是一种管理,即对装备试验的计划、组织、指挥和协调控制。装备试验管理工作的目标是依据装备建设的客观规律,优化试验资源和试验方案,优质高效地完成装备试验,使部队能够使用性能先进、质量优良的武器装备。因此,对于装备试验人才而言,掌握必要的管理知识是至关重要的。结合装备试验工作的实际,装备试验人才需要重点掌握的管理知识包括如下三个方面:

(1)试验管理知识。试验管理是一项综合性的管理知识,包括试验计划管理、试验装备管理、试验组织管理、试验技术管理、标准化管理、试验后勤管理、试验仪器设备管理、试验正规化管理等。装备试验人才完成好一项试验任务,必须了解装备试验的管理体制,把握装备试验管理的原则,在全面掌握的基础上,综合运用这些管理知识,才能提高试验效益。

(2)项目管理知识。项目管理作为一门科学,有其知识体系。项目管理知识体系是指项目管理学科的主体,是项目管理在各种特殊应用领域中都会涉及的共同需要的知识,其中包括在项目管理中需要的一般管理学知识。在众多的项目管理知识体系中,最具影响的观点认为其包括9个知识领域,即项目范围管理、时间管理、费用管理、质量管理、人力资源管理、沟通管理、风险管理和综合管理,其中每一领域又由若干具体部分所组成。这一知识体系的内容同样适用于装备项目管理。对于装备试验人员来说,应该熟悉装备项目管理的阶段划分、各个阶段相应的工作内容和项目管理的具体组织。一项装备试验任务也可以看成一个项目。项目管理是通过项目主任和项目组织的努力,运用系统理论和方法对项目及其资源进行计划、组织、协调、控制,旨在实现项目的确定性目标的管理方法。武器装备的项目管理制度在西方发达国家已经十分成熟,在我国为了适应军事装备全寿命管理的需要,也逐步建立了装备项目管理制度。实践证明,搞好装备项目管理,不仅能够保证装备的性能和质量,还能够大幅节省装备经济投入,从而提高装备建设经费的使用效益。因此,装备试验管理人才应该具备一定的装备项目管理知识。

(3)信息管理知识。信息是客观世界物质运动形态及其自然属性的外部表现,已成为现代社会最重要的战略资源和财富。装备信息是一切与武器装备建设有关的消息、情报、资料等的统称。装备信息管理是对各种装备信息的采集、检索、交流、研究和提供服务,以实现装备管理目标的有组织、有计划的社会活动。国内外对装备信息管理工作都非常重视,《中国人民解放军装备条例》和科研、试验、质量管理、维修、装备管理等有关条例和法规对有关装备(产品)信息工作做出了规定,强调了信息管理的重要性并有各种具体要求。从某种意义上说,装备全系统全寿命管理是装备全系统全寿命信息管理,装备管理过程实质上是一个有关装备信息的接收、加工和传输的过程。

装备信息管理是提高我军装备建设整体效益的倍增器,随着高技术装备的发展,武器装备的战术技术性能不断提高,试验费用也在不断增长。实施装备信息管理,能够提高管理决策的及时性和有效性,提高装备试验中人才、资金和装备的利用效率,降低费用,从而提高装备试验的经济效益。装备信息的内容很多,装备试验人员要重点关注的信息:一是装备发展建设的信息,包括装备需求论证、型号研制、生产进度、产品质量等信息;二是技术信息,包括装备采用的新材料、新工艺、新技术等信息;三是科技情报信息,是与装备试验有关的国内外的科技、情报信息。这些信息对于提高装备试验水平和试验能力具有重要意义。对于包括以上三种在内的各种装备信息,装备试验人员要熟悉装备信息工作的流程,掌握装备信息管理系统操作和运用的基本知识,为我军装备试验信息化打牢知识基础。

3　装备试验人才能力结构

对于装备试验人才而言,掌握复合型知识是基础性的要求,但仅拥有一定的知识积累是不够的,还必须把知识转化为适应具体工作的能力。在军队现代化建设的进程中,在科技强军、科技兴装的背景下,作为一名装备试验人员,要履行好职责,并在科技兴装活动中起到骨干作用,在本职岗位上做出应有的贡献,有所作为,就必须要坚定政治思想,精通业务工作,善于综合分析,善于工作协调,努力开拓创新,要有把握装备试验工作特点和规律的能力,这样才能知道自己该干什么,知道自己该怎么干,才能做装备试验工作的明白人。时代赋予了装备试验人才重大的责任,装备试验人才应该具备以下的能力结构。

3.1　讲政治能力

装备试验人员肩负的责任与装备建设紧密相连,对于部队战斗力生成起着举足轻重的作用,为了保证使命任务的完成,必须坚决拥护党的路线、方针、政策,坚定理想信念,确保政治上的可靠性、思想上的先进性和道德上的纯洁性。装备试验人才讲政治的能力主要体现在以下三个方面:

(1) 优良的政治素质。从军事人才建设的要求来看,政治素质始终是摆在第一位的。装备试验人才是装备人才的一部分,更是军事人才的一部分,对于其政治素质的要求同样是第一位的。政治素质就是要求装备试验人才用"三个代表"重要思想武装头脑,培养良好的精神状态、工作作风和职业道德,正确行使手中的权力,实事求是,清正廉洁,始终保持思想上的纯洁和政治上的坚定。

(2) 较高的政治觉悟。武器装备建设是国防建设的重要组成部分,是军队战斗力生成的重要基础。随着世界武器装备现代化的飞速发展,武器装备的性能不断提高,成本不断加大,尤其是高技术在武器装备上的应用,使装备试验经费开支越来越大。目前大部分国家的武器装备费占军费的 30% 以上,部分国家为 40% ~ 50%。装备试验人才对试验质量的控制起着重要的作用,并直接掌管着这部分经费的计划、分配和使用,不仅要保证它的合理性和合法性,还要保证其效益性。这就要求他们必须讲党性、讲原则,必须具有高尚的政治觉悟。

(3) 很高的政策水平。装备试验是一项政治性、军事性、时效性、保密性较强的活动,涉及军地、军内(甚至国际)各种关系,正确处理好这些关系必须具有很高的政策水平。另外,试验支出是重大的公共支出,花的是纳税人的钱,对于装备试验的投入,装备试验人员必须从维持国家安全需要的角度做出权衡,必须始终站在维护国家及军队最高利益的立场上,不仅要讲经济效益,还要讲政治、讲政策,必须具有很高的政策水平。

总之,装备试验人才要时刻从讲政治的高度思考装备试验工作,依据军委、总部关于装备试验工作的方针、政策和法规谋划这项工作,研究和解决装备试验工作中出现的新情况,保证在任何时候、任何情况下都自觉在大局下行动,要发扬我军艰苦奋斗、勤俭建军的优良传统,做好装备试验工作。

3.2 工作能力

工作能力是通过练习而巩固下来的,转变为"自动化""完善化"的动作系统。又可视为运用所掌握的知识,通过练习所获得的顺利完成某种任务的活动的能力。由于从事的工作不同,对工作能力的要求也不同。作为装备试验工作者,尤其是从事装备试验技术工作的人员,应具备的基本技能主要包括掌握和处理信息的能力、设计和计算能力、实验操作能力、交流表达能力以及组织管理能力等。

(1)掌握和处理信息的能力。现代科学技术日新月异,要保证自己能够完成装备试验工作,就需要具备掌握和处理各种装备信息的能力。对于武器装备来说,由于它的综合性强的突出特点,决定了在装备领域进行综合往往会带来重大突破,这就更需要装备试验人员要及时掌握各方面的信息。同时,由于现代科技的知识加速增长的趋势,要求装备试验人员必须具备很强的处理能力,在大量信息中迅速发现和掌握有用信息。如果缺乏这种能力,就会陷入找不到、看不懂、读不完的困境,严重影响装备试验工作的效率。为了不断提高装备试验人员自身在这方面的能力,要求有关装备试验人员必须努力掌握收集和处理信息的各种方法和技术手段,特别要掌握一门或几门外语和最新检索方法,以实现掌握情报的快、新、精。

(2)设计和计算能力。从广义上说,设计是指预测与创造以满足某种特殊需要的一种活动。而设计就离不开复杂的计算,所以设计能力的高低又是与计算能力分不开的,一般统称为设计和计算能力。设计和计算能力,是根据战争需要和科学原理创造出来的一种能满足某种需要的方案的能力。这种能力的高低实际上最终体现着装备试验人员水平的高低。特别是在科学-军事技术和武器装备-战争需要一体化的今天,这种能力的地位和作用就更加突出。没有这种能力或能力很低,就不可能在规定的时间内完成军队需要的武器装备的试验任务。

(3)试验操作能力。试验操作能力,也就是动手能力,是在设想或设计试验方案提出以后,动手试验,以实现设计思想的能力。这种能力的作用不仅在于只有通过它才能实现设计思想,而且可以在试验过程中不断完善设计,以保证试验任务的圆满完成。

(4)交流表达能力。这是一种交流思想感情和学术成果的本领。主要是指把自己的思想感情和学术成果利用一定方式充分表达出来,并使对方易于接受的能力。这些方式有语言表达、文字表达、图表表达和数学表达等。装备试验人才经常要与地方人员、军内人员甚至外国人员进行交流,因此必须具有良好的交流表达能力。

3.3　综合分析能力

综合分析能力是要求装备试验人才具备辩证思维能力和敏锐的观察能力,从不同角度分析问题,分清主次、权衡利弊、善于综合集成,确保工作顺利。装备试验人才应具备的综合分析能力包括三个方面:

(1) 试验技术问题分析能力。装备试验是一项技术性和专业性很强的工作,装备试验人才在具体的试验工作中经常会遇到各种技术问题,能否正确分析试验技术问题并迅速解决这些技术问题,反映了试验人才的技术水平,也体现了试验人才的价值。从一定意义上说,基地装备试验人才的技术问题分析能力代表国家的武器装备试验水平和能力。

(2) 试验问题预测能力。装备试验的目的是减少或避免部队在作战和训练中使用这些武器装备产生的各种风险,因此装备试验本身是一项高风险的活动。这种高风险试验活动的属性要求试验人才必须对试验中可能出现的问题具有一定的预测能力和处理方案,这是确保试验安全的基础。

(3) 试验问题解决能力。在装备试验过程中会出现许多新情况和新问题,包括被试武器装备问题、测试仪器设备问题、试验组织协调问题、试验人员问题以及试验物资器材和生活保障问题等。特别是试验组织协调问题,由于军事装备越来越复杂,参试单位和参试人员多,正确处理和解决好这些问题是确保试验顺利进行的前提。因此,试验问题解决能力是装备试验人才应具备的基本条件之一。

3.4　创新能力

创新是一个民族的灵魂,一个没有创新能力的民族,难以屹立于世界先进民族之林。随着社会科学技术水平的不断进步,武器装备无论是功能还是形态都在不断发生变化。同时,随着国际环境的日趋改变和我国社会主义市场经济体制的不断完善,装备试验工作面临的形势都在发生变化。在许多情况下,如果仍然僵硬地遵守原有的一些与形势发展不相适应的法规、制度、规定、办法等,装备试验工作将遇到很大的障碍,将无法打开局面。这就要求装备试验人才必须摒弃陈旧的思想观念,用创新的思维、创新的行动与时俱进地做好装备试验工作,必须具有与时俱进的思想和开拓创新的能力,努力寻找实现装备试验质量好、消耗低的最佳途径。

从装备试验工作的实际出发,装备试验人才的创新能力包括三个方面:一是勇于变革的能力。当前,我军装备试验工作的环境和条件都发生了巨大的变化,装备试验领域一些相关的规章制度和传统做法都已落后于时代的发展。故步自封就会始终无法走出困境,打破传统往往又会触犯少数人的利益。但为了装备建设事业,要鼓励装备试验人员发挥主观能动性和创造力,勇于变革。二是发散思维能力。即要多从不同角度分析和考虑实际问题,寻求最佳的解决方案,并且要做有心人,善于从实践中总结经验和规律,善于归纳和演绎,在工作和思考中不断提高自身试验的能力。三是相对独立的判断能力和敏锐的应变能力。装备试验决策的重要性往往要求集中智慧,但在一些微观层次的决策上往往又需要装备试验人员在特定的时限内及时做出决策,这就需要装备试验人员具备独立判断问题的能力,灵活地处理相关问题。

3.5 组织协调能力

现代武器装备发展的一个重要趋势是社会化。大多数武器装备的试验都需要不同形式和规模的合作才能完成,因此,组织协调能力,已经成为从事装备试验工作的人员的必备能力。它包括计划能力(选择和确定目标及制定实现目标计划的能力),组织实施能力(组织人力、物力、财力,按计划去实现既定目标的能力),决断能力(对计划、选题、成败得失、优劣等做出综合判断和应变的能力)等。

装备试验工作具有很强的系统性和整体性,需要与装备使用部门以及装备研制单位有机结合共同构成一个保障整体,才能适应未来战争的需要。装备试验人员处在连接左右的位置上,善不善于协调、善不善于把各方面的力量凝聚起来,将直接关系到军事试验任务的完成,这就要求我们必须加强协调。首先,更新观念,提高认识。装备试验工作的成败既涉及本级试验单位,又涉及上级业务部门和地方研制单位,因此,必须牢固树立加强协调、形成合力的思想。其次,加强交流,主动协调。装备试验人员要主动与上级、本级和研制单位加强交流、加强沟通,处理好各方面的关系。再次,多向研制单位请教,虚心学习,听取他们的建议和意见,以多种方式展开协调。

4 装备试验人才素质结构

由于装备试验人才从事的具体工作不同,对自身素质的要求有较大差别。但作为军事领域的一个特殊群体,基本素质又有许多共同点。这里主要从整体上探讨装备试验人才的素质要求。

4.1 政治素质

从军事人才建设的要求来看,政治素质始终是摆在第一位的。装备试验人才是装备人才的一部分,更是军事人才的一部分,对于其政治素质的要求同样是第一位的,其具有决定性的影响和根本性作用。政治素质主要包括以下三个方面:

一是信仰的坚定性。马克思主义的科学理论和共产主义实践告诉人们,共产主义最终要战胜资本主义,是历史发展的必然规律。这是每个共产党员、革命军人和装备试验工作者应当坚信的信念,并为之奋斗终生。

二是政治上与党中央、中央军委保持一致的坚定性。能否在政治上同党中央、中央军委保持高度的一致,关系到党和军队的团结统一,装备试验人才必须无条件地在政治上与党中央、中央军委保持高度的一致。

三是为国家和军队服务的自觉性。这是装备试验工作者必须具备的思想意识。

4.2　精神素质

精神素质是取得试验工作成功完成的"催化剂",精神素质主要包括以下四个方面:

一是勤奋好学精神。这是装备建设对试验人才的要求,现代科学技术发展一日千里,科学技术知识的增长日新月异,装备试验人才不能满足现状而停止不前,必须勤奋学习、刻苦钻研,只有这样才能跟上装备发展的步伐。

二是不断创新的精神。随着社会科学技术水平的不断进步,武器装备无论是性能还是结构都在不断发生变化。随着高技术武器装备和信息化装备的发展,装备试验工作面临的形势都在发生变化。在许多情况下,如果仍然僵硬地遵守原有的一些与形势发展不相适应的法规、制度、方法、程序等,装备试验工作将遇到的障碍,无法前进和发展。这就要求装备试验人才必须摒弃陈旧的思想观念,用创新的思维、创新的行动与时俱进地做好装备试验工作;必须具有与时俱进的思想和开拓创新的能力,努力寻找适合高技术武器装备和信息化装备试验的最佳方法和最佳途径。

三是实事求是的科学精神。在科学的道路上来不得半点虚假,特别是武器装备,主要用于战斗使用,其性能和质量关系战争胜败和战士生命安全,装备试验人才作为武器装备试验鉴定者,肩负国家和军队赋予的使命,责任重大,必须用科学的方法、实事求是的态度、严肃认真的作风来对待装备试验工作;否则,就是对国家和人们的犯罪。

四是不怕吃苦无私奉献的精神。装备试验的特殊性,决定了装备试验工作大多地处条件艰苦、经济落后甚至是荒无人烟的地区,在市场经济的今天,选择装备试验职业,无疑要有不怕吃苦和无私奉献的精神,这种精神支持装备试验人才一生所从事的事业,并为之奋斗,这是装备试验人才必须具备的职业精神。

4.3 知识素质

知识素质是装备试验人才必备的重要素质,它是试验人才取得事业成功的基础。知识素质主要包括以下三个方面:

一是基本理论知识。军事装备涉及的品种多、技术复杂,装备试验人才需要有深厚的基本理论知识作为支持,这是取得成功的重要基础,没有深厚的基本理论知识,就不能在装备试验领域有长足发展和立足之地。

二是专业知识。专业是一个外延十分广泛的概念,文化、教育卫生工作是专业,工程技术、科学研究是专业,政治、经济、军事也是专业。装备试验专业知识,是从事装备试验特有的区别与其他专业的知识,专业知识是装备试验人才取得成功的关键钥匙。

三是相关知识。宽阔的科学文化知识和相关知识构成装备试验人才知识素质的重要因素,装备试验工作者掌握的科学文化知识和试验相关知识的多少,将直接影响装备试验的水平和能力。如果把装备试验人才的知识比喻为一棵大树,那么其粗根就是基本理论知识、主干就是专业知识、枝叶就是科学文化知识和相关知识。这是装备试验人才知识素质构成的基本特征。

4.4 能力素质

能力素质是装备试验人才素质的核心,主要包括以下五个方面:

一是科学研究能力。装备试验具有科学研究属性,许多试验方法、试验技术、测试手段等需要进行专门的研究和探索,因此科学研究能力是装备试验人才应具备的基本能力素质之一。

二是科学实验能力。装备试验具有科学实验的属性,实验方法、实验程序、实验步骤,以及实验的观察力、想象力、发现力和创作力等,构成装备试验人才实验能力,能否驾驭实验,取决于装备试验人才对这些能力的掌握和应用。

三是组织计划与协调能力。装备试验参试单位多、人员复杂、时限要求强,因而它是一项计划性很强、协调范围很广的活动,周密严谨的计划是完成试验任务的基础,良好的组织能力与协调能力是试验顺利进行的保证。根据任务和实际情况,进行认真研究,制定工作计划和指挥协调程序。规定各个环节的工作内容、职责、分工和协同关系,使任务的各个阶段前后衔接,相辅相成,构成一条严密的逻辑时间序列,严格按程序办事。因此,组织计划与协调能力是装备试验人才必备的重要能力素质。

四是沉着应对和果断的指挥能力。装备试验人才在试验中许多是现场试验的指挥,现场试验要求试验指挥必须明确试验目的和要求,熟悉试验大纲和试验程序,并能够及时解决现场试验出现的各种技术问题。在试验过程中,会遇到许多重大问题,包括技术问题和安全问题,安全问题责任重大,安全问题包括技术安全、操作安全以及保密、保卫等。沉着、果断的指挥能力，就是针对试验中出现的各种情况和各种问题能够沉着应对，试验前要认真分析试验可能出现的问题和隐患，并制定相应的预防措施，做到预有准备。一旦试验中出现，就需要果断指挥，做出决策，实施有效的应急处理。

五是判断、分析和解决问题的能力。未知性和偶发性是装备试验的特点之一，对现场试验中出现的各种技术问题，装备试验人才能够在较短时间内，判断装备故障部位，分析故障产生的原因，并提出解决方案。这一能力取决于试验人才对装备的了解和熟悉程度、实践经验的积累以及对突发事件的应对能力。

4.5　其他素质

其他素质包括心理素质、品格素质、观念素质、气质素质、体魄素质、智力素质等，构成了试验人才的素质结构。这里就智力素质进行分析，其他素质不做详细分析。

智力的本来含义，是指人的聪明程度，是人的大脑对客观事物和信息的反映、认识、储存及处理的能力。智力因素在推动装备发展过程中具有十分重要的作用，这正如克劳塞维茨所说："智力到处都是一种起着重要作用的力量，因此很明显，不管军事行动从现象上看多么简单，并不怎么复杂，但是不具备卓越智力的人，在军事行动中是不可能取得卓越成就的。"从心理学上看，调节认识的心理过程包括感知、注意、记忆、想象、思维等多种成分。所以，智力也相应地由观察力、注意力、记忆力、想象力和思考力组成。

观察力是指人的大脑通过视觉器官感知和捕捉事物中具有典型意义的、带本质性的外部特征的能力。良好的观察力对于认识装备具有重要意义。在装备认识过程中，观察处于感性认识阶段，是获取丰富资料的重要手段之一。而理性认识必须建立在这个基础上才是可能的。正是在这个意义上法拉第认为：没有观察，就没有科学，科学发现诞生于仔细的观察中。衡量观察力水平的高低，主要是看其坚持长期观察的能力、精细观察的能力、被动观察的能力、典型观察的能力和理论渗透观察的能力。优秀的装备试验工作者应该具备上述观察能力。

注意力是大脑通过感觉器官对客观事物和信息的集中和选择能力。从生理机制上看，既是大脑反射的兴奋中心，也是注意中心或意识中心。注意有四个基本特征，即注意的稳定性（一定时间内把注意保持在一个对象或一种活动上）、注意的范围性（同一时间内注意所把握的对象）、注意的分配性（同一时间内把注意分配到两种或两种以上不同对象上）、注意的转移性（有意识、有计划地调动注意，从一个对象转移到另一个对象上）。所以，衡量装备试验主体注意水平的高低，就是看他是否能够根据认识需要适时地分配注意力，并在研究对象出现新的情况时能够迅速地转移注意力。

记忆力是大脑对经历过的事物的储存和再现能力。记忆力在智力要素中处于前提和基础的地位。记忆力越强,掌握的知识越多,运用知识进行创造的机会也就越多。衡量人的记忆力好坏主要有四个指标:一是敏捷性,即记忆速度的高低;二是持久性,即记忆在头脑中保持时间的长短;三是正确性,即记住的东西需要再现时的准确程度;四是备用性,即能够迅速回忆记忆中所保存东西的能力。为了提高记忆力,必须做到:明确记忆目的,增强记忆的指向性;培养对记忆对象的浓厚兴趣;掌握正确的记忆方法。

想象力是在人的头脑里把过去感知过的形象进行加工而创造新形象的能力。想象力在装备发展中的重要作用,它不仅能引导装备工作者发现新的事实,而且能激发装备工作者做出新的努力。正是想象的力量,常使人们有可能窥探到可喜的后果。事实和设想本身是死的东西,是想象力赋予它们生命。也正是在这个意义上,爱因斯坦认为,想象比知识更重要。因为知识是有限的,而想象力概括世界上的一切,推动着进步,并且是知识进化的真正源泉。

思考力是人的大脑对客观事物本质和规律的间接概括反映能力,是整个智力结构的核心。衡量思考力的强弱,主要看其掌握运用科学思维方法的能力,如分析能力、综合能力、抽象能力、归纳能力、演绎能力、分类/类比/比较能力等。同时又要看其思维品质如何,主要有思维的广阔性(是否能在广泛领域抓住问题,并对问题在广阔领域内进行全面思考)、思维的深刻性(善于深入思考,能抓住事物的本质)、思维的独立性(能独立思考,独辟蹊径)、思维的敏捷性(具有迅速正确地解决问题的思维能力)。

(摘自于2012年研究报告"装备试验人才结构与素质构建研究")

提高试验部队人才培养质量的途径与方法

人才是事业发展的基础,装备试验同样离不开人才,加强装备试验部队人才队伍建设,是装备试验建设与发展的一项战略性工程。著名科学家钱学森早在20世纪90年代初给国防科学技术大学的一封信中建议:我军要实施高学历人才战略,希望未来的高级军官都是硕士、博士毕业生。装备试验鉴定属于技术密集的系统工程活动,加强试验部队人才培养,提高试验部队人才队伍的知识层次、改善知识结构,不断提高自主创新能力,造就一支知识结构合理、科技素质较高、攻关创新能力较强的试验部队人才队伍,是装备试验鉴定不断发展的需要。

1 制定装备试验人才队伍建设指导思想与总体目标

搞好试验部队人才队伍建设,关键是要有一个明确的指导思想和正确的思路。根据我军试验部队人才建设的历史经验和现实要求,试验部队人才队伍建设的指导思想应以中央军委新时期军事战略方针和中央军委关于人才建设的一系列重要论述为指导,以提高试验部队试验能力、保证试验任务圆满完成为根本目标,以培养指挥与技术统一,管理与技术相一致的复合型试验部队人才为重要目的,建设一支与现代化装备发展相适应,能够满足未来作战需要的试验部队人才队伍。

2 依托国民教育,充分发挥学历教育院校的基础性作用

试验部队的学科专业几乎涵盖了国家教委颁布的所有学科门类。目前,虽然我军各军兵种都建立起了自成体系的院校,这对于加强本军兵种的技术含量、提高试验能力有一定的好处,但在一定程度上带来了知识的狭窄和思维方式的单一化。

与军队院校相比,地方各类高等学校具有学科专业齐全、科研能力强大、师资力量雄厚、生源优秀广泛、教学设施和手段先进、信息交流广泛、知识创新能力强等综合优势。这样既可减少军费开支,又可充分利用地方大学的学科优势培养多种装备试验人才,改变试验部队人才队伍的知识结构,并避免"近亲繁殖",

也有利于平战结合。同时应采取措施,为部队试验人员提供进修、深造的机会,以在职学习方式为主,在招生、培养等各个环节向试验部队进行政策倾斜。把试验部队自己教育培养与依托国民教育紧密结合起来,可以在更大范围内优化教育资源配置,提高我军试验部队人才培养质量。目前的问题是:如何尽快扩大国防生的比重,如何对现有的军校进行优化组合与资源整合。

近年来,我军各试验基地通过选派有发展潜力、热心于装备试验工作的同志到地方院校进修学习的方式;招收地方大学毕业生、硕士、博士入伍,先经过预备军官培训,再充实试验部队人才队伍的方式;与地方名牌大学签订合同等方式,每年为我军试验部队培养一定数量的国防生,取得了良好的效果。实践证明,我军走试验部队自己培养与依托国民教育培养并举的路子是正确的,这有利于从更大范围选拔高素质试验人才。

3 完善培训机制,开展好继续教育

要理顺人才培养、引进、补充和交流体系,建立有利于试验部队人才任用、保留和发展的新机制,使试验部队人才尽快走上"引得来、选得准、配得齐、训得好、留得住、用得上"的良性循环轨道,这是优化装备试验部队人才结构、适应装备发展需要的有效途径。其中一个重要环节就是抓好继续教育,继续教育抓好了,才能保证试验部队人才用得上、留得住。为了搞好试验部队人才的继续教育,关键是要抓好以下两条。

一要完善培训体系,启动继续教育工程,建立适应武器装备发展的培训机制。采取多种培训方式,建立一套科学、正规的培训机制,走院校化、基地化和岗位成才的路子。对院校来说,主要是要实行学历教育、职前培训、轮训与短期培训相结合的体制。其中:学历教育包括技术军官生长培训、学历升级及研究生高等学历教育。职前培训包括试验指挥管理干部晋升领导职务培训、试验技术干部晋升专业技术职务培训等,可分为初级、中级、高级三种,学制大约为半年至一年,逐步做到先训后任,不训不任。在职装备试验干部,主要采取轮训方式,重点学习新理论、新方法、新装备,短期培训根据需要,缺什么补什么,缺什么训什么,包括新技术、新知识、新颁布法规与新标准的学习等。培训方式应以总装备部组织为主,各大区级单位为辅。高级培训的对象主要为装备科研试验领域以及岗位的技术骨干,由国防大学、国防科学技术大学负责,必要时也可放在装备指挥院校和其他中级院校进行。中级培训,主要为营以上装备试验干部,由装备指挥院校统一负责。初级干部的培训、轮训任务,由总装备部指定相应院校或试验基地自行负责。通过完善培训机制,启动继续教育工程,全面打牢试验人才发展所需要的理论根基,加快技术干部知识更新步伐,培养一批能指挥、懂技术、会管理的复合型试验部队人才,以适应未来高技术条件下局部战争装备

保障的需要。

　　二要拓宽渠道、多方育才，保证装备试验人才的整体素质持续提高。坚持院校培养为主、多种形式并举。要根据装备和技术发展以及部队战备和试验需要，加强院校教学的针对性，加大高科技知识、新型武器装备知识和现代军事指挥知识的含量。同时，要注重通过实践锻炼培养人才，抓好继续教育和各种形式的岗位培训，使广大官兵通过做好本职工作增长才干。部队根据专业急需，可有计划地选配骨干到装备科研、生产和地方维修单位进行培训，切实提高解决复杂疑难问题的能力，不断更新知识、改善知识结构、缩短知识向能力转化的周期。此外，要积极借鉴外军的经验，把试验部队干部在职培训、离职深造、长期培训、短期培训、工厂实习、到科研单位见学、送地方院校学习等不同形式结合起来，实现试验部队人才的培养的超前性和有效性。

4　加快军事硕士研究生培养，拓宽人才培养渠道

　　为适应我军装备现代化建设和军事斗争准备的需要，装备试验任务越来越繁重，对装备试验人才的知识结构也提出了更高的要求，不仅需要厚实的基础理论、精深的专业知识，还要能跟踪军事高技术发展趋势、掌握新型装备试验与管理的理论与方法，熟悉高技术武器装备试验的特点和规律。也就是说，必须在理工科大学本科教育的基础上，继续进行研究生层次上的教育。

　　与美军相比，我军试验人才特别是初级试验人才培训层次长期偏低的现象亟待改变。为实现"努力使军队干部绝大部分都具有大学本科以上的学历"的号召。我们应努力实现军以上干部普遍获有博士学位、师团干部获有硕士学位、所有军官都大学毕业的目标。借鉴美军的成功经验，学习科学文化基础知识不要有指挥军官和专业技术军官的区别，而应该统一要求、统一施教，以获取通用学科专业学士以上学位为培养目标。严格遵循国家普通高等教育的质量标准，真正为学员提供一流的本科学历教育直至研究生教育。

　　当前，以信息化装备为代表的高技术武器装备试验面临的问题是人才不足，高层次应用型人才更加缺乏，特别是懂试验、懂作战的复合型人才已经成为制约装备作战试验等新型装备试验的瓶颈，虽然各有关院校通过各种形式加大培养的力度，但培养的数量和规格仍然远不能满足装备现代化建设的需要。目前，我军装备领域的研究生教育已经形成了一定规模的学位授权体系，拥有军事装备学博士授权点及其他一些相关学科的博士、硕士学位授权点，培养了一大批质量较高的高层次人才。面向装备试验领域的高层次应用型军事硕士专业学位教育近年来也有了很大发展，但人才数量与规格仍不能满足军事斗争准备对高层次试验上的需求，还需大力发展。

5　大力发展任职教育，加快任职院校建设

由于试验基地所从事的高技术武器装备的试验任务，一般涉及一些特殊专业，这些专业的高层次人才从地方引进十分困难，有的专业，地方大学没有此类生源，因此能否建成高水平的试验部队人才队伍，除依托国民教育、办好军队生长型军官培训院校外，还必须大力发展任职教育，努力办好任职教育院校，加快任职院校的建设，对加快试验部队人才的培养速度，提高试验部队人才的培养质量至关重要。

江泽民同志提出："加强国防和军队现代化建设，关键是要培养造就一大批高素质新型军事人才，大力提高科技创新能力。我们要把这两方面作为军队院校的主要任务，正确把握现代科技的发展趋势和军事教育的发展规律，努力把军队院校办成培养高素质新型军事人才的摇篮，创新高新技术和军事理论的基地。"军事任职教育是我军军事教育发展的方向，主要对象是获得学士学位的军队在职干部，主要任务是大学本科教育基础上的军队在职干部的晋职转岗培训和研究生教育，在职干部培训和研究生教育并重是军事任职教育的基本特征。因此，军事任职教育属于高等教育范畴，既要遵循高等教育的普遍规律，坚持以学科建设为龙头，把知识创新和技术创新作为提高教学质量与师资队伍水平的基本动力；又要遵循军事高等教育的一般规律，始终站在军事变革的前沿，适应军事斗争准备的迫切需求；还要遵循军事任职教育的特殊规律，紧紧围绕推进中国特色军事变革和对台军事斗争准备，提供强有力的人力和智力支持，坚持军事性、研究型、开放式是军事任职教育的基本要求。军事任职教育的地位和特点决定了军事任职教育院校必将成为我军院校的主体，使院校教育逐步从以学历教育为主转变为以任职教育为主。由于武器装备建设与发展的重要性以及对试验部队人才需求的紧迫性，因此加快面向培养试验部队人才的军事任职教育院校的建设成为重要而紧迫的任务。

6　构建与素质教育相适应的教学管理新路

依靠军事院校培养试验部队人才，全面推进素质教育，培养新型试验人才，是新世纪军事教育的神圣使命。面对时代的挑战，军事教育必须着力构建具有时代特征和我军特色的教育管理体系，必须从整体上进行调整改革，打破军事教育独立封闭的体系，针对高技术战争特点及对试验部队人才的需求，调整优化院校结构，建立起适应时代发展、适应素质教育需要、适应试验人才生长规律的新编制体制。

6.1　调整院校结构，实行规模化办校，开放性办学

为适应军队现代化建设和未来战争需要，当前军事教育体系改革正在开展，借鉴地方高等院校"共建、调整、协作、合并"的改革思路，调整院校布局结构，坚持规模、结构、质量、效益协调统一的方针，优化院校教育资源配置，切实提高我军院校的办学效益。逐步建立起结构合理、学科较全、规模适度、质量较高、符合素质教育要求、适应未来战争需要的军事教育体系。

（1）调整和合并同类型、同专业的院校。军队院校设置上的条块分割，使军队内部同类型、同专业院校重复设置，形成资源的巨大浪费。因此必须有计划、有步骤地按"削减条形、充实块状"的原则对全军院校分布结构进行调整，调整重复设置的专业或院校。一是合并按军种设置的相同专业的院校，成立专业技术性大学，增强人才的通用性；二是合并同军兵种不同层次的院校，提高教学质量，增强军事人才的适应性；三是单一兵种指挥院校合并为多兵种指挥院校，实现单一兵种教育向诸兵种合成教育转换，形成综合性大学，以适应未来战争的发展需要。

（2）指挥与技术院校合并，实现指技合训一体化。伴随着军队建设智能化进程的加快，今后将很难找出绝对的指挥岗位和绝对的技术岗位；随着军官职务的升迁，指挥与技术已日趋融合，综合化趋势更加明显。因此，取消壁垒，打通关节，将指挥、技术合二为一，建立指技合训综合性大学，从而增强军事试验人才的通用性。

（3）坚持走军校、部队、社会"三结合"育人之路。坚持走院校与部队合力育人之路。院校教育与部队训练紧密结合，与部队合力育人，是贯彻军委确定的办校方针和落实"一个服务，两个适应"办学思想的重要举措，是培养高素质指挥人才的重要途径。一是实现基础教育与地方高校相接轨，实行基础课教材通用；二是将部分基础类课程和相近的专业类课程交由地方高校施训；三是加强人才交流、学术交流，互相取长补短，增强教育效益。

坚持把军校教育延伸至社会大课堂。实行开放性办学，不仅要广泛地与试验基地紧密结合，而且要把课堂延伸到地方高校、延伸到科研院所、延伸装备承研承制单位，形成全方位、立体式、多渠道的教学网络。例如：有目的地组织学员到地方高校听课或实验（习）；根据教学需要组织学员到军工企业参观见习和调查研究；与地方科研单位联合进行科研项目攻关；等等。充分挖掘和利用各种教育资源，博采众长，优势互补，增强办学活力，提高办学效益，使学员受到多方面的教育和锻炼。当然，这对教学管理提出了更高要求：一是教学管理者必须转变观念，树立合成意识，加强与社会交流，不断从外界获取新信息，学习新经验，把军校教育纳入国家教育的大环境中；二是制定与地方院校教学和科研单位联合办学的政策，规范社会调查、社会实践、参观见学的实施办法；三是充分发挥管理

机构的职能作用,搞好计划协调、检查指导、沟通交流和总结讲评工作,以适应办学多样性的需要。

6.2 构建适应素质教育要求的教学管理机制

(1)实施"层次管理",充分发挥各教学管理部门的职能作用。教学是一个"封闭循环"的系统工程,涉及各个部门和层次,只有充分发挥好各个部门的职能作用,尤其是基层教学组织的作用,形成整体合力,才能使教学过程真正形成良性"封闭循环",不断提高教学质量,达到最佳教学效益。科学实施"层次管理"是现代管理的基本原理之一,其实质是强调各级组织、各个部门各负其责。科学实施"层次管理",既要各司其职又要形成合力,做到分工不分家,围绕培养高素质新型试验部队人才这个核心齐抓共管,做到教书育人、管理育人、服务育人。

一是教务部门必须充分发挥教学计划、组织、指挥、协调、督查和管理作用。要根据培训目标的总体要求和素质教育需要,对整个培训从全局上加以谋划,加大教学改革力度,制定明确的教学总体目标和各个学科的具体目标及教学评估标准,规范教学的全过程。同时,确立配套的教学质量标准,健全备课、授课、辅导、考试等环节的调控措施;严把入学、培训、毕业三关;制定严格的奖惩措施,按纲施教,依法治教,充分发挥教学法规的控制效应;激发教与学的积极性,增强教学活力,不断提高教学正规化水平。

二是管理重心下移,强化部(系)的教学管理职能。要增强教学管理效益,调动和挖掘部(系)的积极性和潜力非常重要。以往军校在教学管理上程度不同地存在忽视部(系)一级作用的倾向,使其教学功能未能充分发挥。改革军队院校教学管理体制,要充分吸收地方院校教改的成功经验,使教学管理重心下移,进一步明确部(系)的职责和权利,挖掘部(系)教学潜力,最大限度地发挥部(系)在教学管理过程中的作用。

三是充分发挥教研室和教员对教学质量的直接管理作用。教研室是直接组织教员实施课堂教学的基层单位,教员是课堂教学的具体实施者,对教学质量的形成更有直接的控制作用。首先,按有利于培养学员综合素质的要求,科学合理地划定教研室编制,提倡以综合课程或课程群为中心组建教学基层组织,使教学基层组织成为学科群的组合体,既方便教学又利于开展学术科研活动,是实现学科型教学的关键,也是实施素质教育的基础。其次,努力提高教员业务素质,强化教员管理意识,通过对教学过程及各种因素的科学组合,严格管理,确保在有限的空间和时间内求取最佳教学效果。

四是充分发挥学员队在教学管理中的作用。明确学员队干部在教学管理中的职能,坚持队干部跟班听课制度,及时掌握教学情况,维持正常教学秩序,积极参与各种教学活动,严密组织非正式课程教学,参与对学员个性评估的实施以及培训过程各个阶段的质量控制。

（2）着眼高素质试验部队人才培养,强化教学质量管理。加强教学质量管理是实现试验部队人才培养目标的关键。在推进素质教育进程中,必须进一步更新教学管理观念,转变教学管理思想,牢固树立质量效益观念,始终把提高试验部队人才培养质量贯穿于各项工作中,渗透到教学工作各个方面。首先,大力推行全程教学质量管理:将教学过程分解为全期教学过程、学科课程教学过程、课堂教学过程"三个层面",便于实行分层管理;狠抓课前、课中、课后"三个关口",确保试验部队人才培养的质量。其次,实行教学质量全程调控:一是认真落实课堂教学质量检查评估制度,分别成立院、部（系）、室三级课堂教学质量检查评估组织,常年深入课堂,跟踪一线教学,及时反馈教学信息,不断改进教学;二是始终坚持党委议教评教制度,明确常委听课日,定期召开评教会,加强教学过程调控;三是实行各级教学管理干部听（查）课制度,明确规定各级各类教学管理干部必须深入教学一线听课查课,做到有计划、有检查,每月通报。

6.3　营造良好的校园文化氛围

（1）构建育人的院校文化环境。良好的教育环境是素质教育的重要条件,加强素质教育,必须构建与之相适应的校园文化环境,全方位开展校园文化系统工程建设。因为院校教育不仅是一种单纯的"课堂教育"区域,而且有着更广泛的内容和形式。所以,要转变"狭隘""封闭"的教育观,确立"开放""全方位"的大教育观。在开展校园文化建设中,尤其要弘扬中华民族优秀传统美德,在学员学习、生活环境中营造一种积极和健康向上的文化氛围,使学员处处受到潜移默化的影响。

一是大力加强校园"硬环境"建设,在重视教学硬件建设的同时,可在教学楼内设德育廊、艺术廊、知识廊等。根据校园可供活动面积合理规划绿化地带,使校园四季有绿、两季有花,形成一个整洁优雅、身心愉悦的育人环境。二是大力加强校园"软环境"建设,形成先进的物质设备和信息发展教育环境,充分发挥院校教育网络和信息中心的作用,为环境育人拓宽更为广阔的空间。

（2）努力提高军校的文化品位。努力建设有教育力和感染力、丰富多彩、健康向上的文化生活环境,是营造良好校园文化氛围的重要方面。加强学员的文化素质教育,仅靠第一课堂是不够的,还要充分利用业余时间和节假日开辟第二课堂,广泛开展各种形式的校园文化活动,把握军营文化的主旋律,大唱正气之歌,坚持开展思想性与娱乐性为一体的高格调活动,增强军校的吸引力和凝聚力,使之成为第一课堂的补充和延伸。

（3）加强校风、教风和学风建设。校风体现院校包括教学、学术、科研氛围和教职员工人际关系、工作精神、传统作风及校园文化品位在内的总体风貌。校风包含教风与学风。教风与学风的好坏,直接影响学员思想意识的形成,影响教

学质量的高低,影响培养人才的效果。在新形势下,军校要营造良好的内部环境,应侧重加强以下四个方面建设:

一是树正气,立新风。大力宣扬爱国家、爱军队、爱院校、爱本职,以校为家,甘为军事教育事业奉献毕生精力的思想品德;紧紧围绕培养高素质试验部队人才,积极探索院校精神文明建设的新路子,在深入开展"四个教育"的同时,进行职业道德和师德师风教育;增强文化体育活动的育人功能,陶冶情操,提高素质;形成讲文明、讲礼貌、讲奉献、讲纪律,生动活泼、健康向上的良好风尚。摒弃、杜绝院校内部不良的官兵关系和拜金主义,要采取措施下大力端正院校风气。

二是构建健康、和谐的人际关系,尤其要优化师生关系。教员要树立良好的职业道德,倡导以"爱心＋奉献＋水平能力"为工作标准,不断提高教员自身素质,用科学、严谨的治学态度与敬业精神感染学员。倡导"一切以教学为中心,一切为教学服务"的工作作风。形成教书育人、管理育人、服务育人和尊师重教的良好风气。

三是大力加强校风建设。始终坚持从严治校的方针,这是培养高素质试验部队人才的关键;健全各项规章制度,坚持依法治校;树立好教育者的自身形象,处处以身作则,为人表率,坚持以形治校。

四是树立严谨治学的教风和学风。教学是院校经常性的中心工作,提高教学质量是院校教育的永恒主题。教风不正,教学质量难以提高;教风不正,学风也难以端正。

（摘自于 2014 年研究报告《装备试验体系人才培养模式研究》）

美军装备试验人才培养做法及对我军的启示

1 问题的提出

随着基于信息系统的体系作战能力成为未来信息化条件下作战能力的基本形态,交战双方武器装备体系与体系之间的对抗更加突出。随着我军武器装备体系建设的快速发展,大批基于信息系统的武器装备将陆续进入国家靶场进行定型试验,这些新型装备能否尽快定型试验并形成新的作战能力,对国家靶场与试验人员的能力要求提出了新的挑战。如何培养大批业务精湛、指挥管理能力强、能够驾驭基于信息系统的武器装备体系试验的复合型人才,优质高效地完成新型武器装备的试验任务,是国家靶场的一项紧迫性和战略性的问题。为了加快试验人才的培养,必须改革以往人才培养的模式,创新人才培养模式,以适应未来基于信息系统的武器装备体系试验的需要。

2 我军装备试验人才现状

几十年来,我军在装备试验人才培养方面探索了一系列行之有效的方法路子,形成了具有我军特色的装备试验人才培养模式,为装备发展提供了有力的人才保障。但形势任务的发展对装备试验人才培养提出了更高的要求,特别是随着武器装备信息化发展和装备体系建设的步伐进一步加快,我军装备试验人才培养模式的短板进一步显现,为提高人才培养质量,改革人才培养模式,有必要对现有人才培养模式存在的主要问题进行认真分析和梳理。

一是人才培养目标单一有限,与信息化条件下体系试验的人才需求有差距。我国装备试验人才培养目标过于注重学科专业的教学,目标针对性强,关注学科理论的系统化,具有一次性就业教育的性质,过分注重第一岗位能力的培养,没有充分考虑到毕业生未来多岗位发展的可能,没有完好衔接学员毕业后的继续教育。培养目标的单一性客观上抑制了人才结构多样性和个性发展多样化的要求,不利于装备试验人才和武器装备体系建设的持续发展。同时,由于受到培养目标单一性的影响,我军装备试验人才缺乏管理使用高技术装备所必需的系统分析能力、组织管理能力。

二是专业设置与装备试验体系发展建设要求还有差距。我军在装备试验人才培养实践中,存在专业课程设置、教学内容和方法滞后于新军事变革及装备建

171

设快速发展进程,特别是装备试验相关理论和技术快速发展进步的情况,有些还比较严重。这样会导致学员毕业后难以尽快适应科研试验岗位任务需要,在一定程度上制约了我军装备试验能力的提高。另外,有些岗位目前还没有合适的培训专业和途径。如负责装备试验总体的人员、技术室主任等,还没有建立相关的培训专业,目前一般是分流到相关专业进行培训,但是与其所从事的工作关联性和针对性不强。

三是教学内容针对性与岗位和人才发展要求差距较大。教学内容存在过分强调理论的倾向,没有真正以培养实践能力和培养复合型人才为主线进行设计。教学内容安排不够合理,实践教学力度不够,专业特色不太明显,学员完成试验任务能力的提高还不明显。此外,装备试验人才培养注重单一专业教学,更多地关注学员的知识掌握情况,忽视非智力的、非技术性的因素,如价值观念、道德水准、意志品格、心理情感等的培养,由此造成人才视野不宽、底蕴不厚、动力不足、功力不深、后劲不大、创新能力较弱等问题,难以适应信息化装备建设和科研试验任务快速发展的需要。

四是培训途径单一,学员自主发展的空间不足。目前装备试验人才的培养途径还比较单一,表现为重课堂教学轻视课外教学,重院校培养轻视院校部队联合培养,军地联合培养渠道不畅。学员以课程学习和课堂教学为主,开展学术研究、听取学术讲座、到图书馆学习等时间和机会都很有限。除开设规定的选修课以外,学员较难有机会选修规定以外的课程,即便学习这类知识,绝大多数学员也是通过"自学"这一途径获得。在培训方式上,主要是以院校培养为主,还没有建立军校与部队联合培养、军校与武器装备科研单位联合培养的平台,容易造成教学内容强调理论、强调学科,与部队需求脱节,缺少创新,缺乏生命力。

五是装备试验人才培养质量评价方式有待完善。目前,装备试验人才培养质量评价通常采用考试和考查两种形式。理论课程以笔试为主,少数课程穿插课程小论文作为评定课程成绩的一部分依据;实践性课程采用技能考核、口试、综合演练等形式。有关学员品德评定、学员综合素质评价、学习内容是否适用岗位等尚未形成科学的评价方案和有效评价机制。在院校内部,一般由教务部门负责教学检查、督学听课、教研活动、毕业生跟踪调查等手段进行教学质量检查、监督、控制管理,教学质量控制效果主要由管理者掌握,具有一定的局限性。试验过程管理中不同程度地存在关系不清、职责不明等问题,试验过程管理缺乏科学性和层次性。人才培养质量评估一般由总部机关组织的专家进行检查评估,没有人才使用部门特别是基地专家的参与,缺乏针对性、适用性试验人才的评价;由于没有部队的参与,学校很难及时掌握武器装备信息化建设以及装备试验对人才质量规格的需求,不能在人才培养过程中通过体制机制的创新和培养模式的改进迅速地给予反应,从而影响教育质量。

3　美军装备试验人才培养的主要做法及特点

美国十分重视国防采办管理(包括试验与评价)队伍的教育与培训工作,并通过国会立法和国防部政策明确规定了采办管理队伍的培训要求。为了适应武器装备发展对装备试验人才素质提出的挑战,美军提出了一系列加强装备试验人才培养的改革措施,加快装备试验人才培养。美军高度重视装备试验人才的培养工作,建立了专职培训机构和完善的人才培养制度,注重教育管理的信息交流,大力推进继续教育,确保满足装备试验工作的需要。

3.1　在战略高度上重视装备试验人才培养

美军高度重视包括装备试验人才的培训教育,建立了协调的培训教育管理体制,投入大量人力、物力和财力,为美军源源不断地输送了一大批高素质的装备试验人才。为提高装备试验人员整体素质和专业技能,美军近来制定了有关装备试验人员招募、训练、教育、提升、使用的具体措施,并开办国防采办大学,培养专门装备试验人才。为加强装备试验人才的培养,美军制定了相应的试验与鉴定人才管理战略规划。美国国防部充分利用国会颁布的各项政策法规,积极实践试验与鉴定人才管理,不断开发新的试验与鉴定人才管理方法。如《采办队伍人才演示计划》,该计划是鉴别并采纳国防部试验与鉴定人才管理的最好方法,并将其纳入未来的国防部人员管理系统中。该计划自实施以来:一方面,试验与鉴定人员的雇佣审查时间缩短了50%,减少了管理工作量,增加了管理人员选择申请人员的余地;另一方面,改进了训练策略,有助于确保人才系统成功地实施。

3.2　建立系统化、网络化的人才培训体系

美军非常注重试验与鉴定的人才培训体系建设,在军队和地方院校都广泛开展了试验与鉴定培训。一方面,美国国防部下设国防试验与鉴定专业学院、国防采办大学、国防系统管理学院等和试验与鉴定专业密切相关的重点军事院校;另一方面,为扩大试验与鉴定专业教育的普及力度,美国的许多地方重点大学还设立了试验与鉴定专业,比较典型的是乔治亚理工学院的试验与鉴定研究教育中心。

国防试验与鉴定专业学院是由国防部试验、系统工程和鉴定局局长办公室及作战试验与鉴定局局长办公室特许。主要是为试验与鉴定专业人员提供职业发展、训练和资格认可,并作为促进试验与鉴定面向未来挑战的一个论坛,是美国各军种进行武器系统、子系统和相关设备试验与鉴定训练和研究的一个依托。

美国国防采办大学是根据美国法律(10,USC1746)和美国国防部指令DoDD5000.57成立的。主要培训美国国防部采办系统的各个领域在职装备试验与鉴定人员,以提高试验管理水平和工作效率。此外,还负责传播国防采办政策,开展国防采办管理研究工作,并为国防部负责采办与技术的副部长提供咨询服务。

试验与鉴定研究和教育中心于1995年在乔治亚理工学院成立,其主要任务是通过教育与训练计划推广试验与鉴定管理教育,使美国大多数理工科院校能对试验与鉴定管理培训引起足够重视。

美军装备试验院校和专职机构的建立,基本上实现了试验人才培养的体系化和专业化,不仅使装备试验人才培养走向了专业化的道路,而且有效地应对了不断变化的装备试验形势,有力地促进了装备试验人才的培养和装备试验人才队伍建设。近年来,美军装备试验人才的主要采用网络化培训,为增强网络培训的实效,美国国防部建立了各种知识学习模型,借助这些模型,培训人员可通过网络向专家请教问题,全面提高能力。

3.3 建立完善的培训管理体制,开展工作业绩支持培训

1990年11月,美国国会通过了《加强国防采办队伍法》,要求国防部对国防采办队伍提出教育、经历与培训的要求,并建立国防部国防采办人员的教育、培训与职业发展标准。此后又颁布了《国防采办教育、培训与职业发展计划》《采办职业发展计划手册》《国防采办队伍改进法》和《采办职业管理计划》等一系列指令和指示,进一步明确了国防装备试验人员教育培训和职业发展的组织管理、职责分工、培训方式、课程设置及具体操作程序等内容。

美军建立起国防部统一管理与三军分散实施相结合的国防装备试验人员培训教育管理体制。国防部长办公厅下设采办教育、训练与职业发展主任办公室和国防采办职业发展委员会,由负责采办与技术的副部长具体负责整个国防部系统装备试验人员的培训教育。三军设有采办职业发展委员会和采办职业发展管理办公室,具体组织实施本军种的装备试验人员培训。

为了适应武器发展及其对试验要求,近年来,美军开展了三类工作业绩支持培训方式:一是工作业绩支持方式,这种培训方式是在国防采办大学成立一个具有丰富的采办和试验工作经验并具有较高学术研究造诣的教师培训班子,深入工作第一线,为项目主任及其项目办公室提供现场业务咨询,帮助其解决工作中遇到的难题。二是目标培训方式,由国防采办大学制定和采用若干系统的、专业化的培训模型,为培训对象提供个性化培训服务。三是法规快速培训方式,国防采办大学对国防部重要的采办政策和指令、参联会需求生成指示和手册以及规划计划预算执行等文件出台后,在48小时之内把相关文件及其讲课多媒体等材料在网上公布,并组织对装备试验人员的培训。

3.4　重视人才的继续教育,利用军外培训机构开展业务管理培训

　　美军高度重视装备试验人才的继续教育,制定了一系列相关的法规制度。《国防采办队伍改进法》规定,对每一个采办岗位,要根据其职位要求的复杂程度,确定其教育、培训及阅历要求。只有培训合格人员才能担任采办职务或晋升高一级职务。为确保人员不断保持或提高其技能与知识,国防部还规定每两年要接受 80 小时的在职培训。

　　美军充分利用地方大学、工业界等军外培训机构开展装备试验人员培训工作。2003 年,美国国防采办大学与 65 家培训机构建立战略伙伴关系,广泛与各类院校、工业界、政府部门和职业化机构开展培训方面的业务合作,并建立了一个检索方便的网络在线数据库,帮助装备试验人员更好地满足其培训要求。装备试验人员可以通过相关大学的专业培训,获得更高的学历和学位;通过工业界和政府部门的培训,获得管理经验;通过一些职业化机构的专职培训,获得会计师等职业资格。

3.5　注重教育管理信息交流,建立"采办知识管理系统"

　　为交流试验与鉴定管理专业领域方面的信息,美国于 1980 年成立了国际试验与鉴定协会。主要任务是:为试验与鉴定管理专业领域方面的人才提供思想和信息等方面的交流平台,对在试验与鉴定管理领域方面做出突出贡献的集体或个人予以表彰,资助出版各种与试验与鉴定相关的刊物。为全面提高装备试验人员的专业素质和综合能力,美国建立起各种采办知识管理系统或知识共享系统,使装备试验人员共享知识。国防部建立了"采办知识共享系统",该系统借助网络技术实现装备采办法律、法规、指令、指南和手册的实时查询,组织虚拟小组进行讨论和交流,建立"虚拟图书馆"和专家库,提供在线咨询和服务。除国防部外,美国三军分别实施知识管理战略规划,出台了相关的知识管理政策和备忘录,提出了知识管理的目标,建立起各自的采办知识管理系统。

　　美军在现有编制体制条件下,通过院校培训、在职培训、网络培训等培训方式,使试验与鉴定人员在提高管理能力的同时,不断提高试验与鉴定的专业背景知识,大力培养复合型试验与鉴定人才,以适应现代武器装备试验与鉴定发展的需要。研究美军装备试验人才培养的做法、经验及特点,对于构建我军装备试验人才培养模式,加速我军装备试验人才培养,具有一定的参考和借鉴价值。

4　对我军的启示

　　推进装备试验人才培养模式转变,必须转变人才培养观念,重视相关环境和制度建设,加强院校师资队伍和院校文化建设,为试验装备人才培养模式的转变

提供有力的保障。根据我军装备体系建设以及装备试验发展需要,在装备体系试验以及作战试验的总体设计、作战想定、试验流程设计、试验组织指挥、试验仿真模拟等方面的加大人才培养力度。

4.1 实施装备试验人才建设的战略规划和顶层设计

装备试验人才队伍建设是军队人才战略工程的重要组成部分,为了加快我军试验人才培养需要做好两方面工作:一是加强试验人才培养理论研究,通过理论研究确定我军试验人才队伍规模、结构和素质要求,根据装备建设和试验任务的发展提出我军试验人才建设的总体思路和培养目标;二是制定我军试验人才工程战略规划,根据我军武器装备体系建设与靶场体系建设需要,确定试验人才队伍的建设与发展方向,对试验人才队伍建设的数量规模、知识结构、素质要求等提出目标要求。坚持"宁可让人才等装备,也不能让装备等人才"的人才队伍建设原则,用跨越式的思路培养人才,用超前的知识造就人才,用有效的机制保留人才,形成一支拥有高新技术、能够驾驭高新装备、善于组织指挥和管理的复合型试验人才队伍。

4.2 创新装备试验人才培养理念

为适应装备试验的要求,必须重新审视和考虑人才培养理念的内涵,并在此基础上积极创新装备试验体系人才的培养理念。

一是树立超前培养的观念。装备试验人才必须适应武器装备发展的需要,并形成试验"综合能力"和"整体效能"。这就要求装备试验人才培养必须具有前瞻性,培养出大批满足信息化武器装备试验的知识型人才。为此,必须做好装备试验人才队伍的顶层设计,全方位、多渠道开发人才资源,实现装备试验人才的跨越式培养。

二是树立能力是核心的观念。能力是核心就要求由追求人才数量向追求人才质量的转变。要根除过去只重学历文凭、不重实际能力的做法,把学历教育和能力培养有机结合起来,把基础知识教育和前瞻性知识教育统一起来,培养出一支指技俱精的装备试验人才队伍。

三是树立终身培养的观念。装备试验人才生长是一个实践性很强的过程,其能力素质的提高是循序渐进的过程,不能只依靠学历教育阶段的培养,还必须注重继续教育和岗位训练。

4.3 走装备试验人才职业化道路

装备试验涉及众多专业领域,人才培养涉及的专业多、周期长,走试验人才队伍职业化道路是解决人才培养难、流失快的有效途径。为实现未来职业化道路,需要做好两方面工作:一是实行不同职业领域分类管理。可借鉴外军的经验,结合我国靶场建设实际情况,划分出试验人员职业领域。每个职业领域可分为初级、中级和高级三个层次,并规定每一层次人员的学历、经验和培训的资格与标准。二是建立职业"准入"和"退出"制度。针对不同职业领域不同层次的情况,建立"职业准入"制度,统一制定各领域和各层次人员的职业准入"门槛",保证进入人员的质量;建立"职业退出"制度,使试验人员可上可下,在试验人员队伍内形成竞争机制。

4.4　健全装备试验人才培训体系

为解决我军装备试验人员知识更新与能力提高问题,应结合试验基地的实际情况,进一步完善武器装备试验人才培训体系,细化专业类型与培训目标,增强人才培训的针对性和人才队伍培养的总体效能。

一是完善装备试验人才培训模式。应该充分利用军队和地方院校的师资力量以及试验基地的资源,可按照地区和专业在部分试验基地或院校设置若干培训中心,逐步完善各类职业领域的学科体系和专业课程,针对学员司、政、后、装、技的特点,结合岗位和专业特点要求,采取集中教学、分组教学等形式实施。

二是建立终身培训机制。依法建立起一套伴随装备试验人员职业的终身培训制度,试验人员在一定时期内必须经过规定时间和规定内容的培训。实施过程中可按照不同的专业领域要求,分别接受装备试验理论、法规、案例、经验、方法等方面的培训。

三是提高培训效益。为了扩大培训范围,降低培训成本,应利用各种现代培训方式和培训手段,积极开展网络培训,建立各类试验知识管理和数据共享系统,使试验人员共享知识和数据。试验基地应与院校建立人才培养战略协作机制,院校采用送教上门的培训方式,为试验人员提供现场业务咨询和指导;试验基地根据试验需要可邀请院校专家进行指导,共同解决试验中的问题。

4.5　完善装备试验人才培养法规制度

试验人才队伍建设是我军装备现代化建设的一项十分重要的战略性工程,必须以法规和制度给予保障。目前在试验人才培养方面法规制度还不完善,应不断加强建设,逐步建立起配套的法规体系,使装备试验人才培养纳入法制化道路。首先应制定一部统领装备试验人才队伍建设的法规,在此基础上分别制定相关试验人员培训管理规定以及专业培训的要求和内容等。

5　结束语

面对军事技术领域日益激烈的竞争,建立一支技术精、作风硬、能力强的高素质试验与鉴定人才队伍,是装备试验发展的迫切需求。

开展装备试验人才培养理论研究与实践,改革创新试验人才培养模式,提高装备试验人才质量,是装备试验建设与发展的需要,是完成我军基于信息系统的武器装备体系试验鉴定任务的需要。为此,应加快对复合型试验人才的培养,加速装备体系作战试验人才队伍建设,培养一批既掌握装备试验理论又懂装备作战使用,既能完成装备性能鉴定试验又能进行装备作战试验鉴定的复合型人才队伍。

（文章发表于 2014 年第 2 期《装备学院学报》）

军队任职教育开展"问题式"教学法的研究与探讨

任职教育是培养军事人才的重要途径,对生成和提高部队战斗力具有重要作用。面对军事变革的不断发展以及转变战斗力生成模式的发展要求,军事院校的人才培养模式需要进行相应地创新和完善,从而使军队院校的教学适应完成新任务、造就新人才、谋求新发展的要求。

1 "问题式"教学及特点

"问题式"教学,就是以"问题"为中心,以"提出问题—分析问题—解决问题"为过程主线,教员与学员针对某一问题进行共同研究、探讨,并始终把岗位任职理论知识、方法和技能贯穿于整个问题教学之中的教学模式。

当前,武器装备迅速发展,新型作战力量不断增加,军队担负的使命任务更加艰巨,对军事人员的能力素质提出了新的、更高的要求。实施"问题式"教学,创新军校任职教育教学模式,可以通过部队岗位需求基本指向,牵引教学内容和教学模式的转变,有效提高各级各类军事人才归纳岗位素养和任职能力,实现军事人才的精确培养。

依据"问题式"教学的基本理念,总结开展"问题式"教学的实践情况,"问题式"教学具有以下基本特点:

一是逆向性。逆向性是针对问题寻求解决问题的理论答案。"问题式"教学的核心是以问题为中心、以问题为纽带,通过问题的提出、分析直至最终得到解决问题的方案,这与传统学历教育的思维定式相反。因此,把握好"问题式"教学这一特点,要求教员首先要了解问题、掌握问题。为此教员要深入部队调查研究,了解并掌握学员任职岗位的能力、素质要求,并针对这些要求结合学员岗位任职面临的难点、热点和焦点问题进行精心梳理和归纳。总结问题时,要注意普遍性与个性的关系,尽可能采用共性问题,围绕这些问题进行专题式教学,应用学科理论对这些问题进行分析,提出解决方法。通过教学过程,达到掌握知识、解决问题、巩固理论的目的。

二是双向性。"问题式"教学倡导一种合作、交流、互动的精神,课堂上不仅仅是教员提问、学员解答这一传统过程。"问题式"教学充分发挥学为主体的作用,教学主线是学员有问题,学员提问,教员回答、学员回答或者师生共同讨论。

教员在课堂中,主要起组织、引导、控制、解答作用,改变一言堂、"满堂灌"的弊病,形成以学员为中心双向互动的学习氛围。

三是创造性。"问题式"教学注重提倡学员独立思考,并具有主动性。课堂上主要是以激发学员产生问题开始,以产生新的问题终止,强调从无到有、源头创新和发生过程。改变以往传统教学中,只注重对知识的记忆,忽视对知识的理解和消化,阻碍了学员主观能动以及思维发展和创新能力发展,培养学员创新精神和以新的方式思考问题的能力。

四是应用性。"问题式"教学以部队岗位任职需求为基本指向,以提高岗位任职能力为基本教育目标,具备教为战、研为战的实用思想。教为战、研为战应是一名指技融合型教员具备的一项基本意识,问题直接来源于岗位工作,紧贴部队作战训练需求,紧贴部队建设实际,紧贴武器装备发展,紧贴岗位职责要求,通过"问题式"教学,能够形成应用性专题报告或产出应用性成果。

2 "问题式"教学的实施

"问题式"教学按其教学活动的过程,分为发现问题、确定问题和处理问题三个阶段。

2.1 发现问题阶段

发现问题是"问题式"教学的首要环节,也是影响"问题式"教学效果的重要阶段。发现问题阶段主要完成并解决以下工作:

首先,了解教学对象岗位实际需求。观察情境、察觉问题,关心情况、接纳问题,简称"引起动机",而动机必须紧贴部队作战训练需求,紧贴部队建设实际,紧贴武器装备发展,紧贴岗位职责要求,必须与提高培训学员岗位素养和任职能力相吻合和一致,因此,发现问题必须了解教学对象岗位实际需求。如面对转变战斗力生成模式的重大现实问题,如何实现战斗力生成模式的转变便成为亟待解决的现实需求。

其次,学员来院校学习前,要明确学习目标,梳理好工作中的问题,也就是带着问题学。即使有了这个认知上的察觉问题,还得要学员感觉到有兴趣或有必要去处理,有了这种心理上的需求,学员才能关注到此问题,而用心去思考这个问题。一般来说,需要设计一个教学策略,以引起学员有目标的学习,在教学策略中,必须做到引发的问题是学员在工作中体会得到的,性质明确而答案有待讨论的,也就是有充分开发性的。对于任职教育的学员来说,最好是学员从各自的工作中带来的问题,这些问题最能反映部队工作的实际,解决了这些问题也就满足了他们来院校学习的需求。

最后,在教学活动中教员要善于引发问题。安排合适的情境固然有助于引发学习的动机,但更重要的是如何将学员的思考方向引导到特定的方面去。让学员朝这个方面去观察,自然而然就能引出关于这方面经验的回忆,再通过对新情境的观察,进而形成各方面数据的比较和思考。在此思考活动过程中,有困惑、矛盾、融会贯通或另有新解,这些思考有的是批判性的,有的是创造性的,有的是整理归纳性的,很自然地就能察觉到许多疑问和有待澄清的问题,在认知上伸展出开拓的触须。

2.2　确定问题阶段

因为学员培训时间有限、培训内容周期有限等客观条件的限制,所以确定有价值的问题成为"问题式"教学的重要环节。按照"精、新、实"的要求形成专题设置,从而增强教学的针对性和实效性,提升任职教育的内在价值。教员在确定问题时要注意以下两个方面:

一方面,把握好确定问题的原则。一个好的问题要明确而开放:明确是明晰问题的性质,具备明确的岗位指向;开放是答案未知,有待探讨。问题确定要以加快转变战斗力生成模式为主线,着眼有效履行新世纪新阶段我军历史使命要求,坚持与军队人才发展战略和军事训练转变相一致,以部队需求为牵引、以岗位合格为目标,明确急需解决的问题,确立开放性专题,从而实现问题设置的精确性和科学性。

另一方面,学员可能会提出很多与现实工作相关的问题,教员需把这些问题理清,做好引导、整理和归纳工作。一是对有些看似不同,其实重复的问题,应当加以说明之后合并;二是有些问题属于好恶选择或价值判断,没有外在客观的论证得以根据的,不宜进行研讨;三是有些问题未问到本质上,可以进一步讨论,以达到本质问题;四是有些问题虽好,但不是教学上所要的方向,可以加以讲评、鼓励后,再加以搁置;五是有些问题太大,可以采取解析成有层次的系列小问题,再逐一研讨。经过一番整理、研讨、分析,待问题的特质明白之后,研究的问题明朗化了,思考的方向才能确定。

2.3　处理问题阶段

此阶段的教学活动要立足在学员自己解决问题的情境下进行。因此,学员是教学的主人,教员应居于顾问者、协助者、导航者的地位。

面对问题,由于每个学员的经验背景不同、偏好不同,对问题可能的答案各有各的推测,纷纷提出各自处理的办法。在教学上一般采取分组研究的方式,可按学员解决问题的途径进行分组。在此阶段的教学活动,学员以批判性的思考做比较分析,以创造性的思考提出各种办法,经过讨论,综合各方意见,权衡轻重得失,从而形成数种可行的对策。在自由开放的研讨气氛中,带着理性、客观的科学态度把好的、可行的主意挑选出来,这种讨论事情的态度在学习上是很重要的。

讨论结束后,教员要对学员讨论的结果进行整理,包括:问题产生的前因后果,问题分析的相关条件;解决问题的方法、程序以及评析对策的可行性等。整理后的资料同时是教员后续教学的宝贵资料。

3 "问题式"教学模式实施中应注意的问题

3.1 选好"问题"是关键

任职教育以部队岗位需求为基本指向,以提高岗位任职能力为教育目标。必须津贴部队作战训练需求,紧贴部队建设实际,紧贴武器装备发展,紧贴岗位职责要求,着力在各级各类人才职业素养和岗位任职能力上寻找。

提出问题只是成功的一半,而选好问题是成功的关键。为了使学习能够在自然的氛围下进行,学员愿意投入到学习当中,问题的设置非常重要。问题应该是学员在工作中遇到的热点和难点问题,也可以是以后任职岗位可能遇到的问题。教员要把握好问题的选择,要注重普遍性问题,特殊性问题或片面问题一般不宜在课堂中讨论,选择问题不仅要胸中有"纲",而且要"目"中有人,把实际问题和教材知识变为专题讲座,最大限度实现教学目标的针对性、实效性。

3.2 "形式"必须服务于"内容"

教无定法,学无常规。若要使课堂教学发挥积极效应,必须树立新观念,改变传统注入式教学法,使课堂教学成为师生共同参与,相互作用,创造性地实现教学目标的过程,把学员从"上课—学习—作业—上课"这一机械运作中解放出来。在"问题式"教学过程中,教员是问题的启示者、引导者,引领学员的思考方向。因此,教员应该围绕教学内容,采用多种形式的教学方法,充分运用"启发式""研讨式"和"案例式"等教学方法,提高课堂教学的有效性。

3.3 "教员"要实现向"导员"的角色转换

"教员"要实现向"导员"的角色转换需要从三个方面着手:一是调动学员的主动意识,鼓励其主动地改变和提高自己。这就要求对学员做好思想引导工作,同时为其创造锻炼机会,如提出一些争议性问题,启发其思考身边问题等。教学实践表明,当学员形成主体意识,学习达到主动适应水平时,就会在主体意识机能的作用下,把接受学习过程转变成创造性的自主活动过程,并在动机指引下确立活动目的和任务。二是教员要弄清"导"什么。在外在方面,引导学员怎样用好图书馆和网络设备,怎样用好参考资料,怎样结合自身实践来研究问题。在内在方面,就要引导学员锻炼独立思维能力;通过对研讨问题的分析、综合和抽象,培养系统思维能力;通过对同一问题的各个角度的比较和推理,培养辩证和创新思维能力。三是教员要引导好研讨过程。问题式教学并不是放任自流,而是在教员的精心组织和引导下实施的。充分发挥学员自身优势,在研讨问题时做到有的放矢,把他们在部队实践中遇到的问题、把部队当前作战训练需要解决的问题、把军事斗争准备最紧迫的问题带入课堂,分专题、有步骤、有计划进行研究,使他们在浓厚的兴趣和强烈的探索精神驱动下获取知识、创新知识。此外,还要善于发现学员的新认识和新观点,不失时机地引导,促使其不断迸发灵感,帮助他们解决问题。

3.4　注重能力培养

理论是"灰色"的,而实践是"丰富多彩"的。知识只有在使用的过程中,才能转化为能力,否则永远是教条。教员在教学组织上要注意设置思考问题的时间和空间,在教学策略上要尽量以使学员自己努力寻找解决问题的方式来进行。要让学员有其思考和想象的空间,使学员把能力用在置疑、提问和重新认识事物上,激活学员的创新意识,养成求异的思维习惯,谋求独特的定向发展。"问题式"教学只有充分发挥学员的积极性,变被动学习为主动学习,注重学员解决问题的能力培养,才可使"死"的知识变成"活"的知识,才能使学员在面对新的问题时知道做什么和怎么做。

4　结束语

学习的目的是为了解决问题,"问题式"教学法中"发现问题"与"确定问题"阶段具有高度的批判思考和创造空间,学员在自由热烈的讨论气氛中学会权衡轻重、掌握重点的处事方法,是此教学法的特点之一。由于问题是由这种过程中产生的,学员的学习就是要来解决自己所产生的问题,学习动机自然强烈,学习效果会更加显著。

（文章发表于装备指挥技术学院 2007 年第 2 期《教学研究》）

装备中级指挥院校教学质量管理体系 建设若干问题的思考

我军装备人才培养经过近十年的不懈努力,质量不断提高,为促进我军装备建设提供了人才资源和智力支持。但是,必须清醒地看到,目前我军装备指挥人才培训质量与新时期装备建设工作的需要还有较大差距。在新军事变革条件下的今天,装备人才培养工作面临许多新情况和新问题,人才培养质量建设任重道远,特别是作为人才培养基地的装备中级指挥院校,如何实现指挥与技术融合,全面提高人才培养质量,是一个亟待解决的重大问题。建立教学质量管理体系,通过体系的运行来保证教学质量的不断提高是一个有效的方法。

1 装备中级指挥院校教学质量管理体系建设的重要性

建设一支现代化的军队,实现质量建军的目标,必须要有相应的硬件和软件作为支撑,一流的装备和一流的人才是实现质量建军的重要保证。现代战争注重武器装备的重要作用,但更强调武器装备使用者——人的作用,人是战争中最主要和最重要的因素。装备中级指挥院校是全军装备指挥人才培养的基地,院校教学作为人才培养的主渠道,教学质量对所培养的人才质量的形成和发展将产生重要的影响,从某种角度来说,教学质量决定了人才培养的质量。因此,建立教学质量管理体系是加强装备中级指挥院校教学建设、强化教学质量、确保人才培养质量的重要保证。

加强装备中级指挥院校教学质量管理体系建设,改革目前院校教学质量管理制度,建立人才培养质量管理监督体系,促进教学质量管理进一步走上法制化、规范化道路,是高质量地完成装备中级指挥人才培养任务的需要,是确保部队得到德才兼优、指技俱精的装备指挥人才的需要,是做好新时期军事斗争装备准备工作的需要。

人才培养质量体现了院校的教学管理水平、全面建设水平和组织文化的发展水平。作为人才培养基地的装备中级指挥院校,承担为全军输送合格装备中级指挥人才的重任。加强教学质量管理体系建设不但是完成人才培养任务的一个重要途径,而且是装备中级指挥院校自身不断提高教学质量管理水平,以质量求得生存和发展的需要。

加强装备中级指挥院校教学质量管理体系建设,实施科学的管理,促进教学资源的合理配置,使配置手段和调控机制更加完善,更好地利用有限的资源,对于加速院校教学质量建设,促进院校建设全面、协调、可持续发展具有十分重要的意义。

2　装备中级指挥院校教学质量管理体系建设的原则

ISO9000:2000《质量管理体系要求》对质量的定义为一组固有特性满足要求的程度。在定义中对其载体不做规定,证明质量可存在于各个领域或任何事物中,ISO9001:2000《质量管理体系要求》也充分考虑不同行业的使用要求,经多次修改具有普遍适用性,凡需要证明其有能力稳定地提供满足顾客和适用的法律法规要求的产品(包括教学服务),均可按此标准建立质量管理体系。建立质量管理体系的目的是帮助组织增强顾客满意,积极需求进一步改进的机会,以提高组织管理体系的有效性和效率。因此,ISO9000:2000《质量管理体系要求》也适用于教学质量管理体系建设。

建立装备中级指挥院校教学质量管理体系涉及面广、工作量大,必须予以充分的重视。在教学质量管理体系建设中必须周密计划、充分论证、科学设置。要立足现有编制体制,通过结构调整、优化整合、合理配置资源,实现体系建设的目标。建立装备中级指挥院校教学质量管理体系,在总体上应按照标准规定的原则和方法进行。此外,在具体操作过程中还应注意以下原则。

2.1　立足现有编制体制

建立装备中级指挥院校教学质量管理体系必须立足现有编制体制。目前,院校编制体制已经确定,不可能有大的调整,因此需要院校自身进行结构调整,通过科学、合理地设置机构和人员,实现质量体系的建设。在体系建设中,要着力强化系统和综合管理职能,使得决策层、管理层、执行层结构合理,具有机构简单、层次合理、责权分明等特点。同时,要根据系统管理的要求完善组织制度,使各个部门、机构、单位形成有机的整体,通过完善法规和制度消除质量管理"条块分割"本位主义等问题。装备中级指挥院校教学质量管理体系建设涉及许多部门和单位,必须做好统一规划和分步实施。要结合各单位的实际,科学地制定教学质量管理体系建设的政策和措施,充分发挥各方面的积极性,形成有利于提高教学质量建设的整体合力。

2.2　系统性与继承性

质量管理体系文件反映一个组织质量管理体系的系统特征,应该对影响质量的技术、管理和人员等因素的控制做出规定。由于质量管理体系文件由多种层次和多种文件构成,体系文件的各个层次之间、文件与文件之间应做到层次清楚、接口明确、结构合理、协调有序,彼此之间不能相互矛盾、互不统一。

已经建立并完成其职能的组织,尽管没有实施 ISO9000 系列标准,其客观上也存在质量管理体系,只是可能还不系统、不规范、不科学有效而已。但是,组织在长期实践活动中,也完全可能有适合其运作的各种管理经验。在编写教学质量管理体系文件时,要注意继承性,对学院行之有效的一些管理经验、规章制度加以选择和吸收。

2.3 全面的教学质量管理

全面的教学质量概念。教学质量实际上是院校各项工作、各个环节、各个职能部门工作质量的综合反映。其不仅包括教学本身的质量,还包括院校各项工作的质量。因此作为院校的组织,必须能够识别影响教学质量的各种因素,实施全面的教学质量管理。

全过程的质量管理。全过程主要是指教学设计、教学准备、教学实施、课程考核、结业、教学总结等整个教学环节。全过程的质量管理,是指对上述各个过程的有关质量进行管理,不仅包括课堂教学全过程,而且包括教学设计过程、教学辅助过程以及学员生活服务过程的质量控制,使教学质量管理的深度和广度扩大。

全员参与。人才培训能否成功,不仅需要院校最高管理者的正确的决策和领导,还必须依靠全体教职员工的参与和奉献。各级人员都是组织之本,只有他们的充分参与,才能使他们的才干为组织带来成功。教学质量取决于过程质量,过程的有效性取决于各级人员的意识、能力和主动精神。只有人人充分参与和发挥才干并具有敬业、负责的精神,教学质量才会得到有效保证。全体教职员工都要理解自己工作的相关性和重要性,能识别影响工作的制约条件,创造条件胜任工作,在规定的职责范围内行使工作的自主权,承担解决问题的责任,提高自己的知识、意识、技能和经验,以实现全面的质量管理。

2.4 持续改进

由于院校内外部环境的不断变化以及教学质量本身所具有的波动性,因此必须对教学质量进行持续不断的改进。全面质量管理强调有组织、有计划、持续地进行质量改进,是一种动态性的管理,正如质量管理大师朱兰博士指出的"质量管理不仅要有控制程序,而且要有改进程序"。培训院校必须根据人才培训的需求,调整培训计划、实施教学质量控制、持续改进教学质量,以满足不断变化的人才培训需求。

3 装备中级指挥院校教学质量管理体系建设中应注意的问题

3.1 突出质量管理在教学中的作用和地位

装备建设的快速发展,对装备中级指挥人才的需求更加迫切。把好质量关,确保人员培训质量,必须突出质量管理在教学中的作用和地位,一切以质量为标准。突出质量管理在装备中级指挥培训中的作用和地位必须注意四点:一是注重领导作用。领导要创造一个全员参与实现目标的内部环境,提高全体人员的质量意识,使质量管理的目标能够得到真正的贯彻和落实。二是全员参与。建立教学质量管理体系,实现组织的质量方针和目标是全体教职员工的共同责任,只有全体教职员工的参与和奉献才能实现组织的方针和目标。三是建立体系文件和程序。文件是增值活动,能沟通意图,统一行动,程序是行动的指南,通过体系文件作用和规范的体系运行程序保证质量管理有章可循、可靠运行。四是持续改进。体系建立并不能一劳永逸,还需要不断的持续改进。为了增强改进效果,除自身审核评价外,条件允许时,还要进行二方、三方体系认证与审核,从而不断完善教学条件、改进教学方法、提高教学质量。

3.2 适应装备全系统、全寿命管理的客观要求

建立和完善装备全系统、全寿命管理的体制,是适应装备发展规律的客观要求。与此相对应,就必须具备一大批适应装备全系统、全寿命管理的装备中级指挥人才,这也是装备质量管理科学化的重要内容。目前,我军装备存在的整体质量水平低下、重大质量事故屡屡发生,与装备科研、采购和使用过程中的质量管理方法不科学和水平低下有着不可分割的联系。由于历史的原因,科研人员不懂采购,采购人员不懂维修,造成了装备中级指挥人员不适应装备全系统、全寿命质量管理的客观要求。因此,在建立教学质量管理体系时,必须从装备全系统、全寿命管理的客观要求出发,充分考虑装备管理、装备采办、装备保障人才的合训与分训问题,进行统筹计划,实施综合管理。

3.3 注重领导决策

领导决策是质量管理体系文件编写的前提。对于中级指挥任职培训院校来说,学院党委做出建立教学质量管理体系重大决策是组织生存和发展的关键,决策经过充分细致的质量管理体系策划后,应对方针、目标、组织结构、职责、权限规定、体系覆盖范围、资源配置等有明确的意见并形成文件,作为编写质量管理

体系文件的依据。由院长负责制定的质量方针是学院总方针的组成部分,学院最高管理者要创造全员参与实现目标的内部环境,并把组织的质量目标分解落实到适当的职能部门和管理层次,让全体人员理解并贯彻落实。建立质量管理体系必须由领导推动,才能建立起信任、和谐、相互支持的工作环境,才能提供必需的资源、培训及在职责范围内的自主权,才能激励、鼓励和表彰全体教职员工的成绩和贡献,通过公开和坦诚的交流和沟通实现组织的成功。

3.4 培训要先行

培训是质量管理体系文件编写的基础。质量管理体系文件编写的水平取决于全体编写人员的水平和素质,编写人员对 ISO9000 系列标准的理解、对组织的现状以及对整个教学环节的熟悉和掌握程度有很大关系。因此,文件编写前的培训十分重要。培训的主要任务是了解标准、理解标准、掌握标准、执行标准。在实施过程中需要注意必须按照不同层次分别培训:

一是对最高管理层的培训。重点是了解标准,清楚质量管理体系建立、实施的过程和要求,理解质量管理体系的原理、8 项质量管理原则和最高管理者主要职责等。

二是对部门负责人和骨干的培训。重点是理解标准、理解 ISO9001 标准对质量管理体系要求,以及如何结合本部门进行具体应用等。

三是对文件编写人员的培训。除包括针对骨干人员的培训内容外,还要消化标准,清楚如何将标准转化为组织自身的要求,学习质量管理体系文件及其编写知识。

四是对内部审核人员的培训。除掌握必要的标准知识外,还要学习有关内部审核理论和实施知识。

五是全员培训。为执行标准、实施质量管理体系文件创造条件,要通过各种渠道对全体教职员工进行质量管理体系有关知识的培训。

3.5 注意与院校全面建设工作相协调

装备中级指挥院校教学质量管理体系的建设,需要教学过程各阶段的结果以及有关数据作为支持,因此教学质量管理体系建设在贯彻 GJB9001A—2001《质量管理体系要求》的基础上,还要充分考虑院校教学的特点和规律,必须注重与院校全面建设的其他方面相协调。教学质量管理与院校行政工作、政治工作、后勤工作密不可分,建立教学质量管理体系同样需要院校行政、政治、后勤工作的有序进行和协调发展。因此,要从院校全面建设的高度出发,对教学质量建设进行一体化管理。在体系建设过程中,要注意做好系统之间的接口设计,明确质量管理的责任与义务,实现质量管理的监督与控制。

4 结束语

装备中级指挥院校教学质量管理体系建设是一项复杂的系统工程,涉及方方面面,工作量大。在实施过程中可能还会遇到许多矛盾和问题,这些矛盾和问题的解决需要我们在具体工作中不断深入研究,在体系建设过程中勇于创新,在实施过程中持续改进,并最终建立起适应装备人才培养需要的教学质量管理体系。

(文章发表于 2008 年第 11 期《继续教育》)

指技融合型装备采办中级指挥
人才培训的思考

科学技术的发展,极大地改变了现代战争的面貌,同时对军事装备人才的培养提出了新的要求。党中央、中央军委科学规划了新世纪我军的人才发展方略,明确提出了"五支队伍"的人才培养方针,把人才培养目标定在"既懂政治又懂军事,既懂指挥管理又懂专业技术的复合型人才"上。随着我军高技术武器和信息化装备的快速发展,装备采办活动中指挥与技术融合度越来越大,综合化趋势越来越明显。以往指挥与技术相分离的专业型人才,已不能满足新时期装备采办中级指挥岗位的任职需要,迫切需要一大批能指挥、懂技术、擅管理的复合型人才。如何加快指技融合型装备采办中级指挥人才的培养,打通指挥与技术相分离的关节点,更好地发挥院校在中级指挥任职教育中的作用,以下是我们对这个问题的思考和做法。

1 明确采办中级指挥培训的指导思想

装备采办中级指挥培训是指军队院校为适应军队装备采办领域中级指挥管理人才岗位逐级晋升所进行的短期进修和岗前培训,是军队装备指挥管理人才任职教育的重要组成部分。装备采办中级指挥培训不但具有任职教育的共性,而且是有其自身的特点。因此,在培训过程中必须针对培训目标,并结合其特点,明确教学指导思想,合理设置课程体系,科学配置教员队伍,严密组织实施,才能达到预期的教学效果。

1.1 学员特点

一是学历层次高。装备采办中级指挥学员来自全军装备采办各部门,绝大部分都已接受过本科学历教育,部分学员具有硕士或博士学位,是各单位的技术骨干。他们具有较高的文化层次和理论基础,因而对军事装备理论知识的理解能力和自学能力较强,能够理论联系实际,独立思考和研究问题。

二是专业复杂。参训学员主要毕业于军队和地方各类工程院校,所学专业涉及机械、光学、电子、通信等。培训前,大多从事各类装备技术和技术管理工作,具有深厚的理论功底和业务素质。但就拟担当的中级领导职务而言,其理论体系仍需要完善,特别是管理知识更需要加强。绝大多数学员热切希望通过加

190

强理论知识的系统学习来提升自己的工作水平,尤其是管理能力。

三是学员来源广,工作经验丰富。参训学员主要来自陆、海、空、二炮各军兵种、部队基层和装备机关,在军事代表行业工作多年,有着丰富的装备采办工作经验,对当前装备采购制度和军事代表制度改革面临的热点、重点和难点问题有着切身的感受和独到的见解。因此,在教学过程中必须改变"一言堂"的传统教学模式,要加强相互间的交流,积极组织研讨,给学员提供充分发表个人见解和观点的机会,使教员系统的理论知识和学员丰富的实践经验相互渗透和融合。

1.2 教学指导思想

明确指导思想是做好教学工作的前提。中级指挥培训是对已完成学历教育并有一定工作经验的人员的培训,目的是培训学员具有拟从事中级指挥岗位的工作能力。因此,其教学指导思想应定位在以下三个方面:

一是打牢政治基础。政治工作是我党的生命线,这是被我党、我军的革命使和建设史所证实的真理。作为一名中级领导干部,首先要讲政治。这是中级培训的重要方面,是首先需要解决的问题,解决好学员"为谁干,为什么要干"的问题。

二是提高任职能力。一个人的能力是多方面的,不同职业领域对能力要求也不同。对于拟晋升团职领导干部而言,需要从一个"执行者"到"组织者"的转变。既需要具体业务能力的提升,又需要领导能力的培养。因此,中级指挥培训在教授理论知识的同时,必须把落脚点放在任职能力的提高上。

三是紧跟时代发展。装备采办中级指挥培训的培养目标要具有动态性,适应中国特色军事变革和军事斗争准备的需要,瞄准世界新军事变革前沿,着眼发展,使学员了解和掌握装备采办在装备建设中的重要作用以及高技术武器装备和信息化武器装备知识,扩大学员的知识面,开阔学员视野,为学员在以后工作中的科学决策,提供技术支持。

2 建立指技融合型课程体系

课程体系设置是人才培养和核心问题之一。对于装备采办中级指挥人才的培养,应突出装备采办中级指挥岗位任职需要,按照装备采办中级指挥培训的任务、方式、特点,建立"以指挥为重点,以技术为基础"的人才培养模式,形成指挥与技术相结合的复合型特色,实现由传统课程体系向指技融合型课程体系的转变。

2.1 建立指技融合型的课程内容体系

课程内容设置要紧紧围绕岗位需要和学员综合能力的提高,以研究的问题或课题为中心,打破学科界限,重组知识体系。坚决克服"重军事轻基础、重技术轻管理、重现有轻发展"的现象,紧紧围绕适应指技融合型装备采办中级指挥人才培养的要求,加速教学内容的改革。从复合型军事人才应具备的知识、能力、素质结构出发,建立融指挥、装备、管理和技术为一体的新型课程体系,突出课程的综合性、实践性和应用性,尽快建立"体系严密、内容宽泛、重点突出、适度超前"的教学内容体系。

2.2　在课程设置上要强调针对性

从装备采办中级指挥培训的特点来看,大多数学员来自技术岗位,专业技术和业务能力都比较强,而普遍缺少指挥管理方面的系统知识。鉴于学员培训后将走上中级领导岗位,从事采办指挥与管理工作。因此,在课程设置上要以指挥管理类课程为主,注意适当增加这方面的基础课程比重,如现代管理学、军队指挥学、军事代表室管理、装备合同管理、现代企业管理等。考虑目前来自全军装备采办系统的培训学员,各自的经历不同,学历不同,知识结构相差较大,涉及的专业技术多而复杂的特点,在技术方面主要设置一些基础性较强的专业课程,例如,通过合理的课程设置,使学员能够熟练运用现代管理理论,解决今后实际工作中可能遇到的问题,增强科学决策的能力,适应未来装备采办中级指挥岗位任职的需要。

2.3　教学内容与课程设置应紧贴现代战争的需要

当前,世界军事变革快速发展,战争样式不断变化,大量高新技术和武器装备不断投入战场。了解未来高技术武器装备发展的方向,掌握高技术武器装备和信息化装备知识,为高技术武器装备和信息化装备采办指挥和管理工作打下坚实的基础,是装备采办中级指挥人才岗位任职的需要。因此,在课程设置上应将牢固树立时代意识和前瞻意识,瞄准军事变革的前沿,不断更新教学内容,及时将反映现代科学技术高技术武器装备和信息化武器装备知识充实到教学内容中,使学员能够跟踪军事技术的发展方向,始终站在军事理论和技术发展的前沿。

3　着力造就复合型教员队伍

教员是教学活动的承担者和实践者,在采办中级指挥人才培训中起着重要的作用,培养指技融合型装备采办中级指挥人才,对教员的综合素质提出了更高的要求。在学科知识体系方面,教员必须具有专业性、理论性和前沿性;在教学实施上,必须具有系统性和针对性,并善于总结归纳学员突出的各种问题,指导学员用所学的理论解决实际问题。因此,教员也需要通过不断努力提高自身的综合素质,使自己成为既懂院校教育又懂部队管理,既懂理论又懂实践的"复合型"教员。这需要从以下几个方面入手。

3.1　优化学科的人才结构

从装备采办中级指挥培训的特点出发,在重视技术人才的同时,加大指挥管理类教员的选拔任用。一是对现有教员人才队伍进行优化重组,实行跨学科、跨专业、跨单位调整。二是采取有力措施加快高层次人才的引进,可以考虑从部队有实践经验的优秀人才、地方大学专家、教授和毕业的研究生中引进,共同构成高水平的师资队伍,促进教员队伍人才结构的进一步优化。三是实行教官制度。选拔多年从事装备采办管理工作,经验丰富并且理论水平较高的装备干部充实到教员队伍,弥补现有教员队伍对现实情况了解不深的不足。四是聘任理论造诣深、实践经验丰富的装备管理机关、科研院所和军事代表系统的专家为客座教授或邀请他们进行专题讲座,发挥他们的特长。

3.2　改善教员的知识结构

建设高素质教员队伍还必须针对装备采办中级指挥培训的需要,补弱固强,努力改善现有教员队伍的知识结构,使之具有培养"复合型"高素质新型军事人才的良好知识结构。通过采取多种渠道改善教员的知识结构:一是有计划、有针对性地对教员进行送学,提高教员的学历层次和理论水平。送学应突出装备采办中级指挥培训的专业需要,优先考虑军事装备学专业和指挥管理类专业。二是采取组织教员进行调查研究、考察进修等方式,尽快培养一批能够担负起装备采办中级指挥培训任务的教学骨干和学术带头人。

3.3　丰富教员的实践经验

教员具有部队任职经历,是搞好任职教育的重要条件之一。装备采办中级指挥培训对象的显著特点是具有实践经验,对现实问题都有一定的认识和见解。作为教员必须具有基本的实践经历,才能够将理论与实践结合起来。很难想象一个没有部队任职经历的教员,如何教会学员在部队任职。因此,在通过多种途径大力推进人员知识结构和学历层次的升级的同时,要采用多岗位培养、多渠道锻炼的举措,着力培养复合型的教员队伍。利用院校集中学习的优势,通过与部队交义代职,进行岗位模拟锻炼,对教员进行多岗位培养,这样既能锻炼教员的任职能力又能了解部队需求和学员需求,为制定教学大纲和教学计划提供科学依据,增强了教学的针对性和主动性。

4 注重教学的组织实施

再好的口号、再完善的课程体系、再好的教员队伍,如果教学组织不利、落实不到位都是空谈,只有教学效果才是检验教学质量的唯一标准。

4.1 提高认识,在培训思想和观念上实现转变

教学的组织实施涉及两个重要的问题:一是教员如何教;二是学员如何学。传统教学活动中只重视教员的"教法",而忽视了学员的"学法"。装备采办中级指挥培训不能像传统学历教育那样,以完成"教"为核心而展开,而应主要围绕学员的"学"来进行的。因此,首先要从更新思想观念入手,要正确理解教师角色的改变。装备采办中级指挥培训要求转变传统教育中"唯师是从"的专制型师生观,构建教学双重主体之间相互尊重、相互信任、相互理解的新型平等、民主、合作关系。在教学活动中,教师仍然是教学活动的设计者、组织者,是学员学习的管理者、指导者;但教师的一项重要职责是促使学员学习的进一步发生。其次是正确处理教与学的关系。由于装备采办中级指挥培训的学员大都具有良好的教育背景,具有丰富的实践经验,学员对所学知识有更深层次的认识和理解。因此应针对学员特点,充分开展研讨式教学、案例式教学,使学员在教学互动中加深对问题的理解,达到教学相长、学学相长的目的。

4.2 勇于创新,不断探索教学模式和教学方法

装备采办中级指挥培训要求必须改变传统的以讲授为主的教学模式,采用"精讲—自学—研讨—演练"相结合的教学模式。通过精讲和自学,使学员了解装备采办管理方面的基本知识,掌握装备采办管理理论的基本内容和基本规律;通过研讨、案例教学等方式,使学员参与到教学环节之中,变被动学为主动学。通过小组讨论,学员之间可以交流不同观点,并对问题进一步求证,以便对问题有更深的理解;通过参观、考察和演练,学员会亲身感受到所学知识在实践领域中的应用,更直观、形象化,对所学内容会有更深层次的内心体验。同时,综合运用"启发式""研讨式""开放式""案例式"等教学方法,使学员积极主动地参与到学习过程中,起到与学生互动的良好效果。针对学员有丰富实践经验的特点,开展学员讲坛,有计划地安排学员走上讲台,交流自己的经验和研究成果,达到教学相长、学学相长的目的。

4.3 充分利用先进化教学手段

随着科学技术的飞速发展,教育技术也日新月异。在装备采办中级指挥培训中,充分利用现代化教学手段,能够达到事半功倍的效果。任职教育的特点是

教学时间短、课程多、信息量大,不借助现代教学手段,不仅无法取得好的教学效果,甚至难以完成教学任务。要积极推进教学方法手段改革,大力开展网络化教学、多媒体教学、模拟化教学,充分利用现代化教学手段增强教学的针对性。

5　结束语

时代呼唤能够推进中国特色军事变革、实现跨越式发展的新型高素质人才。着力在指挥与技术的融合上下功夫,大力推进装备采办中级指挥人才培养工作。从指挥层面上研究解决技术问题,从技术层面上研究解决指挥问题,是实现指挥与技术融合的重要手段。"指技融合"的最终标准,是要建立起指挥与技术相融合的培训体系、学科理论体系和课程体系,培养出"能指挥、懂技术、擅管理"的高素质复合型指挥人才,能够运用指挥与技术的综合手段解决现实军事斗争准备的重点、难点问题,为我军的装备建设事业做出应有的贡献。

(文章发表于 2007 年第 7 期《继续教育》)

关于军队院校研究生教育若干问题的思考

1　前言

随着我军武器装备现代化进程的不断推进,部队对于武器装备相关人才的要求大大提高,怎样才能培养出符合部队要求的研究生,是摆在军队院校研究生教育面前的一大难题。如何对现行的研究生教育模式进行合理的改革和完善,才能使培养出来的研究生在部队建设中发挥其应有的作用,值得每一个从事研究生教育的工作者认真思考。下面从军队院校研究生培养教育过程中的几个方面入手,分析现行培养模式中存在的问题,并提出了一些合理化的建议和措施。

2　目前研究生培养存在的问题

军队院校研究生教育经历了几十年的探索和改革过程,各项管理制度和培养教育方法经过多次的修改和完善,在研究生培养各个方面取得了巨大的成就。但仍然存在着一些问题,其中一些问题在不同程度上具有普遍性,这些问题的存在制约了军队院校研究生教育质量的进一步提高。

2.1　课程教学有待进一步改革

课程设置科学合理与否,直接关系到研究生培养质量的高低。目前研究生课程设置和教学过程中还存在着一些问题:一些研究生学员反映课程安排不够合理;授课内容没有反映学科的前沿问题;在专业课学习过程中,同领域校外专家学者授课或作学术报告较少;专业课考试方式仍然采取本科教育模式,采用读书报告或小论文方式极少。因此,在研究生培养过程中,有必要根据培养目标,尤其是要按照培养部队需要的创新型军事研究生的要求,加强研究生教学改革,使研究生教学能够满足其拓展知识面,激发其创新意识和创新思维的要求。

2.2　研究生培养条件亟待加强

俗话说:"巧妇难为无米之炊。"在西方发达国家国防科技飞速发展、国防理念和制度层出不穷的今天,军队院校研究生教育要紧跟国际军事教育理论研究的前沿。在研究生阶段能否做出具有创新性的成果,除导师的指导和自身的努力外,还需要有良好的研究条件。目前,军队院校研究生培养条件还存在许多不足,如图书资料文献、研究平台等方面,还不能满足研究生学位论文研究的需要,甚至许多研究生还没有供研究使用的实验室和电脑。

2.3　研究生管理工作有待加强

严格的、科学的管理制度历来是保证质量、提高效益的一个基本条件。培养优秀的军队高层次人才,没有严格的管理制度约束是不行的。目前,一些军队院校的研究生管理工作还存在一些薄弱环节,需要进一步的加强。据了解,不少研究生学员甚至不清楚《中华人民共和国学位条例暂行实施办法》中对学位论文的要求,反映在:开题报告内容要求不清楚、格式不规范,国内外相关研究不清楚,开题报告不查新,研究题目与内容雷同较多,引用文献应付数量,论文中的文字以及排版错误百出,甚至同一院校的论文格式也不一致等。因此,要保证研究生的培养质量,培养出更多的创新型研究生,就必须根据研究生的特点和研究生培养规律,规范和加强研究生的管理工作。

2.4　研究生评价机制有待进一步完善

目前,研究生评价机制中有一些硬性规定,要求研究生在校学习期间必须完成的一些指标和要求,这其中大部分要求对于研究生的培养教育有一定的促进作用,但有一些规定存在着不合理。如有的院校要求研究生在申请答辩前,必须在核心刊物上发表一篇论文等。实际上,论文是否发表与研究水平的高低没有必然联系,并非发表的就是高水平,没发表的就是低水平。评价研究生的科研能力和创新能力不能以是否发表论文为标准,而应以论文本身的质量为标准。如果以发表论文作为硬性规定,将促使研究生花钱买出版、花钱买发表等腐败学风的增长,这是很值得人们思考和避免的。因此,有必要对研究生评价机制进行系统的研究和改进,最终形成操作性强,科学、合理的评价机制。

3　提高研究生培养质量的对策

3.1　完善研究生课程教学模式

完善研究生的课程选择和教育模式,有助于提高研究生的综合素质,使研究生在课程学习阶段形成相对较宽的知识面,有利于其后期的课题研究。所以,在研究生的课程教学上应当尝试"跨学科专业选择计划""跨专业课程兼修计划""通识案例必修课程""相对标准考核规则"等教育创新的举措,加大研究生学员的自主选择性,而对于一些通用的强制性课程也不应仅局限于政治、英语、数学等课程,还应当引入一些与部队实际有关的,如通识案例等相关课程,使得学员在学习本专业的课程时能够更好地将所学知识与部队现实相结合。这样才能在充分尊重学员个性发展、兴趣爱好和自主选择的基础上,全面提升学员的全面素质和竞争力。

另外,在课程设置和教学方法上也应当有所改革,形成以科研为中心的研究生培养理念,根据科研需要来设置、安排课程和学习时间的培养模式,形成以"解决问题"为切入点,把"解决问题—获取知识—解决问题"的课程教学与课题研究相结合,加大实际案例课程、研究型课程、方法论课程,以及现地教学、参观见学等课程的开设力度。尽可能地拓展学员的知识面和视野,使学员学会和掌握分析解决问题的科学方法,提高解决实际问题的能力。

3.2 加强研究生培养的硬件建设

完善研究生培养硬件建设,既有利于研究生跟踪国内外本专业领域的现状和发展方向,从而进行学术创新性研究,也有利于军队院校学术研究、科研平台、图书资料的完善。然而,加强硬件建设并不等于研究生开展研究工作不需要走出校门,不需要进入一线部队进行调查和研究工作。而是要通过加强硬件建设,保障研究生在学校能够查阅到基本的资料,使研究生在导师的指导下有较好的实验条件完成绝大部分研究内容。

3.3 规范研究生管理

突出"严"字。人都是有惰性的,只有严格要求才能有利于进步。如果对研究生疏于管理,放任自流,就不利于提高研究生培养质量。当然,对研究生的严格要求,并不是仅要求研究生在读期间发多少文章,学位论文有多厚,更重要的是对研究生的生活、思想、治学态度、使命感、责任感、创新性等方面严格要求,集中的体现是对论文质量的要严格把关。一是严把开题报告关。做好开题报告是导师指导研究生的重要一环,是研究生做好学位论文的基础,是培养研究生掌握和处理文献信息能力的关键一环。可以说,一个不重视开题报告的导师不是一个称职的导师,一个不重视开题报告的研究生是一个没有培养前途的研究生。二是严把论文质量关。作为导师、论文的审阅者和答辩委员会成员,要严格按照"硕士学位论文对所研究的课题应当有新的见解,表明作者具有从事科学研究工作或独立担负专门技术工作的能力"的要求,对论文严格把关,严防滥竽充数。通过建章立制杜绝讲人情和"走后门",真正实现由"严进宽出"向"严进严出"或"宽进严出"的转变。

提供研究生与外界交流的机会。在研究生开始一段研究工作后,要让研究生带着问题和想法到基层部队或研究所去请教、去交流。了解现行体制方法的优缺点,激发出创新思维,不应该是简单地埋头自学,应该善于与他人交流。通过主动与优秀的专家教授和部队官兵的交流,"跳出"导师和自己的思维框架,激发出新的思维,迸发出新的思想火花。

198

3.4　注重培养研究生素质的可持续发展

为适应军队现代化建设的需要,新时期的军队研究生必须全面发展。研究生本来就是高素质的人才,拥有诸多的优良素质;但是基于不进则退的忧患意识,研究生应该有更高的要求,即研究生素质应该实现可持续发展,这样才能成为未来合格的军队人才。概括起来,研究生素质的可持续发展包括创新能力的培养、综合素质的提高、学风道德的建设和后继发展的延续四个方面。这四个方面都很重要,不可偏颇。

(1)创新能力的培养。创新是一种思维能力的跃迁。对于研究生来说,创新也是能力的重要体现。只有各方面的能力到了一定的高度,思想的火花才可能在适当的时刻闪耀,从而形成创新。创新不是对已有知识的抛弃,而是一种扬弃与升华。只有能力达到一定水平,才可能具备创新的条件。从这个意义上来说,作为高素质的人才,研究生是最有实力实现创新的人群。研究生教育与本科生教育的一个重要区别是:本科生更强调宽基础、大平台、通才教育,同时培养创新意识和创新精神;研究生则更强调创新精神的培养和创新成果的取得。要营造创新氛围,崇尚学术自由,百花齐放,百家争鸣;要允许探索、允许失败、宽容失败、保护偏才、怪才、奇才。

(2)综合素质的提高。综合素质的提高是我军发展对人才提出的新要求,是研究生素质的可持续发展的重要内容。研究生都是在一轮轮考试中胜出的佼佼者,然而专业的分类使得军队院校很多研究生在掌握本专业领域的知识以外对于其他方向的知识知之甚少,甚至在同一个大方向内只了解自己小方向的相关知识,这远远是不够的。军队院校在这方面应引起足够的重视,通过开展专家的学术报告、定期的研究生之间的跨专业交流等方式,促进军队研究生综合素质的提高,以适应新军事变革的需要。

(3)学风道德的建设。严谨求实是做学问必须具有的严肃态度。研究生作为年轻一代的科学研究工作者,在开始科研的初期就应树立端正的学风态度。研究生的道德建设需要个人、院校、军队的共同努力。个人要加强自身道德修养,深化科学研究精神意识;院校要制定合理可行的规章制度;军队要营造良好的道德风尚。在各方的共同努力下,研究生的学风道德建设才能走向完善。

(4)后续发展的延续。研究生作为高层次的人才,在面临部队工作实际时,常会遭遇所学的用不上、所用的非所学的困惑。知识的快速更新是军队发展的必然。如果军队研究生适应这种发展,就要相应地调整自己的知识结构和学习方式。研究生的科研生活不是终止于毕业,而在某种程度上恰恰是开始于毕业,因为从毕业这里踏出了走进部队的第一步。研究生素质的可持续发展,必须考虑研究生毕业后的后续发展的延续。后续发展是基于研究生在校期间的学习,但并不局限于此。工作后的机遇,也是研究生后续发展的相关因素。无论怎样,研究生在校期间的学习态度、学习方式将会对今后的发展产生影响。因此,加强研究生在校期间的培养,必将对其后续发展产生相当的推动作用。

3.5 合理安排研究生的课程学习和撰写毕业论文时间

大多军队院校的研究生在校期间,研一进行课程学习,从研二开始进入课题研究和论文撰写阶段的时间安排模式。多数学员反映从第三学期才开始着手进行论文选题、收集资料等工作,课题研究时间较为紧张。很多学员到了论文送交盲审阶段时,论文工作还没有完成或是仅仅赶工完成,导致论文质量下降,影响学员正常顺利毕业。因此,如果能把研究生的课题研究和论文撰写阶段提前到与课程学习齐头并进,不仅可以提高效率,还可以实现学研相长。

这项工作的落实需要院校和指导教师一起担负起培养责任。军队院校应当明确要求研究生指导教师必须在研究生入学起就要为其制定详细的学习研究计划,并开始指导研究生进行科研方面的训练。同时,院校应当配套出台相关的有效检查措施,督促研究生充分利用时间,把握好每个培养环节。为学员在两年半内正常顺利完成学业提供了制度保障。

3.6 加强导师队伍建设

"严师出高徒,名师育英才。"研究生的培养质量与导师密切相关。怎样才能让研究生的优秀品格和个性得以正确、充分地发挥,如何让自己的学生得到科学研究方面的真才实学、锤炼其为人处事的优良品行是每一位导师的职责。要培训出创新型的研究生,导师自己除业务上的精湛。恪守学术道德和教育规范,以及广博的知识外,还要有强烈的创新意识和使命感,有对自己指导的研究生的学习进程、学术水平、科研能力负责的责任感。

传统的观点往往认为,导师仅承担着教书育人的义务,对于研究生的培养质量只承担道义上的责任。这种观念在师生关系上则体现为传统的师徒式关系,导师拥有较强的话语权,学员则处于从属的、被动的地位。而以创新为目的的研究生教育承担培养更多高素质的创新性人才和创造更多高水平的创新性成果两项任务。科学研究与研究生教育的紧密结合,客观上使导师指导研究生在以教书育人为主导追求的基础上,增加了科研收获的双赢内容。研究生也不仅是一名普通意义上的学生,而是具有学员和初级研究者的双重身份。由此,应该赋予导师以更多的责任意识。

4 结束语

当今是我军全面加快现代化发展步伐的重要时期,也是我军实现跨越式发展的关键时期,军队院校对于培养高素质人才有着不可推卸的责任。怎样才能使军队院校的研究生在进入部队后能够快速成为部队建设的领军人,是我从事军队院校研究生教育工作者必须认真思考的问题。作为军队院校的一名研究生指导老师,都应当通过自己的努力,使每一名毕业的学员在今后的工作岗位上能够充分地发挥自身的知识和能力,为实现我军跨越式发展做出应有的贡献。

（文章发表于 2010 年第 3 期《继续教育》）

第六篇　装备建设

用科学发展观指导装备体系化建设

科学发展观是马克思主义世界观和方法论的继承与创新,科学发展观既是推动我国经济社会发展的最新理论成果,也是推进我军装备建设又好又快发展的强大思想武器。武器装备体系化建设是当前我军装备建设的一项重要内容,在武器装备体系化建设中全面贯彻落实科学发展观,是实现我军由半机械化向机械化和信息化建设跨越的重要保证,对于建设信息化军队、打赢信息化战争、有效履行新世纪新阶段我军历史使命具有十分重要的指导意义。

1 实现武器装备体系化发展必须做好顶层设计

武器装备作为战争的重要物质基础,能否成体系发展直接影响未来战争的成败。高技术战争与以往战争相比,不再是单个作战单元、作战要素之间的对抗,而是建立在各作战单元、作战要素高度融合基础上的系统与系统之间的对抗,作战胜负不取决于作战双方是否掌握一两件先进武器,而主要取决于系统整体效能的发挥,取决于整个军事力量建设的链条是否相互配套完善。近年来的几场现代战争表明,体系对抗已成为作战双方对抗的主要形式。武器装备体系结构的完整性,以及构成体系的武器系统的完备性,将直接影响到战争进程和作战效果。因此,武器装备体系完善程度是体系化的一个重要标志。

1.1 做好顶层设计是武器装备体系化建设与发展的首要任务

顶层设计是指国家和军队高层对武器装备发展的目标、方针、措施、步骤及组织保障等问题进行的总体设计,是对武器装备发展的长远规划和宏观指导。武器装备建设是一项复杂的系统工程,涉及各个方面和许多问题,特别是对一些重大问题。必须经过科学的论证,从顶层上就着手做好设计,防止出现重大问题。这是实现武器装备体系化发展的最有效措施。现代武器装备本身结构复杂,技术含量高,各种性能的武器装备系统能否组成一个有效的体系,是否满足未来作战要求,不经过科学的谋划和缜密的顶层设计将无法满足要求,显然是无的放矢。因此,做好顶层设计是实现武器装备体系化发展的一项首要任务。做好顶层设计需要把握好以下四个方面工作:

一是重视顶层设计。顶层设计关系我军武器装备发展大局,必须予以高度重视,既不能停留在口号上和形式上,也不仅仅限于高层装备领导机关,要使涉及装备建设与发展的部门和单位,包括管理部门、使用部门、论证部门、研制部门、生产部门以及相关的各个层次等都要有共同的认识并形成一个有机的整体,在武器装备发展的开始就武器装备发展的目标、方针、措施、步骤及组织保障等问题进行总体设计,从而保证顶层设计的正确性和科学性。

二是明确建设目标。既然顶层设计是对武器装备发展的长远规划和宏观指导,因此要以战略眼光和发展的角度规划好武器装备体系建设的总体目标及阶段性目标,避免出现断代差距。把发展建设目标放在满足未来多层次作战需要上,以满足有效威慑、高技术局部战争、反恐怖作战等多层次作战需要。把重点放在信息化装备建设上,大力发展高技术和高效武器装备体系,逐步缩小与发达国家的差距。

三是使顶层设计形成制度化。顶层设计是武器装备发展的总体设计,涉及武器装备发展的各个环节和各个方面,事关重大,必须建立相应的运行机制,并形成制度化、程序化和科学化,才能保证顶层设计工作有效进行。制度化是开展好顶层设计工作的保证,程序化是规范顶层设计工作的依据,科学化是顶层设计质量的重要保证。

四是顶层设计必须注重科学性和针对性。顶层设计既关系我军武器装备整体发展的长远大局,又关系一项武器装备的全系统、全寿命周期过程,体系化的基本要素构成以及各要素之间的关系等是顶层设计必须研究和解决的问题。注重科学性,就是要求人们遵循武器装备发展客观规律要求的同时,还应注意以科学的态度和方法做好顶层设计工作。注重针对性,就是要求人们不但要在整体上做好武器装备顶层设计,还应做好军兵种武器装备以及具体型号武器装备的顶层设计工作,保证顶层设计完整性和层次性。

1.2　武器装备体系化建设必须采用系统思想

武器装备体系化建设是一项复杂的系统工程,涉及国防和军队建设的各个方面,谋划好武器装备体系化发展,既要着眼做好当前工作,又要注重长远发展。这就要求人们必须从发展的角度研究未来战争对武器装备体系构成的影响,并科学地构建武器装备体系。武器装备体系建立是一项长期的工作,也是一项动态性较强的工作,需要根据未来作战需求以及科学技术进步情况不断加以完善。为此:一方面认真研究近年来战争的作战样式以及对抗特点,总结武器装备体系发展的要求,建立近期目标;另一方面根据未来战争特点以及技术发展趋势,用系统的思想谋划出武器装备体系发展的总体目标和方向。用系统思想谋划好武器装备体系发展,就是要站在系统的高度,从全局的角度上把握武器装备体系发展的方向,统筹规划好主战装备、保障装备、训练装备以及非战争军事行动所需装备的建设与发展问题。具体来说需要注意以下三个方面：

一是认真做好需求分析。以科学发展观指导我军武器装备建设又好又快发展，必须紧紧围绕军事斗争准备的需求。军事斗争准备是最重要、最现实、最紧迫的战略任务，也是武器装备创新发展的直接牵引。做好装备需求分析必须紧贴军事斗争准备需求，以军事斗争准备需求为牵引，进一步优化我军武器装备结构体系，加快新型武器装备特别是高技术武器装备发展，提高信息化装备水平。按照信息化条件下联合作战的要求，实现装备体系配套、系统配套、保障配套，推进部队装备成系统成建制形成作战能力和保障能力。

二是制定好政策措施。装备建设是国家和军队建设的一项大事，既涉及武器装备发展的目标、方针、措施、步骤及组织保障等诸多问题，又与国家政治、经济建设相关，为保证武器装备建设目标的顺利实现，必须制定好相关政策和措施，以协调好各方面关系。完善的政策措施对于武器装备建设目标顺利实现起到保障护航作用。

三是做好监督、评价工作。顶层设计既关系我军武器装备发展的总体目标，也关系到军兵种装备的发展，涉及整体与局部、体系与个体的发展和利益。为防止顶层设计出现失误和个人主观臆断，必须建立完善的监督评价机制。通过严格的监督和科学的评价，保证顶层设计的科学性和合理性。

2 做好统筹规划，保证武器装备体系的协调发展

统筹兼顾既是我国经济与社会发展的根本方法，也是武器装备建设的根本方法。武器装备建设的可持续发展，就是在武器装备建设中着眼于未来发展的连续性，从资源、技术和人才上按照打赢未来信息化战争要求实现武器装备的不断发展。在体系对抗的信息化战争中，既有主战装备又有保障装备，既有通用装备又有专项装备，它们本身及其相互之间都有信息化建设的诸多问题。因此，在筹划信息化建设时，必须保证武器装备体系各要素之间、体系结构以及主战装备与配套装备的协调发展。正确处理好重点装备与一般装备的关系、主战装备与保障装备的关系、体系内装备与体系外装备的关系、急需装备与改进装备的关系、息化化武器平台与信息基础设施关系等问题，是保证武器装备体系的协调发展、促进武器装备体系效能整体提高的关键。坚持武器装备可持续发展思想需要注意以下三个方面的问题：

一是正确处理好武器装备需求与经济建设的矛盾关系。武器装备是军事活动的客观基础和物质手段，是军事和战争需求中的作战手段需求，因而也是最主要和最基本的军事需求。影响和制约武器装备发展的因素是多方面的，最主要的是经济因素。由于我国仍属发展中国家，经济实力还不强，在国防建设上不能像发达国家那样有充足的经费保证。因此，在信息化装备体系建设中，不能照搬

国外的做法,必须遵循军事装备发展与综合国力相协调这一客观规律,从国情出发,做到"有所为,有所不为",保证武器装备的可持续发展。

二是树立一盘棋思想。树立一盘棋思想就是在总部集中统一领导下,既要统筹规划好重点建设方向和重点装备的建设,保证重点项目、重点装备得到经费的支持,以解决军事斗争的急需,又要考虑各军兵种的作战需求,做到宏观平衡;既要在纵向上实行统一的规划计划,加强装备全寿命管理,保证信息化装备建设的方向,又要在横向上注意保持协调发展,保证战斗力水平的整体提高。此外,还要规划好信息化装备建设的顶层技术标准,包括武器系统体制、网络平台、接口标准等等,通过规范标准,从顶层上保证不同武器系统之间实现互连互通,使信息化武器装备能够保持持续发展。总之,就是要使有限的军事装备资源得到合理利用,实现武器装备结构的整体优化,能动地保持武器装备体系的协调发展。

三是正确处理好重点与一般的关系。既然武器装备建设受到综合国力的制约,因此在武器装备发展上存在时间先后、重点与一般的关系问题。集中力量办大事是社会主义制度下的一个有利原则,不仅仅是在经济建设上,在武器装备建设上也应该遵循这一原则。集中力量优先发展重点武器装备和目前急需的信息化武器装备,兼顾一般武器装备和军兵种特殊武器装备的发展,防止出现平均主义和一刀切的现象。

3 坚持独立自主是实现武器装备创新发展的根本道路

自主创新能力是一个国家科技事业发展的决定性因素,是武器装备建设创新发展的重要保证,是推进武器装备体系化建设的战略基点,是实现我军武器装备创新发展的根本道路,必须从战略的高度上来认识自主创新能力对一个国家装备持续发展重要性。坚持自主创新要牢固树立以我为主、为我所用的思想,坚持有所为、有所不为。善于把引进技术与我军武器装备建设实际结合起来,走出一条符合中国特色的武器装备发展之路。

3.1 实行"两条腿"走路方针

武器装备建设必须坚持走自主创新之路。坚持武器装备的自主发展,就是发展我军装备要始终立足国情军情,坚持自力更生,通过自主创新,实现军事装备跨越式发展。装备建设关系国家安危和民族存亡,历史和现实已多次证明,把国家安全寄于外国或单纯引进的装备上是十分危险的。我们必须牢记,任何时候都不能"一条腿"走路,而必须坚持"两条腿"走路的方针。经过半个世纪的发展,我国装备建设取得了长足的进步,已经形成门类齐全、综合配套的国防科研、试验、生产体系,初步具备了研制、生产高技术装备的能力。实践证明,我们完全有能力依靠自己的力量自主地发展武器装备,依托我国国防工业力量,完全可以走出一条军地装备社会化保障的路子。当然,我们强调独立自主,并不是闭关自守,排斥外援,在目前全球科技一体化趋势下,没必要依靠自身力量一切从头开始,要善于借鉴和引进人类研究和发明创造成果,并加以引进消化吸收,这是实现我军装备建设快速发展的重要手段。

3.2 坚持有所为、有所不为的发展模式

在坚持以自主创新与引进消化吸收相结合同时,还要注意坚持有所为、有所不为。武器装备建设体现了一个国家的综合实力,必须与国民经济发展相协调,这是武器装备建设必须遵循的基本规律。由于"我国正处于并将长期处于社会主义初级阶段。这是在经济文化落后的中国建设社会主义现代化不可逾越的历史阶段,需要上百年的时间。"鉴于我国经济社会发展水平,在装备建设上还存在需求与可能、体系与个体、急需与长远、重点与一般等诸多矛盾。这些矛盾的解决,也要求人们必须踏踏实实地按照科学发展观的内在要求,正确处理好这些矛盾关系,不能脱离国情和军情的实际,搞一蹴而就式的发展。要加快以信息要素为核心的武器装备建设,必须立足于体系化发展的基础,通过顶层设计、科学规划、稳步实施,不断提高我军装备水平。坚持有所为、有所不为需要处理好以下三个方面的关系:

一是处理好战略威慑与常规威慑武器装备的关系。战略武器装备与常规威慑武器装备共同构成了国家安全的基石,战略武器装备必须在有效遏制的基础上,注重"质"的发展,常规武器装备应该在体系的基础上注重"质"与"量"结合。

二是处理好军兵种装备协调发展的关系。海军装备应重点发展能够实现远海机动作战与近海综合作战的武器装备系统,以夺取制海权。空军装备应重点发展预警机、隐身飞机、无人机以及防空反导武器系统,以有效夺取制空权。陆军装备重点应发展与机动作战、立体攻防相适应的武器装备。在此基础上,军兵种要加强信息融合、指挥融合和作战融合,提高联合作战能力。

三是处理好信息装备建设与信息基础建设的关系。信息化装备建设与信息基础建设密切相关。信息基础包括信息资源是信息化建设的物质基础,没有信息基础建设,信息化装备就无法构成体系。鉴于目前我军信息化工作的实际情况,在大力发展武器装备信息化的同时,要加强军队整体信息化建设工作,只有军队整体信息化水平的提高,武器装备信息化的作用才能得到有效发挥。因此,在加强武器装备信息化建设的同时,不能忽略信息化基础的建设,两者必须统筹规划,才能相互促进和共同发展。此外,还要在武器装备研制生产、部队训练、装备保障等各环节加强信息化建设的力度。

3.3 坚持以人为本,培养信息化装备复合型人才

科学发展观以人为本的发展理念,体现了人类社会发展的根本目标,人是生产力最活跃的因素,人类社会的一切活动都离不开人的参与和实践,武器装备建设能否又好又快发展取决于人的主观能动性的发挥。因此,在武器装备体系化建设中必须坚持以人为本,重视人才的开发和利用,特别是要加强信息化武器装备人才的培养,尽可能做到人尽其才、才尽其用。要形成装备、人才协调发展的良好局面,避免出现"装备等人才"或"人才等装备"的不协调现象。坚持以人为本,培养信息化装备复合型人才需要注意以下三个方面:

一是注重提高人才的综合能力。现代战争既是综合国力的较量,也是武器装备的对抗,更是人才的比拼。军队要完成多样化任务,必须有综合能力强的人才队伍作支撑。培养一大批指挥能力强、谋略水平高、精于操作、善于保障、心理素质良好、身体素质强壮的复合型人才将是决定未来战争胜败的关键。因此,要把提高人才综合能力作为培养的重要内容和标准,推动人才队伍建设的快速发展。

二是注重提高人才的创新能力。实现武器装备建设的跨越式发展就不能墨守成规,必须有创新的思维和创新的能力,造就一大批具有创新素质和创新能力的人才是实现武器装备创新发展的关键。加强与院校、军工企业、科研单位的人才交流与技术合作,改革传统教育理念,探索创新型人才培养模式,实现人才成长和创新能力提高的有机结合。

三是注重人才的培养使用。在人才的培养上,既注重培养,又注重使用。人才的成长进步离不开客观的实践活动,即实践出真知。如果不重视人才使用,或使用不当,其才干和特长无从发挥,人才最终也将成为庸才。人才的浪费是最大的浪费,因此,坚持以人为本是实现武器装备体系化信息化建设快速发展和可持续发展的关键。

4 结束语

我军装备建设经过多年的努力取得了长足进步,但也应当清醒地认识到,我军武器装备整体水平与发达国家相比还存在有明显差距。目前,我国军事工业基础还比较薄弱、自主创新能力不足、武器装备费用的投入总量和强度不足,国防科技管理体制机制改革相对滞后、武器装备生产的基础条件落后、效率不高、人才资源整体优势减弱、高水平人才严重不足等,这些因素制约了我军武器装备体系化、信息化建设,对于军队完成中央军委提出的完成多样化任务要求构成了严峻的挑战。以胡锦涛为总书记的党中央,提出了科学发展观,实现了党的军事指导理论的又一次与时俱进,在军队现代化建设进程中,具有方向性、全局性、根

本性的意义。为保证党中央、中央军委战略目标的实现,必须以科学发展观的思想统筹指导我军装备体系建设,按照军委三步走战略,以机械化信息化复合发展需求为牵引,建立攻防兼备、威慑与实战并存、满足遏制和打赢要求的信息化武器装备体系,从而实现我军装备建设的跨越发展,为国家安全和国家战略利益的拓展提供坚强的基石。

（摘自于 2010 年第 56 期中央党校总装分部班交流会）

关于装备生产过程质量的监督问题

装备质量监督是指为保证军队获得满足使用要求的武器装备,军事代表依据国家和军队的法律和法规、国家军用标准、装备合同及经批准的产品图样和技术文件等,对装备质量及承制单位的质量管理体系和过程质量实施的监督。

使用要求是使用方(军队)对装备质量的要求,主要包括三个方面的内容:一是使用方明示规定的要求,如研制总要求、装备合同、产品图样、产品规范和其他经批准的技术文件以及相关标准中所阐明的要求;二是使用方潜在的要求,如通常隐含的与产品预期或规定的用途所必需的要求,这些要求虽然使用方未作规定,但按惯例或一般做法是不言而喻的;三是与产品有关的法律、法规和社会要求,这类要求有的可能不与使用方直接相关,但由于使用方本身也要遵守法律、法规和社会要求,因此也属于使用方要求,如环境保护要求等。

1 装备质量形成过程及其影响因素

1.1 装备质量的形成过程

装备质量的形成有其客观规定的内在规律性。装备质量是逐步形成的,是从分析确定装备质量需求入手,通过过程规定的装备工程活动,实现装备质量和功能需求的满足,形成装备质量的全部内涵。装备质量的形成过程一般分为研制过程、生产过程和使用过程。

研制过程是装备质量形成过程的重要组成部分,一般指在新产品正式投入批量生产前,有关装备论证、设计、试制和定型等工作的全部活动。也可以说是把科研成果,如一些新原理、新结构、新技术、新材料、新工艺等用于开发新产品的过程。它是产品更新换代,创造新的质量水平的主要途径。

生产过程是指装备经由原材料等外购器材采购入厂、投料加工、总装调试、检验直至包装出厂的全过程。按照时间顺序划分,生产过程包括一系列相互联系的劳动过程和自然过程。劳动过程主要包括工艺过程、质量控制和检验过程、运输过程。工艺过程是改变工件几何形状、尺寸大小、表面状态、理化属性的过程。质量控制和检验过程是对原材料、毛坯、半成品、成品等的质量进行控制和检验的过程。运输过程即将劳动对象由上道工序送往下道工序,由一个车间送往另外一个车间的过程。自然过程是指借助于自然力的作用,使劳动对象发生物理或化学的变化的过程,如冷却、干燥、自然时效等。

使用过程是装备质量实现的过程。它始于装备交付用户,终于装备退出使用。装备的使用过程包含装备的库存和部队使用两个阶段。库存包括装备出厂前在承制单位库房的暂时存放和在部队仓库的存储。对于一些部队急需的装备或者一些大型装备,在军事代表验收之后,直接发往使用部队,没有库存这个阶段。承制单位在装备使用过程中的主要工作是开展售后服务。

上述三个过程组成了装备质量形成的整体过程,并构成相互影响、相互制约的关系。

1.2　影响装备质量的因素

一般来说,影响装备质量的因素可以分为偶然因素和系统因素。偶然因素是经常存在的对质量影响比较小而又逐项略有不同的因素,如原材料的化学成分、热处理结果、机床的振动、刀具的运动、室温的变化及环境的状况等。偶然因素是不可避免的,但通过分析和采用一定的方法可以减小偶然因素造成的影响。系统因素是一些不经常发生的、对质量影响大而又前后呈现一定规律的因素,如在几个生产车间同时出现或在一个生产车间反复出现的问题等。系统因素的影响通过一定的方法是可以避免或消除。影响装备质量主要有以下五个因素。

(1)人的因素。在质量管理中,人既是质量管理的动力又是质量管理的对象。作为质量管理的动力,在质量管理中应该发挥人的主观能动作用,调动人的积极因素,在质量形成的各个环节中,主动对质量进行控制,并努力扬长避短,适才适用。作为质量管理的对象,要加强对各类人员的监控,加强人员的质量意识教育,提高人员的质量管理水平,防止人员的错误行为的产生。

(2)设备因素。对装备形成过程中使用的加工制造设备或安装设备,应保证只使用经过验证并批准的设备,并在使用过程中保持完好,合理使用和保养设备,定期进行检查,及时维修设备,使设备的机械能力符合工序要求。

(3)材料因素。原材料、外购件、外协件是设备质量的物质基础,在生产制造过程中必须进行质量管理,使之在配料、加工、流转和贮存等环节,都能符合质量要求。

(4)工艺方法。工艺是生产制造的依据,一切正式发布的工艺规程、工艺守则、作业指导书等工艺文件都应该严格遵守,各种工艺文件必须正确、统一和完整,通过教育培训和技术交底等活动,使有关人员理解和掌握工艺要求,并坚持严格的检查和考核,确保严格执行工艺规程。

(5)环境因素。环境因素对装备质量的影响是多方面的,包括技术环境、管理环境和作业环境等,在质量管理过程中应加强环境管理,改进作业条件、提高管理水平、创造良好质量管理氛围,控制各类环境因素对装备质量的影响。

2 装备质量监督的依据及原则

2.1 装备质量监督的依据

（1）法规和标准。法规和标准是军事代表实施装备质量监督的重要依据，法规和标准规定了装备质量管理机构的职责与权限以及质量监督工作的内容、方法与要求。装备质量监督涉及军队与地方及承制单位与使用单位等各方面之间的利益关系，军事代表在质量监督工作中，有关权利与义务、内容与要求、程序与方法、问题与处理等必须以法规、标准为依据。这是依法开展质量监督工作的基础，也是规范军事代表质量监督工作的必然要求。

（2）设计文件。"按图制造"是制造过程质量管理的一项重要原则，也是约定俗成的规则，因此，经过批准的装备设计图纸和技术说明书等设计文件无疑是质量监督的依据。但是从严格质量管理和质量监督的角度出发，军事代表在装备生产开始之前还应通过装备合同评审等方法与承制单位进一步沟通，使承制单位准确了解设计意图和质量要求，发现图纸差错和减少质量隐患以及提高设计图纸工艺性的目的。

（3）合同规定。装备合同是承制单位与装备部门之间形成的具有法律效力的文件，合同中分别规定了承制单位与装备部门之间在质量管理与监督方面的权利和义务，双方必须严格履行承诺。对于装备部门，既要履行合同规定的条款又要监督承制单位严格履行有关质量条款。对于承制单位，既要履行合同条款又要接受军事代表的监督。

2.2 装备质量监督的原则

（1）质量第一。装备是战争的物质基础，其质量尤为重要，关系到战士的生命、战争的成败以及国家的存亡。"军工产品，质量第一"是我国装备建设工作60多年的经验总结。坚持"质量第一"方针，首先要树立质量意识。只有牢固树立质量第一，才能在质量监督工作中自觉地、主动地贯彻质量第一的方针，确保装备质量。其次，质量第一不仅是对产品质量要求，而且是对军事代表监督工作质量的要求。军事代表监督工作质量，关系到产品质量以及装备部队使用，这就要求军事代表不断提高工作质量，进而促进承制单位加强质量管理，提高质量保证能力，切实保证向部队交付满足作战、训练要求的装备。

（2）满足部队需求。经济体制改革后，承制单位与装备的主要用户，虽然在国家利益面前是一致的，但是毕竟双方都有自身的利益，难免在利益上发生矛盾和冲突。这就要求军事代表在军队与承制单位利益发生矛盾和冲突时，必须站在军队的立场上，保证军队利益不受损害，把维护军队利益和满足部队需求作为开展工作和处理问题的原则和基础。本着对国家负责、对部队使用负责的态度，努力做好质量监督工作，坚决维护军队利益，是军事代表工作的职责要求之所在。

（3）预防为主。传统的质量管理以检验作为保证产品质量符合规定要求的主要手段。这种手段在保证产品质量上发挥了重要作用，但有其局限性。随着科学技术的发展，产品越来越复杂，这种局限性日益显现。对于一个花费巨额资金研制、生产的产品，如果仅靠检验剔除不合格品来保证产品质量，其风险之大可想而知。通过实践人们逐渐认识到，采用防止产生不合格品的方法来保证产品质量，比采用剔除不合格品的方法更有效、更可靠、更经济，能获得事半功倍的效果。由此产生了"预防为主"的思想。预防为主是全面质量管理的基本思想，需要指出的是，预防和把关是军事代表保证装备质量的两个基本手段，两者同样重要。就质量监督工作而言，预防为主是军事代表工作的原则之一；而作为质量监督整体工作的原则，则应是积极预防。

（4）依法监督。法律、法规以及各项规章制度都是工作经验和教训的结晶，反映了事物发展的客观规律，依法监督就是自觉地按客观规律办事。质量监督和检验验收是一项政策性很强的工作，军事代表在质量监督和检验验收工作中，只有严格以国家的法规、国家军用标准、装备合同和经批准的图样、技术文件为依据，做到有法必依、执法必严、违法必究，才能保证监督工作的权威性和有效性。加强装备监督工作的正规化建设，是实行法治的具体体现。正规化，就是一切有法可依，一切照章办事。军队是高度集中统一的武装集团，依法从严治军是古今中外所有军队共同的治军之道。在质量监督和检验验收工作中，军事代表必须严格遵守工作纪律，严格执行各项工作规定。此外，还要健全本单位的各项规章制度并予以落实。军事代表必须不断加强业务工作的正规化建设，严格内部管理，保证质量监督和检验验收工作科学、有序、高效的开展。

3 装备质量监督的主要任务

实施质量监督的目的是为了保证部队获得质量合格的装备，因此，军事代表装备质量监督的主要任务，就是围绕如何确保装备质量满足要求所开展的主要工作。主要包括承制单位质量管理体系监督、过程监督、产品（实体）质量监督等。

3.1 承制单位质量管理体系监督

质量管理体系是组织在质量管理方面的组织指挥体系，是组织产品质量保证的根本，质量管理体系是否完善、运行是否有效，直接反映了一个组织的质量管理水平和质量管理能力，最终反映产品的质量状况。高技术装备结构日趋复杂,任何一个零件的质量问题都可能导致装备不能完成规定的功能,甚至造成严重的后果。军事代表对承制单位质量管理体系监督,就是运用系统的原理,监督承制单位质量管理体系完善性、有效性,促使承制单位为确保装备质量提供有效的组织保证。建立质量管理体系,不是一项一劳永逸的工作,保证体系有效运行,还需要不断地改进完善。承制单位的质量管理体系是否运转正常,能否有效地控制装备质量形成的全过程,并具有持续向部队提供符合要求的装备的能力,除实施不断改进之外,军事代表对质量管理体系监督、验证,是承制单位获得部队信任和满足的重要证据。军事代表通过对承制单位质量管理体系的运行情况及其结果实施监督:一方面验证体系是否完善、有效;另一方面为承制单位实施改进提供意见和建议,使承制单位质量管理体系更加完善。

3.2 过程监督

产品是过程的结果,过程质量决定产品的质量,对承制单位装备形成过程实施质量监督,是军事代表一项重要任务。通过过程控制,促进承制单位在装备形成过程中加强对输入、输出的控制,提高装备质量,为部队提供满足使用要求的装备。实施过程监督也是对承制单位过程运作和控制有效性的验证,承制单位质量管理体系运行是否有效,主要反映在对过程的控制能力上。军事代表通过对过程的监督:一方面验证承制单位质量管理体系运行的有效性,检验其对过程控制的能力;另一方面通过过程监督,可以直接预防不合格品的产生和及时纠正发现的偏差,消除不合格品产生的因素,防止因过程控制不严导致装备质量问题的发生。

3.3 产品(实体)质量监督

质量体系监督和过程监督的主要目的是为了保证装备质量,实施产品质量监督,是把好装备质量的最后一道关口,关系到装备能否交付部队使用,是一项非常重要的工作,因此对产品质量进行监督是军事代表一项重要任务。装备研制生产过程是装备质量形成的重要过程,在这些过程中影响装备质量的因素和环节很多,包括人、机、料、法、环等,任何一个因素出现异常都有可能导致不合格品的产生。军事代表通过对产品及产品形成过程质量状况进行连续的监视、验证及分析:一方面可以及时纠正发现的偏差,防止不合格品的产生,保证产品研制生产的全过程处于受控状态;另一方面促使承制单位提高产品及产品生产过程质量控制能力,积极采取预防措施,消除不合格品产生的因素,持续稳定地为部队提供合格装备。

4　结束语

实施装备生产过程质量监督是军事代表履行职责的重要内容,军事代表通过对承制单位生产过程质量监督,对生产过程实施全面和深入的监督,促使承制单位不断改进装备生产过程质量,有利于承制单位质量方针和目标以及长远利益的实现,从而保证部队使用要求。

（摘自于 2007 年研究报告"装备采办质量管理技术与方法"）

设备监理中质量管理方法分析及启示

1 问题的提出

    设备监理是工程咨询体系的一个分支,属于项目管理的范畴,是指依法成立的设备监理单位,接受项目法人或建设单位委托,按照与项目法人或建设单位签订的监理合同的约定,根据国家有关法规、规章、技术标准,对设备形成的全过程和/或最终形成的结果,包括设备的设计、制造、检验、储运、安装、调试等的质量、进度和投资等实施监督和控制。在实施设备工程项目的过程中,设备监理单位及其监理工程师凭借丰富的工作经验和专业知识,尽可能地避免各种风险带来的影响。

    我军军事代表工作性质与设备监理的范围、内容、特点及任务等有相似之处。因此,借鉴设备监理制度的先进工作方法和管理模式,推动军事代表制度改革,对提高军事代表工作效益,促进军事代表作用有效发挥具有重要意义。

2 设备监理质量管理的主要方法

    设备监理工程师对设备工程监理的途径和手段是多方面的。在质量管理过程中,设备监理主要有如下方法。

2.1 质量目标管理

    设备工程项目质量目标管理:首先根据设备工程项目所面临的形势和需要,由项目管理层协同项目各参与方提出工程质量目标因素,对质量目标因素进行详细设计和优化,制定出在整个设备工程项目的生命周期内所要达到的质量目标;然后采用系统方法将总目标分解成子目标和可执行目标,并将项目目标落实到具体的各责任人,把质量目标管理同职能管理高度结合起来,使目标与组织任务、组织结构相联系,建立由上而下、由整体到部分的质量目标管理体系。

2.2 系统化的过程管理

    产品质量实际上是企业各项工作、各个环节、各个职能部门工作质量的综合反映,因此处理质量问题时,必须从系统的角度出发,综合考虑影响产品质量或使产品质量发生波动的因素,主要从人、机、法、料、环五个方面进行质量控制。

一个系统要有目标,还要有实现这个目标的方法,系统地识别和管理组织所应用的过程,特别是这些过程之间的相互作用,称为"过程方法"。一般来说,过程主要是指产品的设计过程、制造过程、辅助过程和使用维修过程,质量管理工作应贯穿于设备工程质量形成的全过程,而不仅仅是设计过程或制造过程。运用过程方法,就是要针对产品质量形成的各个过程进行管理和控制。

2.3　质量责任制

项目监理机构是设备监理公司的派出机构,根据项目需要组建,又随项目的终结而撤销。项目监理机构的监理人员包括总监理工程师、专业监理工程师和监理员,必要时可配备总监理工程师代表。监理机构内部实行质量责任制,加强对目标责任人的业绩评价,鼓励组织成员竭尽全力圆满地完成任务,并将项目质量目标落实到项目的各阶段,把项目质量目标作为可行性研究的尺度、作为项目技术设计和计划、实施控制的依据,最后又作为项目后评价的标准,使设备工程项目的计划和控制工作有效实用。在总监理工程师的组织领导下,通过项目监理机构人员的努力,运用系统理论和方法对项目及其资源进行计划、组织、协调和控制,有针对性地开展工作,从而实现设备监理的质量目标。

2.4　综合运用质量管理工具与方法

质量管理的工具与方法是查找质量问题、促进质量管理、决策质量提高的有效方法。技术的恰当运用,有助于及时有效地预防和控制质量缺陷,提高质量管理效益。监理工程师应善于应用质量管理工具与方法,识别监理对象的数据质量,通过收集、整理质量数据分析和发现质量问题,并及时采取对策措施,以预防和纠正质量事故。其步骤:一是收集整理质量数据;二是进行统计分析;三是判断质量问题;四是分析影响质量的因素;五是拟订改进质量的措施。设备工程质量管理的工具与方法分为三类:第一类是用于产品检验方面的工具与方法,如抽样检验、正交试验设计、方差分析等;第二类是用于分析问题、查找原因方面的工具与方法,如排列图法、相关图法、直方图法、分层法、网络图法、因果分析法等;第三类是用于以零缺陷和卓越品质为追求的一种质量改进方法,如 6σ 管理、PDCA 循环、SIPOC 模式等。关于质量管理的工具与方法在许多相关书籍中都有专门介绍,这里不赘述。

2.5　审核和签证制度

为了有秩序地控制设备工程项目,控制更改,减少风险,控制费用,确保项目质量,设备监理工程师在监理的过程中,对各类文件、报告、报表等资料实行审核和签证制度。例如:对承包商资质、合同文件、进度计划、加工制造、安装调试方案、采用的新技术、新材料、新工艺的审核与审查;对鉴定书和试验报告、试验方法、标准、次数,取样等的审核与审查;依据合同进行各类支付签证;签发开工令、停工令、复工令、变更令等控制指令;审批设计变更和图纸修改;审批分包合同;审核竣工资料和竣工图纸;签发缺陷责任证书等。在工程项目不同阶段和不同过程中,实施严格的审核和签证制度,是保证工程质量的有效手段。

3 设备监理中质量管理方法对军事代表工作的启示

在长期的实践工作中,我军军事代表工作形成了一套具有专业特点的质量监督、计划控制、价格管理的实施方法和措施,对军事装备生产的监督、检验以及质量保证方面起到了重要作用。但是应当看到,这些办法还没有形成一套相对统一的科学工作方法和工作程序,主要以行政干预手段为主。在一定程度上讲,合同订立难、履行难、管理难现象的发生,其实质是由于装备合同的依法强制管理能力弱,行政管理仍占主导地位所致。因此,借鉴设备监理制度的先进管理理念,改革军事代表工作模式,对于提高军事代表监督工作的质量和效率,具有重要的参考价值。

3.1 采用科学的工作方法,规范工作程序

系统管理、过程管理、目标管理以及责任制等一套科学的工作和管理方法,被证明是行之有效的科学方法。在军事代表质量监督工作中,应采用科学的工作方法,规范工作程序,以确保武器装备质量。

(1)系统管理。武器装备质量的形成过程具有多个环节,质量影响因素也是多方面的,且各过程环节相互联系,相互制约,各类影响因素相互联系,共同作用。但不同的过程不同的影响因素又有各自不同的重点控制方面,因而军事代表在质量管理过程中必须采用系统的方法,做到质量管理的系统化。

(2)过程管理。过程方法的优点是对诸过程的系统中单个过程之间的联系以及过程的组合和相互作用进行连续的控制。武器装备质量形成过程包括论证过程、研制过程、生产过程等,其质量是在论证时确定、研制时赋予、生产时保证、使用时体现的。实施过程管理需要军事代表能够对这些过程加以识别,并区分出关键过程和重要过程,进而采取针对性的控制措施,以便得到期望的结果。

(3)目标管理。军事代表应根据武器装备项目的情况进行分析和环境调查,协同项目研制方制定出武器装备项目的生命周期内所要达到的质量目标,然后层层分解落实,形成一个完整的目标体系,通过各个分目标的实现来确保质量总目标的实现。项目研制方要根据总目标制定出相关的分目标和保证措施,军事代表应对这些目标完成情况进行监督检查。

(4)质量责任制。为保证和提高军事代表监督工作的质量,加强对军事代表的业绩评价,实行责任制是一个有效的措施。军事代表室应根据任务建立责

任制,鼓励全体人员竭尽全力、圆满地完成任务,消除遇到质量问题互相推诿和不负责任的现象。全体人员都必须明确自己所承担的质量责任,并把责任落实到项目的各阶段和各过程之中。

（5）规范工作程序。在军事代表质量监督工作中,应借鉴设备监理工作程序,例如与研制单位签订合同后,由总军事代表主持制定开展质量监督工作的纲领性文件——监督规划。按照监督规划,军事代表根据不同的专业设备、不同的质量目标,制定更具有实施性和可操作性的监督实施细则,解决了监督工作"做什么"和"如何做"的问题。

3.2　坚持权责一致和相对独立原则

（1）权责一致原则包含三层含义:一是军事代表的责任明确,即承担武器装备研制与生产中的监督责任;二是军事代表的权力是通过军方委托和授权的,只有赋予了相应的权力才可能承担相应的监督责任;三是在军事代表组织内部实行岗位责任制,分别授予相应的职权范围。

（2）相对独立原则。军事代表在人际、业务、经济关系上必须独立于装备订货部门和装备承制单位之外。坚持相对独立原则需要改革目前军事代表机构与装备订货部门之间的隶属关系,剥离由装备承制单位提供的工作和生活保障关系。即保证军事代表机构与装备承制单位的关系是绝对独立的,与装备订货部门的关系是相对独立的。

3.3　实行专业化管理

军事代表专业化管理包括如下三个层面:

一是军事代表的专业化管理。为了实行专业化管理,我军应建立军事代表资质认证制度,制定各类人员的执业资格标准,增加相应考核内容,由军队统一组织考试,提高准入"门槛",推行晋升考核、任职考评等制度,提高军事代表专业化水平和履职尽责能力。

二是军事代表室的专业配套能力。军事代表室应具有相关的专业配套能力,这要求军事代表室按照业务范围配备专业人员,同时要求拥有素质较高、能力较强的骨干管理人员。

三是进行专业分类监督。应根据武器装备的专业门类,对军事代表专业进行分类,军事代表应当根据资质等级的规定,在相应专业范围内从事武器装备质量监督工作。

3.4　完善军事代表质量监督工作制度

军事代表应采用科学、统一的工作方法和工作程序,在装备立项、研制、生产、订购等阶段都应制定明确的质量监督内容和要求,科学、统一的工作方法和工作程序,以规范军事代表的行为,避免监督工作的随意性和人为性,使整个监督过程规范有序,确保监督工作的质量水平。

工作制度是保证军事代表工作规范性、科学性、严密性和系统性的重要制度,通常有合同管理制度、工作计划制度、监督技术工作制度等;同时在监督的各个阶段,针对不同的工作内容和工作对象,还应制定相应的工作制度。

3.5 实施总军事代表质量责任制

军事代表室是军事代表组织的派出机构,总军事代表是履行武器装备质量监督的总责任人。在军事代表室内部实行工作责任制,明确各军事代表在质量监督工作中的分工,具体应承担的任务和责任以及相应的权限,把质量监督工作中的任务、责任和权利条例化、制度化。在总军事代表的领导下,通过军事代表的共同努力,运用系统理论和方法对项目及其资源进行计划、组织、协调和控制,有针对性地开展监督工作,从而实现质量目标。

4 结束语

设备监理制度对我军军事代表工作具有很好的启示作用,借鉴设备监理制度的先进做法性,对于提高军事代表工作质量和效益具有一定的参考价值。需要注意的是借鉴不等于全盘引用,必须本着"借鉴改革、促进发展"的原则,在借鉴的同时,还要系统地总结军事代表在长期工作实践中形成的好的做法和经验,并加以发扬光大,促进军事代表作用的有效发挥。

(文章发表于 2009 年第 4 期《装备指挥技术学院学报》)

装备采办习俗惯例初探

习俗惯例属于社会文化的重要范畴,其内化和表征于人们的思维模式与行为方式影响着各种社会实践活动,并对社会的发展和变迁发挥着不可忽视的作用。研究装备采办习俗惯例,从更高层次、更新颖角度来审视其内涵及其对装备采办活动影响,准确认识和把握习俗惯例对装备采办活动的作用,从而有针对性地对其进行扬弃和发展,对于构建和谐的装备采办秩序、提高装备采办质量和效益、建设先进的装备采办文化具有重要意义。

1 装备采办习俗惯例及其形成环境

1.1 装备采办习俗惯例

装备采办习俗惯例是指在装备采办活动中形成的一种具有团体性、趋向性、习惯性的意识行为。这些意识行为是装备采办系统各组织或成员之间在采办活动中所产生的、非法律法规约束的、共同遵守的意识行为与道德规范。对于装备采办习俗惯例的理解,需要把握以下三个方面的内容:

(1)装备采办习俗惯例是为装备采办活动服务的,与一般习俗惯例相比,装备采办习俗惯例存在于装备采办系统内,为系统中的人员所共同遵守。例如,装备采办与一般民品不同,装备采办属于国家行为,采办费用来源于国家财政投入,采办机构代表国家行使职权,装备采办具有优益权。

(2)装备采办习俗惯例是在装备采办活动中形成的一种社会规则或行为准则,影响和制约采办行为和相互关系。习俗惯例存在的目的是调整双方或多方关系,表现为对有关方面行为的约束,装备采办习俗惯例同样如此。

(3)装备采办习俗惯例对采办活动有直接的、潜移默化的作用。装备采办习俗惯例存在于整个装备采办系统内,作用于采办活动的各个环节和方面,它无时无刻不对采办活动产生直接的或者间接的影响。一个积极的习俗惯例可以使采办活动取得事半功倍的效果,相反则产生阻碍作用。

1.2 装备采办习俗惯例的形成环境

装备采办习俗惯例与外界环境相互影响,互相作用,装备采办习俗惯例依存于一定的外界环境之中,受到外界环境的制约和影响,同时对外界环境产生一定的反作用和影响。一方面,环境是装备采办习俗惯例生存的"土壤",环境不仅为采办习俗惯例产生、运行和发展提供了条件,也对采办习俗惯例发展和运行具有一定的制约作用;另一方面,装备采办习俗惯例对外部环境也有一定的反作用,习俗惯例对其所依附的经济、科技、法律、文化等外部环境都会产生一定的作用。

(1)政治环境。政治环境是装备采办习俗惯例外部的政治形势和状况,涉及国家的政治体制、国防体制、政治的稳定性等。稳定的政治环境是政策稳定、连续的基础,也是装备采办习俗惯例稳定和持续发展的重要前提。

(2)军事环境。军事环境是直接影响装备采办习俗惯例的重要因素,主要包括军事战略、战争形态的变化等方面。不同的军事战略必然产生不同的装备采办习俗惯例,并随军事战略的不断调整而不断调整。

(3)经济环境。装备的供应和供给方式等直接依赖于社会经济的发展,社会经济发展水平、经济体制、经济结构和经济政策等方面共同决定装备采办习俗惯例的形成和发展。

(4)科技环境。科技研究领域、科技研究成果门类分布及先进程度、科技成果的推广与应用、科技研究与开发实力、科技管理制度、国家科技战略及重点等都对装备采办习俗惯例的形成和发展密切相关。

(5)自然环境。

2 习俗惯例对装备采办的影响

2.1 对装备采办管理思想的影响

不同国家由于历史文化不同,装备采办管理的思想模式也有较大差别。例如,美国是一个危机感较强的国家,特别是在经历了 20 世纪 30 年代世界性的经济危机后,美国管理者协会专门设立了保险部门,倡导风险管理。美国国防部要求采办部门在项目立项后必须组建相对独立的风险管理组织机构或指派专人,具体负责项目的风险管理。近年来,美军提出的"基于能力"的防务战略,就是美军基于"威胁不确定性"风险而做出的重要战略决策。目前,美国已形成了完善的风险管理制度,并以法律法规、文件等形式将风险管理活动制度化、经常化,极大地促进了装备采办效益的提高。运用风险管理理念与方法加强装备采办管理,已经成为世界多数国家的普遍做法。

我国长期实行指令性计划管理,人们对危机、风险的认识比较淡漠,在一定程度上影响装备采办人员的危机意识和风险意识。在计划经济时代,装备科研生产实行指令性计划的管理方式,任务国家下、经费国家拨,装备管理部门和研制生产单位缺乏风险意识。随着市场经济的深入发展,国家开始实行指令性计划下的合同制,对研制项目进行招投标,对研制进度、费用和性能要求日趋明朗,各种风险逐步显现出来。由于风险管理意识还没有普遍树立起来,"拖、降、涨"现象仍然大量存在,给采办活动带来风险隐患。可见,习俗惯例对装备采办人员的管理意识有重要影响。

2.2　对装备采办管理体制和运行机制的影响

美国等西方国家,长期实行自由竞争的市场经济体制,在这一体制下,使人们从事任何社会活动特别是经济活动,都要求政府和社会遵循公开、公平和透明的原则成了一项惯例。按照这一惯例,武器装备采办领域一直注重竞争,特别从20世纪90年代开始,加大力度不断改革装备采办策略,以提高采办的全寿命管理水平。主要表现在,要求武器装备采办领域也充分开展竞争,并依托广大的民用科技工业基础,扩大装备采办来源范围,建立军民高度融合的武器装备发展模式。

新中国成立以后,我国一直奉行独立自主、自力更生的国防发展道路,在20世纪60年代就基本建立了独立完整的国防工业体系。但由于实行计划管理体制,民用企业很难进入装备市场。随着市场经济的发展,开始注意吸引民用企业参与军品生产,但直至20世纪末,民用企业仍然大都在后勤物资方面进入军品市场,而在武器装备领域涉足很少。装备研制和生产主要由军工企业完成,严重影响我军装备采办的路径与效益。近年来,国家通过制定各种政策,鼓励民用企业进入装备市场,以打破装备研制、生产长期被垄断的局面,虽然取得了一些效果,但单一来源采办方式仍然是我军装备采办的主要形式,即使是大型装备的分系统和零部件的研制生产,也大都由军工集团内部承担,民营企业难以进行竞争。

2.3　对装备采办规模与结构的影响

一个国家,一个民族,经历史积淀的习俗惯例,对装备采办规模与结构起着不可估量的作用。

我国传统的"天下人同""和为贵"的和平主义思想,使中国传统军事伦理重视"正义战争"的道德规范,维护"替天行道""以仁为胜"和"先德后武"的价值取向,形成了崇尚道义,慎战、避战和止战的战争习俗。在这样的习俗影响下,古代人民勤劳耕作,很少过问军事,武器装备主要由政府组织生产。到了清末和民国,由于长期的封闭和受外来侵略以及国内混战的影响,我国武器装备与国外相比非常落后,政府或军阀才不得不从国外购买。新中国成立后奉行的"积极防御"的军事战略方针,也是对中国传统军事惯例的继承。在这一方针指针下,开始改变消极防御的传统习俗,树立起居安思危的思想意识,并建立了比较完备的国防科技工业体系。特别是总装备部成立后,实现了装备建设集中统一领导,装备采办规模与结构都发生变化,具备了先进武器装备的科研和生产能力,成为名副其实的具有世界影响力的大国。

2.4 对装备采办行为规则的影响

人们总是以特别的方式来解决其面对的某种特殊机会或问题,当再次面对类似机会或问题时,这种特别方式就成了先例。基于对这种行为方式的共同期望,先例就变成了人们未来如何处理行为、成本和收益的习俗和惯例。习俗惯例具有经济价值,因为当大多数参与者都认为某种特定的习俗惯例是合适的,而且存在一定风险的情况下也能获取收益时,交易成本就会非常低。因此,习俗惯例具有较强的持续性,并可能不断进化。

装备采办习俗惯例也具有较强的延续性特征,并深刻影响采办活动的各个方面。最明显的是经费分配问题。以往大多数国家采用"预算限制法"分配经费弊端,就是难以从战略上统筹各军兵种装备发展;但是由于已经形成了不成文的习俗惯例,造成各军兵种为争夺装备经费而激烈竞争,政府为平衡各方利益,对经费进行切块分割,从而形成经费只上不下的刚性发展趋势。为了克服这种经费预算制度的弊端,美国探索了一套装备采办经费管理方法,即规划、计划与预算编制方法。这种方法的一个重要特点是"零基预算",即不考虑以往经费情况,而是根据未来战争需求从长期的和全局的角度统筹考虑装备战略建设和经费问题。鉴于这一方法的科学性和合理性,很快被许多国家所效仿采用。

我国一直采用以历史数据为基础编制装备建设预算制度,虽然近年来进行了以"零基预算"为主要目标的预算制度改革;但是,由于受装备管理体制和装备经费分配习俗惯例的影响,改革很难完全落实。受"平均主义"思想和人情世故习俗影响,装备经费分配仍然沿袭兼顾各方利益诉求的惯例,采取切块分割和综合平衡,难以真正从全局和战略高度统筹装备发展。历史惯例的形成影响现在的结果,而现在又在继承的基础上向未来延续。

3 关于装备采办习俗惯例的扬弃

充分发挥采办习俗惯例的积极作用,不断推进采办习俗惯例的发展,就必须对习俗惯例进行扬弃。习俗惯例的扬弃是一个否定与肯定、克服和继承双重含义的辩证发展过程,在扬弃中应注意顺应发展潮流,去伪存真。并通过深化对习俗惯例作用的认识,褒扬积极向上的习俗惯例,抑制和去除消极的习俗惯例,使习俗惯例为装备采办活动服务,从而促进装备采办的健康发展。

装备采办习俗惯例扬弃是一个综合而又复杂的系统工程,包含着十分丰富的内容,体现在装备采办的各个方面及其全过程,它既需要价值观念的更新,也需要相关能力的增强。做好习俗惯例扬弃工作,需要注意以下几点:

一要深化对习俗惯例作用的认识。从某种意义上看,装备采办过程中所有管理理念、管理方法、管理技术,无不与装备习俗惯例息息相关,几乎都是来源或起源于某种层面、某个方面或某个机构的习俗惯例,因此是装备采办事业的发展根源并得益于广泛的习俗惯例。

二是树立先进典型并发挥习俗惯例作用。树立装备采办习俗惯例的先进典型,把先进典型的业绩、能力、道德素养更加生动、形象地折射到每个"采办人"的视野下,利用榜样潜移默化地影响、引导、激励、感染着其他人员的思想和行为。只要旗帜鲜明地树立起这样的典型,引导好正确舆论方向,无疑将产生向上的发展力量。

三是抑制和去除消极的习俗惯例。重视对习俗惯例真伪的识别、衡量、评价和选择,以保障积极的习俗惯例发挥更大的作用,抑制和去除消极的习俗惯例,并使之不影响装备采办活动和制度的健康发展。如需抑制当前行业内喝酒等不良习俗惯例。

四是鼓励创新并繁荣习俗惯例。需要重新审视习俗惯例的作用和影响,在继承的基础上倡导创新,培育创新意识,为装备采办的发展和装备采办制度的创新,提供更丰富的源泉。

五是将成熟的习俗惯例升华成规章制度。规章制度不是创造出来的,而是表述出来的,是对长期实践中惯常经验的总结和升华。因此,需梳理装备采办中的习俗惯例,审视各项习俗惯例的科学性、合法性和合理性,及时将符合要求和发展趋势的习俗惯例进行固化,将其转化成具有法律效力的规章制度。

4　结束语

装备采办活动受制于一定环境下特定的价值理念、习惯思维和惯常做法,而这也正是装备采办习俗惯例的核心,它决定装备采办文化的构成,支配装备采办活动的运行与发展,对装备采办活动和文化建设所具有的不可忽视的重要作用。所以从战略和文化的层面深化对装备习俗惯例的认识,加强对装备采办习俗惯例的研究,对于进一步提升装备采办理论的发展,推讲装备采办制度改革,提高装备采办的质量和效益,实现装备采办的科学化和规范化,进而提高武器装备战斗力,具有非常重要的战略意义。

（文章发表于 2012 年第 5 期《装备学院学报》）

美导弹防御计划与我装备发展对策研究

建立战略性导弹防御系统是美国由来已久的愿望,布什政府上台后,不顾国际社会的强烈反对,加快了导弹防御计划进程。包括单方面退出《反弹道导弹条约》,宣布不再区分"战区导弹防御"系统与"国家导弹防御"系统,统一纳入"导弹防御"系统。无论美国导弹防御系统采用哪种部署方案,其结果都是朝着美国独自一家拥有战略防御能力的决定性转变。这不仅打破了现有国际战略力量的平衡格局,加剧了国际关系的紧张局势,造成了武器扩散的进一步扩大,破坏了国际军控与裁军事业的进程,同时导弹防御计划对我国新世纪的安全战略、政治决策、外交能力以及军事力量发展等方面也将带来综合性的冲击,对 21 世纪我国国家安全问题构成重大挑战。

1 对我国国家安全的威胁

1.1 对我战略战术力量构成直接威胁

首先,无论美国将导弹防御系统部署在日本、韩国,还是依靠太平洋舰队,都将在我国的东侧建立起"导弹屏障",使我国从海岸线到内地纵深 1000 ~ 1300 千米的区域处于军事"透明"状态。而装备导弹防御系统的国家或地区,都有能力在这一地理纵深的空域内,监视、跟踪、拦截和摧毁我发射的战略和战术导弹,使导弹防御作战在我国的领土内进行,这直接降低了我防御性的国防力量,对我防态势构成了直接威胁。

其次,美国选择在阿拉斯加部署导弹防御系统,选位就有针对中国有限战略威慑力的意味,因为阿拉斯加是我洲际弹道导弹攻击美国大陆的主要通道。尽管美国解释导弹防御系统部署对中国战略力量不构成威胁,但就目前我国战略导弹的技术远不如美、俄、英法等国先进,并且是以单弹头为主的情况下,将潜在的目标对准中国,其结果是我有限的战略威慑力量大大降低。这无疑降低了我国的国际战略地位,破坏了我现有国防力量的结构。

1.2 增大了我统一大业的难度

多年来,台湾当局一直坚持"一中一台"政策,陈水扁上台后,为迎合美导弹防御系统东亚部署方案,鼓吹"中国威胁论",企图将台湾纳入美导弹防御计划。

一旦导弹防御系统入台,必将增加台湾当局对抗统一的军事筹码,助长分离主义的气焰,使我"以武促统"战略面临严峻挑战,我一旦失去军事上制约台湾分离主义势力发展的力量,台湾追求独立的危险性会大大增强。

目前,台湾已经建立起了自己的防御体系,包括发展"天弓"反导弹系统、购买美国远程雷达和"爱国者"导弹等。在此基础上,台湾还加紧发展进攻性导弹武器,包括加快陆基中程导弹的研制进程、进行中程空空导弹试射等,以实现台湾当局提出的"决战岛外"的"防务新构想"。目前,我最有效制约台湾的军事力量是各种型号的陆基导弹,导弹防御计划入台,将实质性地提高台湾导弹防御能力。一旦台湾宣布独立,如果我需要依靠导弹摧毁台湾军事防御力量,导弹防御系统将使这样的军事进攻设想变得相当困难。

1.3　日本军事实力将跃上一个新的台阶

日本防卫厅公布的《2000年度防务白皮书》,首次正式宣称日本在中国导弹的射程范围内,故意渲染所谓"中国威胁",其右翼评论家甚至说中国反对导弹防御系统,说明中国对东亚国家有动用核武器的企图,有意激化日中安全矛盾,为日本寻找加入导弹防御系统"理由"。就海、陆、空三军装备,战斗人员的军事技术操作水平以及军事手段的战争综合能力而言,日本在亚洲国家中首屈一指。目前,日本在保持美日军事同盟并根据《美日合作指针关联法案》积极介入美军主导的"周边事态"的情况下,军事力量得到了实质性发展,介入"周边事态"的能力越来越强。如果美日联合研制并部署导弹防御系统,将改善军队的指挥、管理、通信和后勤保障能力,实战能力将跃上一个新的台阶。

1.4　对中、美、日三国之间安全关系的改善产生消极作用

导弹防御计划一旦进入实战部署阶段,势必对国际战略力量平衡的现有格局产生重大影响,使国际事务进一步朝着有利于美国"单极体系"和"霸权和平"的方向倾斜,美国的干涉主义将会进一步抬头。这既不利于国际局势的多极化发展,更不利于我国倡导的公正、平等与合理的国际政治经济新秩序的建立。日本加入美导弹防御系统研制计划,使日本军事实力大大加强,这对于饱受日本侵略之苦的中国和其他亚洲国家来说,警惕日本军事动向和军国主义死灰复燃是自然的。美国导弹防御系统的扩散,破坏了东亚地区的力量平衡,不利于中、美、日三国之间安全关系的改善和亚洲地区的稳定与发展。

1.5　对我国的威慑效应会进一步上升

从目前美国两岸关系政策的现状来看,美国坚持"一个中国"政策,有利于大陆抑制"台独"的演变。但从长远来看,美国反对用武力改变两岸现有格局的政策有利于台湾分离主义势力的发展。在台湾问题上,美国维持对台湾的"安

全承诺",通过军售平衡两岸军事力量对比,在东亚前沿驻军和维持美日联合安保,对中国大陆可能的武力行动"保持威慑力",通过美国直接军事干预的可能性,来"吓阻"中国对军事统一方案的选择。因此,中美两国在台湾问题上的斗争将是长期性的。

随着朝鲜半岛紧张局势的缓和,美国东亚安全战略的重点,将进一步转移到台湾海峡局势上来,台湾海峡局势将在东亚地区安全格局的演变中占据决定性的地位,美国对所谓"中国威胁"的防范和采取"遏止"措施也将进一步扩大。在目前台湾海峡紧张局势难以消除的情况下,美东亚部署导弹防御系统的构想以及在导弹防御系统入台问题上所采取的政策,将进一步削弱中国的有限威慑力,助长中、美两国潜在的安全利益冲突和竞争。为美军卷入未来海峡两岸军事冲突中增加保险系数,加大美国采取直接军事介入的可能性。

2 对国际军控与裁军事业以及武器扩散的影响

2.1 国际军控与裁军事业将遭受到巨大挫折

导弹防御系统既是防御性武器技术,也是进攻性武器技术。发展进攻或防御性武器的战略目的都是为了提高自身的战略优势。导弹防御体系的技术发展和部署,本身就足以提高导弹进攻实力,助长任何一方冒险发动"第一次核打击"的可能性。1972 年,为了缓和美苏之间愈演愈烈的军备竞赛,签署了反弹道导弹条约。条约严格限制美苏之间大规模的导弹防御体系的研制和发展,就是要"冻结"导弹防御技术的研制和开发,抑制进攻性战略核武器发展的军备竞赛,达到稳定美苏战略力量"恐怖均势"的目的。导弹防御系统使美国独家具备了"战略防御"能力,而其他国家建立在"核威慑"基础上的军事战略将失效,大国间保障安全利益的战略稳定一旦打破,必将引发新一轮的军备竞争。由此,国际社会为之奋斗多年的国际军控与裁军事业将受到巨大挫折,从而再一次为国际和平蒙上阴影。因此,导弹防御计划是对当代世界战略平衡的最大冲击,是国际军控与裁军事业的最大威胁。

2.2 武器扩散将会进一步扩大

核军控和核裁军架构能否稳定,有赖于各国对军控协定与条约承担持续性的义务以及自觉采取约束性的行为。美国作为反弹道导弹条约的创始国和签署国,不顾国际社会的反对,一意孤行地部署导弹防御系统,本身就是一项单方面的扩军计划,既违背了国际军控协议的规定,也从根本上动摇了国际核军控架构的基本原则。导弹防御系统部署方案以及制定的联合研制、发展盟友参与策略,将造成导弹技术的大面积扩散。美国一方面强调导弹技术控制在防扩散努力中的作用,想方设法说服别国遵守约束,另一方面自己又首先破坏机制,与反弹道导弹条约相背离。这种强权行径的双重标准,迫使其他国家不得不重新考虑安全战略的有效性问题,对大国间的政治和安全关系产生极为消极的影响,从而导致国际军控事业的停滞和倒退,促使大规模杀伤性武器和导弹技术的进一步扩散。

2.3 我周边安全及国防将面临更大的压力

中国与 14 个周边国家接壤,与 24 个国家在海域上邻近,国防任务非常沉重。但作为一个热爱和平的国家,中国始终坚持积极防御的国防方针,坚持独立自主的和平外交原则,奉行不结盟政策,在国防力量发展方面一直采取极为克制的政策,军费开支一直保持着低速增长,积极参与国际军控与裁军进程,努力推动在安全领域内的国际对话和沟通,以实际行动为世界与东亚的区域和平做出了举足轻重的贡献。美国在东亚部署导弹防御系统和美日联合研制计划,将对东亚产生一系列消极作用。日本公开表示加入美日联合研制导弹防御计划,印度也明确表示,如果美国坚持部署导弹防御系统,俄印两国将合作开发并部署另一套导弹防御系统。由此带来的不稳定和武器扩散问题,将使我周边安全及国防面临更大的压力,军事安全需求将会扩大,军备发展的迫切性将会提高,军费支出会随之增大,这极不利于我以经济建设为中心的发展。

3 我军武器装备发展应采取的对策

部署后的美导弹防御系统,对俄罗斯战略威慑力的威胁是未来的,对所谓"流氓国家"的导弹威胁是防范性的,而对我国安全状况的打击是即时性的,直接削弱了我国国家防卫所不可缺少的有限战略威慑力。美国一再声称,导弹防御系统部署不是针对中国的,但事实上,我国是导弹防御系统部署后最大的受害者。为此,对美国导弹防御计划及其部署的前景,我们必须做出充分和足够的反应,有必要采取一系列针对性的防范措施。

3.1 增强进攻性战略核力量的生存能力

保持威慑力有效性的基础不是靠单纯核弹头的数量,而是在经过"第一次打击"之后,具有实施威慑报复的"第二次打击"力量。如果美国部署了导弹防御系统,从理论上来说,这一防御系统在未来有可能的美中冲突中,增加了美国对中国进行核攻击的可能性,中国对美国的有限战略威慑力被大大降低。因此,我们对导弹防御系统做出反应的第一要务是必须增强战略核力量的生存能力,加强洲际导弹的机动性以及增加核弹头与投掷工具的数量。

3.2　加强有限战略核力量的威慑力

具体来说,在中、短期内根据美国导弹防御系统部署的具体方案来规划我国战略核力量的调整和建设。由于目前无法确定在 2015 年前导弹防御系统对反制措施识别能力能否有技术突破,因此在未来 10 年内随着导弹防御系统拦截能力的提高,我国需要保持战略威慑力的加速发展,拥有适当规模陆基、海基战略导弹。

3.3　开展对导弹防御系统反制措施与能力的研发和部署

目前,反制措施主要分为以下五大类:

(1) 增加"诱饵弹头"的数量和仿真程度。诱饵弹头的数量越多,形状、温度以及物理质量与真弹头越相似,拦截导弹传感器的识别能力就越容易受到抑制。

(2) 增加导弹自我保护能力。可在弹头外面加设包裹液态氮的金属隔离层等,降低弹头的表层温度,使拦截导弹无法区分真假弹头。另外,采用多弹头的形式降低导弹防御系统拦截率。

(3) 采用高密度发射方法突破导弹防御网。由于拦截导弹实施同时拦截的能力远低于实际装备拦截导弹的数量,大量发射进攻性导弹,可以达到对导弹防御系统的反制效果。但这一措施将导致大规模的核力量建设,不适合我国在不介入军备竞赛的前提下,对有限威慑力进行升级和发展的基本战略。其他一些方法包括:尽量发展多弹头、分导式洲际导弹,缩短导弹发射准备时间、缩短弹头脱离弹体射出时间,以及采取隐身技术等。

(4) 导弹在飞行阶段和重返大气层阶段实现"机动飞行"来躲避拦截导弹的攻击。目前这一反制技术难度较大。

(5) 发展破坏导弹防御系统的武器。军事侦察和传感卫星是导弹防御系统的"眼睛",发展天基卫星摧毁系统或者干扰卫星的全球定位系统,以及破坏卫星的光学传感器系统,能够低成本地反制导弹防御系统的威胁。美国军方近年来对我国这方面的动态非常关注。

3.4　开展我导弹防御系统的研究

美国导弹防御系统部署已经成为不争的事实,为了减少美国导弹防御系统部署后对我国的战略威胁以及武器扩散对我安全环境影响,应尽快开展导弹防御系统的研究。开展导弹防御系统的研究也符合我国的积极防御军事战略。目前,我国经济实力弱,大规模开展导弹防御系统研究也不切合实际,从技术进步和发展的角度来看,导弹防御系统代表了当今世界最先进的武器系统,而导弹防御也是我们今后需要面对的问题。鉴此,有必要尽快开展导弹防御系统的研究工作。

3.5 充分运用外交和政治斗争手段

除上述针对性措施外,还要充分运用外交和政治手段,抵制美国导弹防御计划对我国国家安全的侵害。导弹防御计划不是美国安全战略的唯一选择,导弹防御计划的实施也是与美国外交政策和对外战略的综合性考虑联系在一起的。特别在导弹防御系统入台问题上,美国目前保持"模糊性",就是为了最大限度发挥导弹防御系统的外交和政治影响力,是美国针对我对台军事压力所做出的一种战略、军事和政治等综合性的对策。因此,在对美国的弹道导弹防御计划做出反应时,除制定具有针对性的防务发展战略之外,也在政治和外交领域采取相应的对策,加强中美两国政府在台湾问题上的政策沟通和相互尊重。

毫无疑问,美国导弹防御计划的研制和部署,是我国在 21 世纪所面临的重大安全挑战。对此我们必须要有足够充分的认识,并采取相应的措施,以应对未来世界新军事革命的挑战。

(文章发表于 2005 年第 2 期《装备指挥技术学院学报》)

参 考 文 献

[1] 中国人民解放军军语[M].北京:军事科学出版社,1997.

[2] 余高达,赵潞生.军事装备学[M].北京:国防大学出版社,2000.

[3] 杨榜林,岳全发,等.军事装备试验学[M].北京:国防工业出版社,2002.

[4] 武小悦,刘琦.装备试验与评价[M].北京:国防工业出版社,2008.

[5] 美国国防采办大学.试验与鉴定管理指南[M].总装备部科技信息研究中心,译.北京:国防工业出版社,2013.

[6] 王凯,赵定海,等.武器装备作战试验[M].北京:国防工业出版社,2012.

[7] 赵新国,等.军事装备指挥学[M].北京:国防工业出版社,2010.

[8] 牛红光.装备试验指挥学[M].北京:国防工业出版社,2014.

[9] 王建华.信息技术与现代战争[M].北京:国防工业出版社,2004.

[10] 余高达,赵潞生.军事装备学[M].2版.北京:国防大学出版社,2007.

[11] 陈学楚.装备系统工程[M].北京:国防工业出版社,2001.

[12] 王汉功,徐远国,张玉民,等.装备全面质量管理[M].北京:国防工业出版社,2003.

[13] 李启明.现代企业管理[M].北京:高等教育出版社,2004.

[14] 常规兵器试验系统.靶场概论[M].北京:国防工业出版社,2001.

[15] 王建华.信息技术与现代战争[M].北京:国防工业出版社,2004.

[16] 白凤凯.军事装备采办风险管理[M].北京:国防工业出版社,2010.

[17] GJB 9001B—2009 质量管理体系要求.

[18] 常显奇,程永生.常规武器装备试验学[M].北京:国防工业出版社,2007.

[19] Claxton J D,Cavoli C,Johnson C. Test and evaluation management guide(Fifth edition)[M]. Defense Acquisition University Press,2005.

[20] 崔吉俊.载人航天发射技术[M].北京:科学出版社,2007.

[21] 王明涛.证券投资风险计量、预测与控制[M].上海:上海财经大学出版社,2003.

[22] 李勘.武器装备研制项目风险管理研究[M].北京:国防工业出版社,2011.

[23] 芮筱亭,等.多体系统发射动力学[M].北京:国防工业出版社,1995.

[24] 蒲发.外弹道学[M].北京:国防工业出版社,1980.

[25] Kane T R.动力学原理与应用[M].北京:清华大学出版社,1988.

[26] 萨姆钦科 M Φ.自行火炮及坦克武器设计基础[M].北京:国防工业出版社,1958.

[27] 康新中,等.火炮系统动力学[M].北京:国防工业出版社,1999.

[28] Kane T R.动力学原理与应用[M].北京:清华大学出版社,1988.

[29] 华东工程学院.内弹道学[M].北京:国防工业出版社,1978.

[30] 张月林,等.火炮反后坐装置设计[M].北京:国防工业出版社,1984.

[31] 马绍民.综合保障工程[M].北京:国防工业出版社,1996.

[32] 单志伟.装备综合保障工程[M].北京:国防工业出版社,2007.

[33] 宋太亮.装备保障性系统工程[M].北京:国防工业出版社,2008.

[34] 宋贵宝,沈如松,周文松,等.武器系统工程[M].北京:国防工业出版社,2009.

[35] 王汉功,甘茂治,陈学楚,等.装备全系统全寿命管理[M].北京:国防工业出版社,2003.

[36] 魏刚.武器装备采办文化综论[M].北京:国防工业出版社,2010.

[37] 白凤凯,方家银.军事装备采办管理[M].北京:兵器工业出版社,2005.

[38] 魏刚.武器装备采办制度概述[M].北京:国防工业出版社,2008.

[39] 曲炜,等.军事装备采办概论[M].北京:解放军出版社,2003.

[40] 果增明.装备经济[M].北京:解放军出版社,2001.

[41] 武新春.高等教育心理学[M].北京:高等教育出版社,2001.

[42] 中国设备监理协会.设备工程监理导论[M].天津:天津大学出版社,2004.

[43] 中国设备监理协会.设备工程监理技术与方法[M].北京:中国人事出版社,2007.

[44] 中国共产党思想政治工作大事记[M].北京:学习出版社,2002.

[45] 年福纯.装备采办人才队伍建设研究[M].北京:军事科学出版社,2006.

[46] 刘鸿.我国研究生培养模式研究[M].青岛:中国海洋大学出版社,2007.

[47] 华东工程学院.火炮自动机设计[M].北京:兵器工业出版社,1976.

[48] 高树滋,陈运生,张月林,等.火炮反后坐装置设计[M].北京:兵器工业出版社,1995.

[49] 张福三.火炮定型试验中的理论与实践[M].北京:兵器工业出版社,2000.

[50] 王保存.军队信息化建设需要准确把握的几个根本问题[J].外国军事学术,2003(5).

[51] 王润枚,丁宏,黄河.电子装备试验军用标准化工作存在的问题及对策[J].军用标准化,2001(3).

[52] 赵定海,黄辉,邓智昌,等.装备体系整体性能试验基本原理.装甲兵过程学院学报,2011(6).

[53] 曾明亮,刘衍军,彭小林,等.逻辑靶场理论与应用[J].中国航空武器试验训练靶场,2009(1).

[54] 宋琳,贺荣国,杨榜林.海军武器装备一体化试验初探[J].靶场试验与管理,2007.

[55] 朱学文,马晓蕾.深化综合试验方法研究,改进国家靶场试验模式[J].靶场试验与管理,2005(4).

[56] 崔侃,曹裕华.美军装备试验靶场建设发展及其启示[J].装备学院学报,2013(4).

[57] 曹娟,赵旭阳,米文鹏,等.浅析虚拟现实技术[J].计算机与网络2011(10).

[58] 张连仲,李进,薄云蛟.一体化联合试验体系内涵和特征研究[J].装备学院学报,2014(5).

[59] 吴晓云,张卫东,徐伟.美军武器装备试验与评价研究[J].外军炮兵防空兵研究,2007(6).

[60] 武小悦.美军试验与评价管理的特点分析[J].国防科技,2005(6).

[61] 傅好华,刘建湘.美军武器装备联合试验综述[J].军事运筹与系统工程,2008(5).

[62] 徐耀强.风险意识:不可或缺的文化基因[J].中国电力企业管理,2008(6).

[63] 孙澄生.现代企业风险管理机制的构建思路[J].南京审计学院学报,2006(5).

[64] 李忠民,汤淑春.武器装备采办风险管理评估指标体系研究[J].军事运筹与系统工程,2005(6).

[65] 管清波,罗小明,杜红梅.模糊综合评判法在装备采办风险评估中的应用研究[J].装备指挥技术学院学报,2002(8).

[66] Skelley Marcus L,Langham Tommie F,Peters William L. Integrated test and evaluation for the 21st century [J]. AIAA - 2004 - 6873.

[67] GJB 2973—97 火炮内弹道试验方法.

[68] GJB 2973—97 火炮外弹道试验方法.

[69] GJB 3110—97 高射炮定型试验规程.

[70] GJB 349.23—90 高射炮、海军炮定型试验方法.

[71] 王道宏.现代火炮工程实践[M].北京:国防工业出版社,1997.

[72] 潘乘泮,韩之俊,等.武器弹药试验和检验的公算与统计[M].北京:国防工业出版社,1980.

[73] ITOP4 - 2 - 829 立靶准确度与散布,军用装备国际试验操作规程.中国白城兵器试验中心,译.1996.

[74] 杨家森.制定弹丸密集度验收指标的方法[J].兵工学报弹药分册,1988(3).

［75］杨启仁.本世纪末射击密集度的研究及其应用之展望［J］.华东工程学院弹道学报,1984(2).

［76］雷刚,张晓航.美军作战试验分析［J］.电子信息靶场,2012(4).

［77］徐贤胜.陆军信息化武器装备作战效能评估理论与方法研究［M］.北京:海潮出版社,2010.

［78］赵定海,黄辉,邓智昌,等.装备体系整体性能试验基本原理［J］.装甲兵过程学院学报.2011(6).

［79］王元钦,等.美军装备试验与鉴定规程［M］.北京:国防工业出版社,2011.

［80］杨英科,俞静一.信息化作战与电子信息装备试验鉴定术语［M］.北京:国防工业出版社,2011.

［81］闫耀东,郭齐胜,秦宝站,等.武器装备体系整体性能试验基本问题研究［J］.装备学院学报,2012,23(6).

［82］张育林.积极迎接新军事变革挑战,努力创建一流装备指挥院校［J］.装备指挥技术学院,2003(10).

［83］李红军.实施对话式培训 提高任职教育效果.继续教育［J］.2006(12).

［84］李长顺.着眼系统转型 坚持改革创新 努力提高军事应用型研究生培养质量［J］.中国军事教育,2003(3).

［85］于利伟,等.质量管理学［M］.北京:清华大学出版社,2006.

［86］刘润进.培养研究生科研能力的几点做法［J］.学位与研究生教育,2004(11).

［87］腾建华.军队信息化建设要走系统化之路,看中国网,2009－03－09.

［88］李大光.用科学发展观筹划指导信息化武器装备建设［J］.国防技术基础,2007(1).

［89］解放军报.以科学发展观为指导推动武器装备建设发展.2006－08－09.

［90］解放军报.人民军队实现现代化、正规化建设的伟大跨越.2007－08－07.

［91］ISO 9000—2000 质量管理体系－基础和术语［S］.

［92］白海威,王伟,夏旭.装备采购合同管理研究［J］.装备指挥技术学院学报,2005,16(2).

［93］李红军,等.法律意识的进路研究,继续教育［J］.2008:22(4).

［94］DoDI5000.2,Operation of the Defense Acquisition System,May 12,2003.

［95］DoDD5000.1,The Defense Acquisition System,May 12,2003.

［96］Defense Acquisition University. 2012. Test and evaluation management guide　Virginia:The Defense Acquisition University Press.